ZVEN
可视化

世界坦克大百科

TANKS: THE DEFINITIVE VISUAL HISTORY
OF ARMORED VEHICLES

ZVEN 可视化中心 著

民主与建设出版社
·北京·

© 民主与建设出版社，2024

图书在版编目（CIP）数据

世界坦克大百科 / ZVEN 可视化中心著 . -- 北京：
民主与建设出版社 ,2024.6
ISBN 978-7-5139-4622-3

Ⅰ . ①世… Ⅱ . ① Z… Ⅲ . ①坦克－世界－普及读物
Ⅳ . ① E923.1-49

中国国家版本馆 CIP 数据核字（2024）第 102661 号

世界坦克大百科
SHIJIE TANKE DA BAIKE

著　　者	ZVEN 可视化中心	
责任编辑	宁莲佳	
策划编辑	罗应中　黄晓诗　童星	
封面设计	杨静思	
出版发行	民主与建设出版社有限责任公司	
电　　话	（010）59417749　59419778	
社　　址	北京市海淀区西三环中路 10 号望海楼 E 座 7 层	
邮　　编	100142	
印　　刷	重庆长虹印务有限公司	
版　　次	2024 年 6 月第 1 版	
印　　次	2024 年 6 月第 1 次印刷	
开　　本	889 毫米 ×1194 毫米　1/12	
印　　张	27	
字　　数	120 千字	
书　　号	ISBN 978-7-5139-4622-3	
定　　价	288.00 元	

注：如有印、装质量问题，请与出版社联系。

ZVEN 可视化中心

ZVEN 可视化中心，为数据创新而生，他们的愿景是创作既有视觉冲击力又蕴含丰富信息的创意产品，帮助受众能轻松、愉悦地理解每一个文化主题。

中心现有数百位顾问（军事专业技术顾问34位，教授级学术顾问47位，稳定合作的核心创作者上百位），专职策划编辑11位，专职3D建模人员5位，专职美术编辑4位，文创策划3位，长期合作的创作机构5家。已开发完成的图书有：《中国古代兵器大百科》《世界坦克大百科》，正在开发的图书有：《二战武器大百科：陆战篇》《二战武器大百科：海战篇》《二战武器大百科：空战篇》《世界轻兵器大百科》等。

ZVEN 可视化中心秉承指文图书的专业学术特色和知识普及能力，旨在整合科普领域的专业资源，围绕"视觉创意＋硬核数据"，创建全场景沉浸式文化生态。

CONTENTS

目 录

坦克在诞生之初是一种用来打破堑壕战僵局的武器。比如英制菱形坦克：其结构简单但外形高大，被称为"陆地战舰"，首先在心理上就会给人带来压迫感，加之坦克将火力、机动和防护相结合，既有能力向前推进，又很难被摧毁，还可以攻击沿途的敌防御力量。

随着第一次世界大战末期雷诺FT的问世，坦克家族又呈现出新的变化，其中最重要的就是可旋转炮塔。对比之前的"大家伙"，这种法制坦克显得非常小巧，武器的口径不仅被缩小，数量也被大幅削减。但反过来讲，更小的车体和可旋转炮塔赋予了雷诺FT机动和战术方面更多的灵活性，使之更好地适应战场环境；同时，这也是推动坦克从"步兵支援武器"发展为"独立的机动作战平台"的重要助力。

与此同时，能与坦克搭配作战的一些车辆也已经出现，比如自行火炮、装甲运兵车。尽管这些车辆更多扮演的是辅助角色，但它们同样证明了自身存在于战场的合理性，以及同坦克之间相互依赖、不可或缺的关系。

RHOMBUS

HEAVY TANK
菱形重型坦克

菱形坦克 Mk.Ⅰ（为方便行文，后文将写作"Mk.Ⅰ"或其他具体坦克型号）是世界上首款投入实战的坦克，它在第一次世界大战中随英国军队登上战场，开启了陆上机械化战争的新时代。作为一种创新型武器系统，起初它仅被设计用来穿越壕沟、切断铁丝网和掩护己方步兵，进而打破战场上的僵局。这种重型坦克最显著的外观特征是菱形侧面车身和过顶式履带，不过它没有配置可旋转炮塔。

因作战任务需要，菱形坦克中的前几个型号又各自被进一步划分为"雄性"（Male）和"雌性"（Female）版本。其中雄性装备有火炮和机枪，而雌性仅装备机枪。这种区分是基于当时的战术思想，即雄性坦克用于攻击敌方坚固的防御节点，而雌性坦克则用于支援步兵。

Mk.Ⅰ 在实际行动中取得过不错的战果。尤其是在康布雷战役（1917 年 11 月）和亚眠战役（1918 年 8 月）中，英军采用了由坦克和步兵组成集群，共同向敌方阵地发起推进的战术，这也符合一战时期战场的实际需求。截至战争结束，英国共计生产了两千多辆该系列重型坦克。

然而 Mk.Ⅰ 的设计缺陷也是明显的，特别是其内部环境——尽管空间相对充裕，但各区域没有加以分隔，乘员会和发动机等动力设备直接接触。巨大的噪声、难耐的高温、浑浊的油烟再加上不良的通风，这是多么糟糕的生存环境！

不同型号的菱形坦克性能对比

	Mk. I	Mk. V	Mk. VIII
产量	150 辆	400 辆	125 辆
重量（雌性）	27 吨	28 吨	无
重量（雄性）	28 吨	29 吨	38 吨
乘员数量	8 人	8 人	12 人（英）或 10 人（美）
车体尺寸（雌性）	7.75 米 ×4.38 米 ×2.49 米	8 米 ×3.2 米 ×2.64 米	无
车体尺寸（雄性）	7.75 米 ×4.19 米 ×2.49 米	8 米 ×4.1 米 ×2.64 米	10.41 米 ×3.56 米 ×3.12 米
装甲厚度	最厚处为 12 毫米	最厚处为 16 毫米	最厚处为 16 毫米
发动机功率	105 马力	150 马力	300 马力
功重比（雌性）	3.9 马力 / 吨	5.4 马力 / 吨	无
功重比（雄性）	3.8 马力 / 吨	5.2 马力 / 吨	7.89 马力 / 吨
燃料容量	230 升	420 升	无
最大行程	38 千米	72 千米	80 千米
最大速度	6 千米 / 小时	8 千米 / 小时	8.45 千米 / 小时
武器（雌性）	5 挺 7.7 毫米机枪	6 挺 7.7 毫米机枪	无
武器（雄性）	2 门 57 毫米火炮；3 挺 7.7 毫米机枪	2 门 57 毫米火炮；4 挺 7.7 毫米机枪	2 门 57 毫米火炮；7 挺 7.92 毫米机枪或 5 挺 7.62 毫米机枪

RHOMBUS HEAVY TANK

Mk.Ⅰ内部结构一览

01. 车长用观察细缝
02. 车长用观察口遮盖板（小）
03. 车长用观察口遮盖板（大）
04. 车体左侧 57 毫米（6 磅）火炮
05. 车体前部机枪射击孔
06. 转向制动杆
07. 车长座位
08. 主排挡杆
09. 方向盘（主要控制尾轮）
10. 启动链轮
11. 驾驶员座位
12. 离合器手动杆
13. 履带张力调节器
14. 发动机控制装置
15. 车体右侧油箱
16. 履带滚轮（光滑型）
17. 履带滚轮（凸缘型）
18. 连接车体装甲的对接搭板
19. 弹药储存管
20. 炮手用瞄准望远镜
21. 火炮开火扳机
22. 火炮炮座
23. 可旋转炮盾
24. 车体右侧 57 毫米（6 磅）火炮
25. 车体右侧机枪射击孔挡板
26. 尾轮（用于辅助车辆转向）
27. 尾架

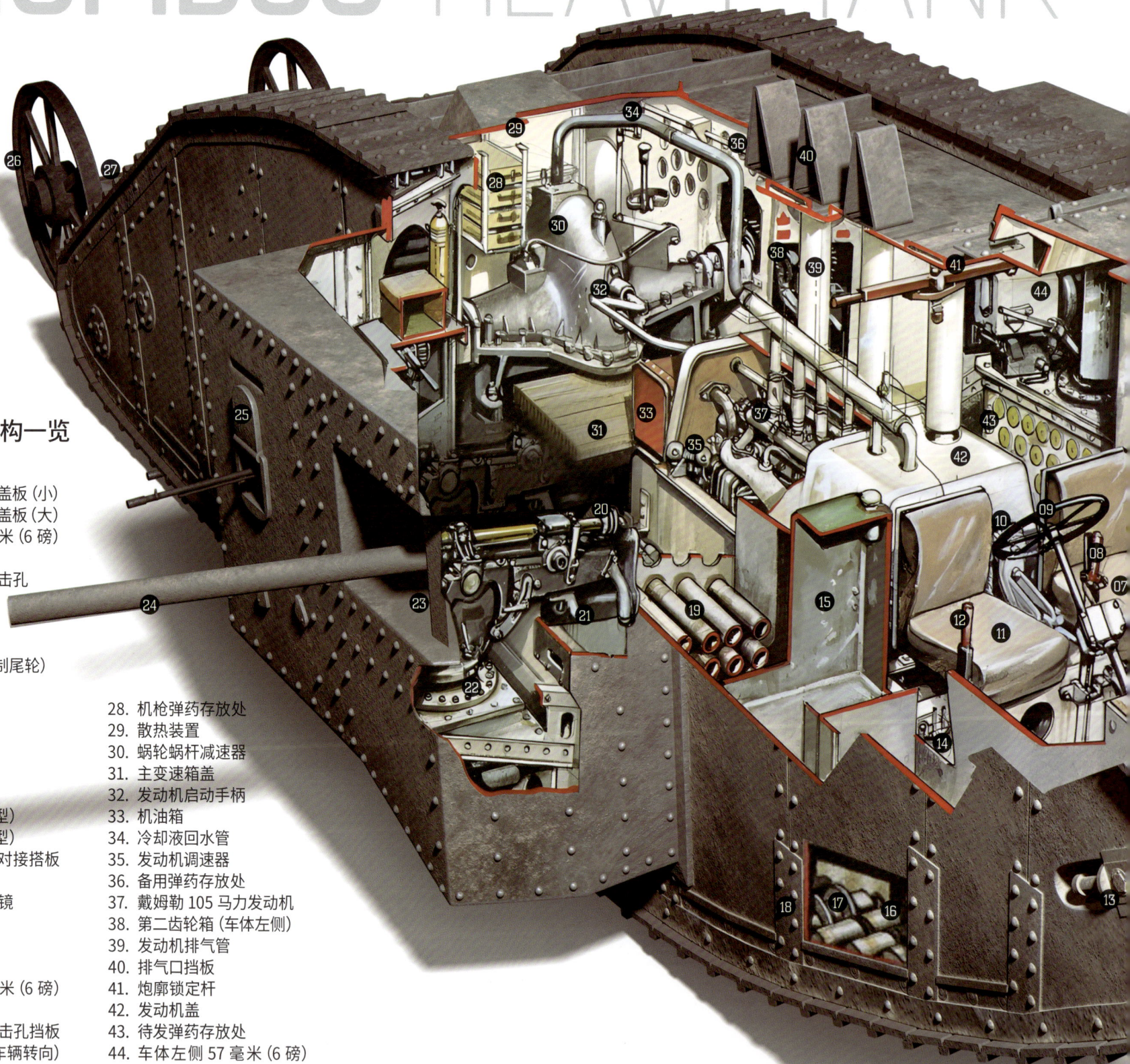

28. 机枪弹药存放处
29. 散热装置
30. 蜗轮蜗杆减速器
31. 主变速箱盖
32. 发动机启动手柄
33. 机油箱
34. 冷却液回水管
35. 发动机调速器
36. 备用弹药存放处
37. 戴姆勒 105 马力发动机
38. 第二齿轮箱（车体左侧）
39. 发动机排气管
40. 排气口挡板
41. 炮廓锁定杆
42. 发动机盖
43. 待发弹药存放处
44. 车体左侧 57 毫米（6 磅）火炮后膛

扩展知识

由于当时无线电技术并未普及，再加上相应设备体积庞大却效果不佳，Mk.Ⅰ坦克的乘员往往通过信鸽与己方指挥所联络。

▷ 乘员从坦克内部放出信鸽。

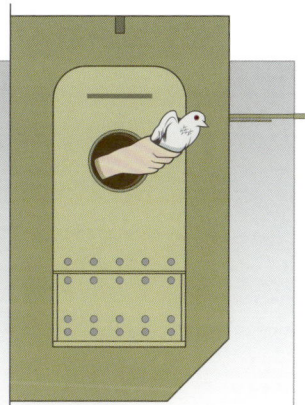

扩展知识

乘员说明

1. 车长负责制动，在一定程度上也履行驾驶员的职责（可以认为，该坦克配有两名驾驶员）；

2. 驾驶员的主要职责是控制发动机；

3. 两名机械师分别负责单侧履带的相关操作，以调整坦克的速度和方向；

4. 因火力系统位于坦克两侧，故炮手及装填手也被分为两组（共四人）。

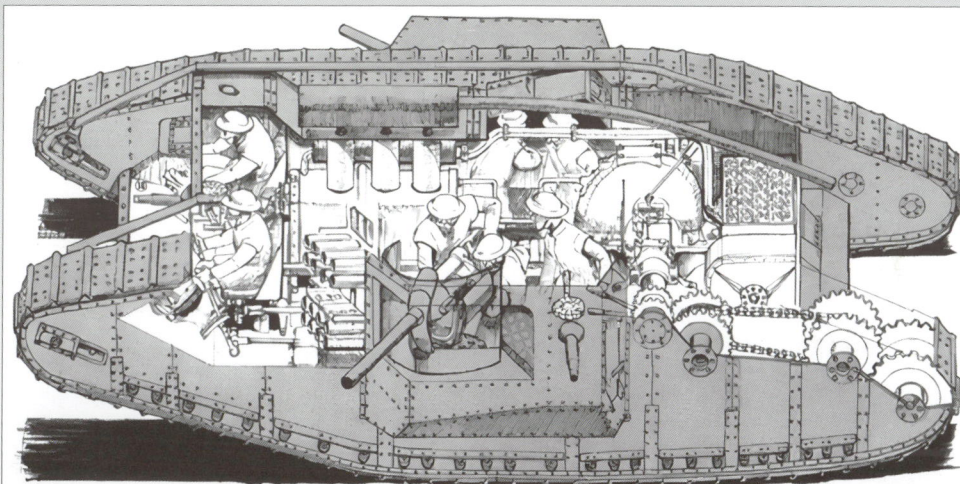

△ Mk.Ⅳ重型坦克内部简图，可以看出乘员的活动空间并不充裕。

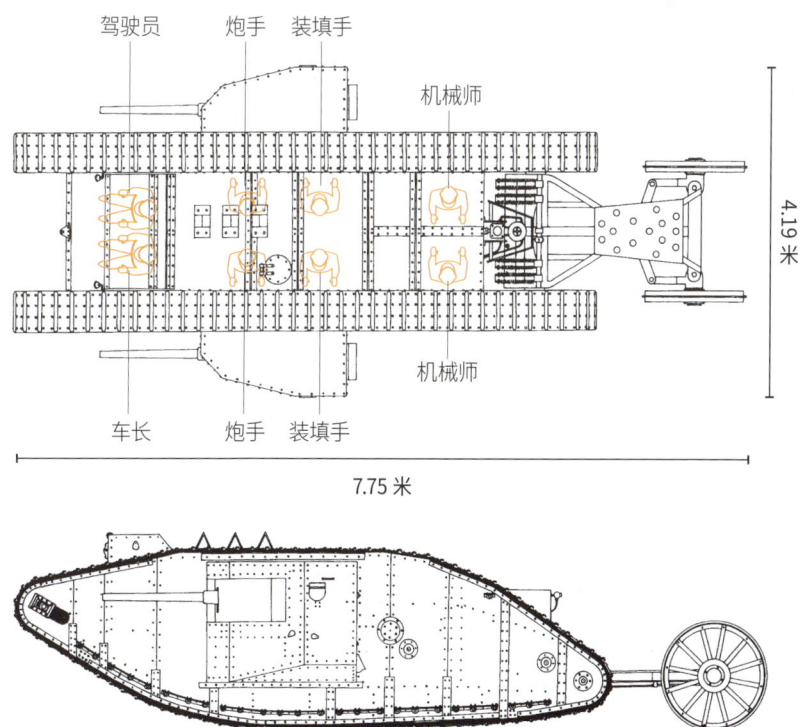

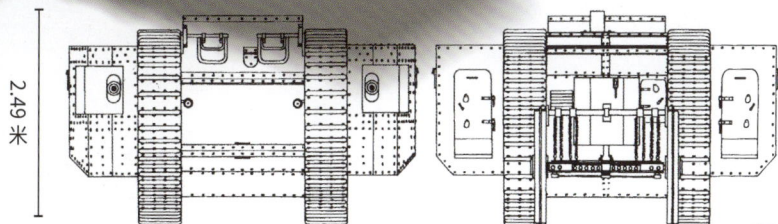

火力

作为重型坦克，Mk. I 的火力配置堪称豪华。以装备火炮的雄性 Mk. I 为例，其车体两侧的凸出部分别装有一门57毫米（6磅）火炮和一挺7.7毫米机枪，车体前部也有一挺7.7毫米机枪。

不过，上述火力配置存在两大缺陷：

其一，因为没有炮塔，火炮和机枪的安装位置和方式在很大程度上限制了它们的射界；

其二，坦克后部没有配置武器（或配置的武器不足以应对背后之敌），敌人很可能利用这一点靠近坦克，并在近距离上对车体造成破坏——不过鉴于坦克附近通常伴随有己方步兵，这一缺陷不算致命。此外，菱形坦克的后续型号开始在车体后部增设机枪。

关于菱形坦克搭载机枪型号的变化

Mk. I 坦克的机枪有两种，车体左右两侧为维克斯水冷式重机枪，车体前部为霍奇基斯机枪。Mk. IV 的雄性和雌性统一改用刘易斯机枪，但该枪的风冷套筒易损，而且容易因尘埃进入内部而发生故障。故 Mk. V 又统一改用霍奇基斯机枪。

霍奇基斯 M1909 型轻机枪

除了火炮，Mk. I 雄性坦克还装备有霍奇基斯 M1909 型轻机枪。该型机枪可通过更换枪管，发射 8 毫米、7.62 毫米、7 毫米等不同口径子弹，而 Mk. I 坦克（雄性和雌性）使用的是 7.7 毫米枪管及弹药。

霍奇基斯 6 磅炮

霍奇基斯 6 磅速射炮（QF 6-pounder Hotchki-ss）的口径为 57 毫米，最初由军舰装备，主要用于防御当时出现不久的小型快速舰艇。

第一次世界大战中，英国人将该炮安装在 Mk. I、Mk. II、Mk. III 这三个型号的重型坦克上，用以向坦克前方或侧方的目标射击。但因这种火炮炮管过长，炮管末端极易与地面或周围发生磕碰。1917年，英国人开始在 Mk. IV 重型坦克上安装炮管更短的霍奇基斯 6 磅 6 英担速射炮（QF 6 pounder 6 cwt Hotchkiss）。

△ 57 毫米（6 磅）火炮特写。

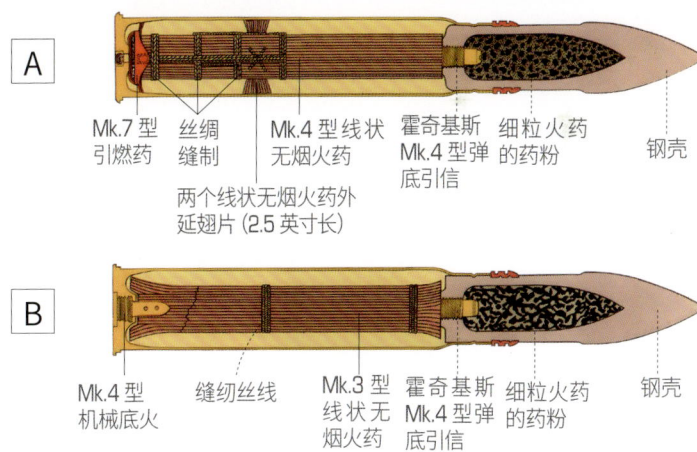

A

| Mk.7 型
引燃药 | 丝绸
缝制 | Mk.4 型线状
无烟火药 | 霍奇基斯
Mk.4 型弹
底引信 | 细粒 火药
的药粉 | 钢壳 |

两个线状无烟火药外
延翅片（2.5 英寸长）

B

| Mk.4 型
机械底火 | 缝纫丝线 | Mk.3 型
线状无
烟火药 | 霍奇基斯
Mk.4 型弹
底引信 | 细粒 火药
的药粉 | 钢壳 |

车体侧面（舷台）机枪（此处为左侧）

英军的坦克车体机枪因车辆出厂时间和当时武器配发情况而多有区别，图中这辆 Mk. I 安装了一挺霍奇基斯机枪，而非维克斯水冷式 7.7 毫米重机枪。

霍奇基斯 6 磅炮所使用的炮弹

这两型炮弹均可由霍奇基斯 6 磅炮发射，但 A 型为海军专用，B 型则为陆、海两军使用。

履带行走装置

Mk.Ⅰ是第一种采用全履带式设计的战斗车辆,这种设计允许它在恶劣战场环境,如泥地、壕沟和障碍地形中移动。一般来说,坦克的履带行走装置主要由履带、履带张紧结构、主动轮、负重轮、诱导轮、托带轮等组成。

(红色)主动轮

主动轮与履带啮合,将发动机传递出来的动力(又称扭矩)传递到履带上,驱动坦克前行。它可以在车首,也可以在车尾。

(蓝色)负重轮

负重轮和履带组成连续滚动的轨道,使坦克能在复杂地形上顺利行驶。

(绿色)诱导轮

诱导轮用于支撑上部履带并改变其运动方向。它通常和主动轮分立一首一尾。

(黄色)托带轮

托带轮托住上部履带,使之不下垂和过分抖动。同时限制上部履带的横向滑移。

托带轮并不是必要组成部分。在坦克履带行走装置中,无托带轮结构一般采用大直径负重轮,由负重轮直接支撑上部履带,其优点是履带不容易脱落且行驶噪声较小,缺点则是令整个履带行走装置的重量较大。

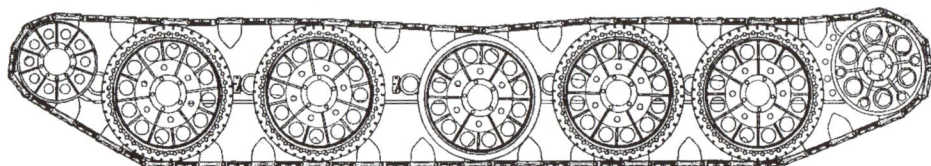

而有托带轮结构一般采用较小尺寸的负重轮,由托带轮支撑上部履带,其优点是履带上段摆动幅度较小,能量损耗小;小尺寸负重轮可增加负重轮的悬挂行程。

机动

就机动能力而言,Mk.Ⅰ重型坦克堪称笨拙:最高速度低(6千米/小时)、行程少(38千米),车辆启动和转向所需的操作相当复杂,再加上车身体积较大,因而几乎无法通过大部分狭窄的地形。

过顶式履带是Mk.Ⅰ设计中的一大亮点,它能够有效增加坦克的越壕高度,提升其越野能力,对于一战西线的堑壕战无疑是适合且有效的。但这一设计的弊端也相当明显:

首先,车体的高度难以降低,提高了坦克被发现和履带被破坏的概率,而坦克在履带遭破坏后基本就丧失了机动能力。

其次,过高的车体不便于安装炮塔,因为这会导致坦克重心偏高,容易发生翻覆。

辅助轮

早期的Mk.Ⅰ装有尾部辅助轮,以提升坦克的越野能力,但后来因效果不佳而被取消。

ARL 40 突击炮

为了提升通过战壕的能力，法制 ARL 40 突击炮同样采用过顶式履带设计。值得一提的是，该车已经通过了性能测试，并且获准进行批量生产。但因为德国在 1940 年入侵法国，ARL 40 整个开发项目陷入停滞，最终被法国人取消（仅制造了两辆原型车）。

防毒面具

一战期间英军步兵使用的一种盒式防毒面具。

防护网

有相当数量的 Mk.Ⅰ重型坦克在车体顶部安装了一种由木材和金属丝构成的防护网，意在偏转袭来的手榴弹的运动方向，从而保护坦克顶部。但实战证明其防护效果不佳，遂被取消。

防护

受所处时代的限制，在一战期间被视作重型坦克的 Mk.Ⅰ，其装甲最厚处也仅 12 毫米。但起初，就算是 8 毫米厚的侧装甲也足以抵御敌人的轻武器射击。然而很快，德国人推出了口径为 7.92 毫米的 K 子弹、13.2 毫米反坦克步枪、集束手榴弹（将几颗棒状手榴弹捆在一起，以产生威力更大的爆炸）。为应对战场变化，英国人不断改良 Mk.Ⅰ 的防护性能，并推出后续型号。

值得一提的是，Mk.Ⅰ 坦克乘员在很大程度上还需要防备来自坦克本身的伤害——由于坦克内部没有设置隔舱，他们在作战时会使用面罩、头盔，以免头部因磕碰到车内尖锐物体而受伤。此外，坦克乘员还配备了防毒面具，以应对化学武器攻击。

▽ 防护网侧视图。

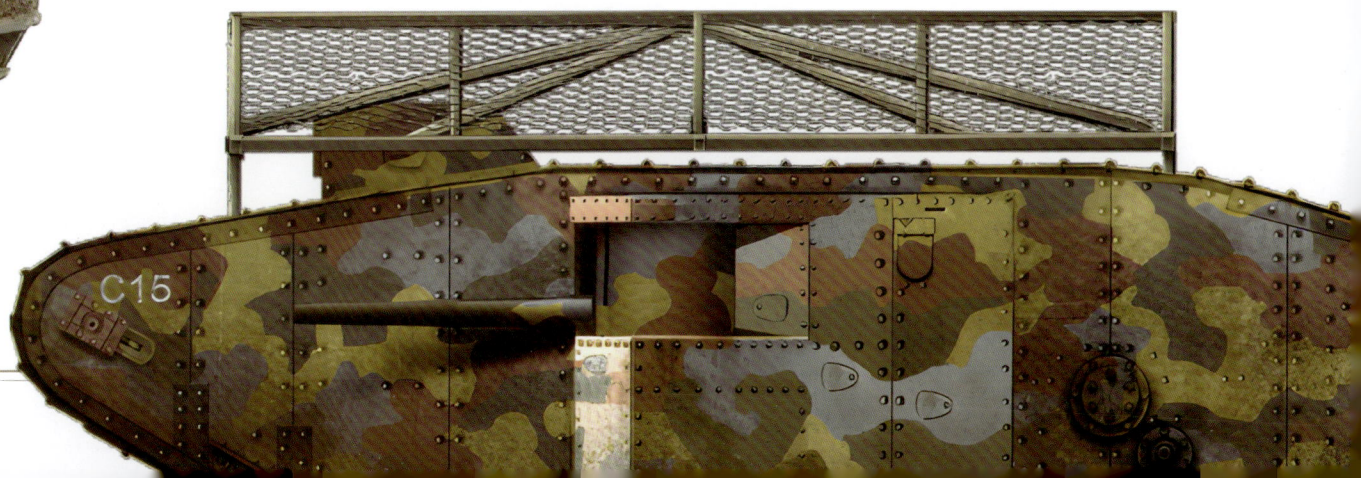

菱形重型坦克后续型号一览

◁ **Mk. II**

它在 Mk. I 的基础上进行了细微修改，且军方最初宣布该型号仅用于训练。后有部分 Mk. II 被送往法国，参加阿拉斯战役，但表现不佳。

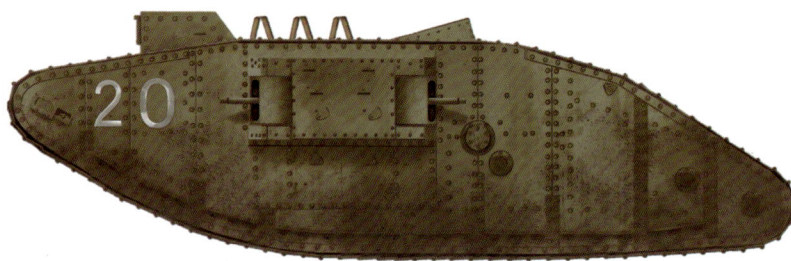

△ **Mk. X**

它最初被称为 Mk. V ***，旨在尽可能多地使用 Mk. V 的零件，同时提升坦克机动性和乘员舒适性。但这只是一个用来预防 Mk. VIII 开发失败的应急项目，并未获得实质性推进。

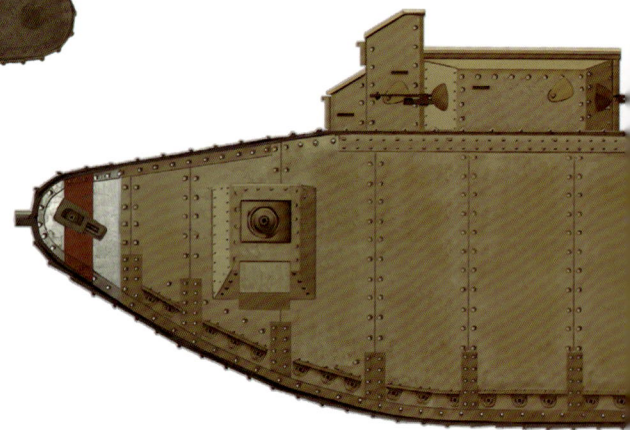

▽ **Mk. IV**

该型号是 Mk. I 的装甲增强版本，同时换装短管型霍奇基斯火炮；坦克所用的油料改为储存在车体后方（且外部）的油箱中，乘员的安全性因此有所提升；另外车体顶部增加了一根横梁，以帮助坦克越过战壕。

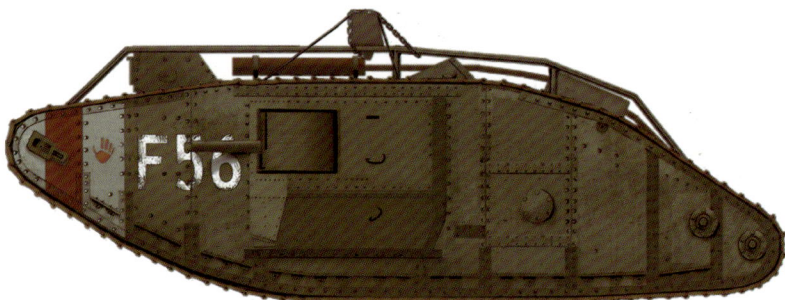

△ **Mk. III**

这是一种训练用坦克，换装了刘易斯机枪。该型号从未被派往国外。

▽ **Mk. V ***

Mk. V * 在 Mk. V 的基础上增加了长度，以容纳额外的步兵；车体侧面增设了出入口。

Mk. V **

由于 Mk. V * 单独加长了车体，破坏了最初的尺寸比例，以致坦克的转弯半径更大，履带更易出现意外。Mk. V ** 针对上述问题进行了改良。除此之外，Mk. V ** 还使用了功率更大的发动机（225马力），安装于车体更靠后的位置；将驾驶室和车长室合二为一；车体后方配置了机枪。

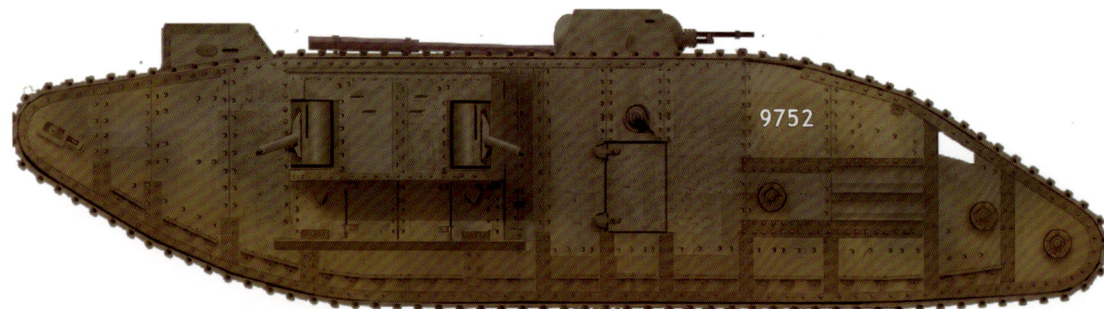

△ **Mk. V**

最初 Mk. V 是指一种新型号坦克，甚至已经制作了木制模型。但后来这一装备代号被用于 Mk. IV 重型坦克的改进型号。一些 Mk. V 被改造为"雌雄同体"，即打破雄性坦克两门火炮、雌性坦克无火炮的惯例，使每一辆都装备一门火炮，以对抗德国人缴获的英制雄性菱形坦克或德制 A7V 坦克。

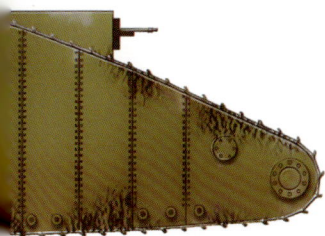

Mk. VII（图略）

它的车体相较 Mk. V 更长，对驱动系统有所改良，但生产数量极少。

▽ 补给坦克

随着新型号不断服役，一些 Mk. I 接受改造，成为专门运送补给品的后勤车辆。

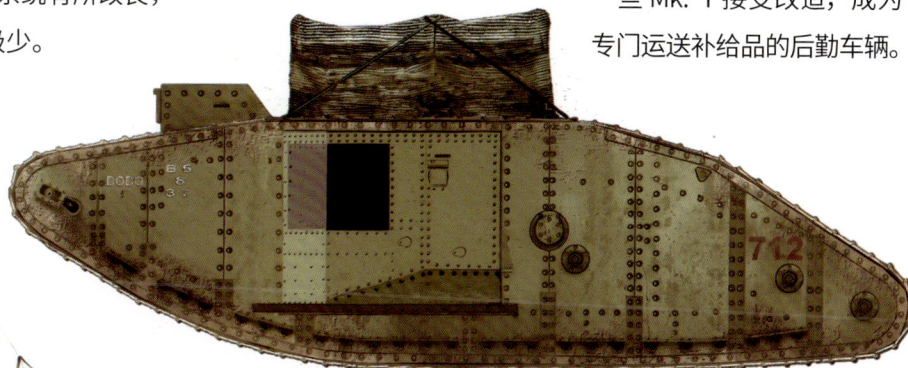

▷ 无线电坦克

一些 Mk. I 雌性坦克安装了无线电发射装置，被用作移动无线电设备站。但在使用时，坦克必须处于静止状态，并且竖起桅杆，才能正常运行相应设备。

▽ "小威利"（Little Willie）

"小威利"是 Mk. I 重型坦克的原型车，但两者的外观存在明显不同。

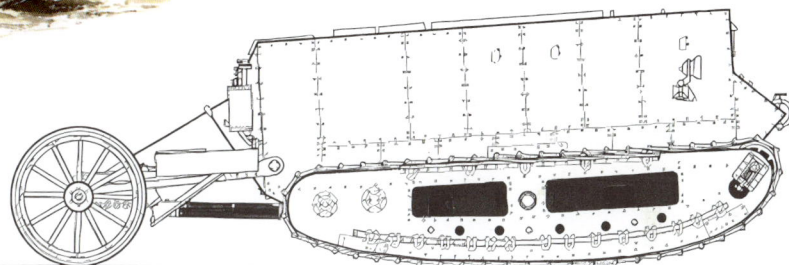

△ Mk. VI

启动于1916年年底的新项目 Mk. VI，在结构上已经不同于 Mk. I：整体更高，单门主炮位于车体前部，履带看上去越发接近椭圆形。但该项目仅制作有木制模型，并未实际生产，后于1917年12月取消，以便为 Mk. VIII 项目让步。

◁ Mk. IX

世界上第一种装甲运兵车，以 Mk. V 为基础设计而成。

◁ Mk. VIII

这是一种英美两国合作研制的"国际坦克"，保留有 Mk. IV 和 Mk. VI 的诸多特征，比如 IV 型那样在车体两侧安装6磅火炮，或是 VI 型那样看上去更类似椭圆形的履带。Mk. VIII 的车体后部设有独立的发动机室，此举有效降低了噪声、有毒烟雾、高温对乘员的影响。

SAINT-CHAMOND
HEAVY TANK
"圣沙蒙"重型坦克

　　"圣沙蒙"是一战期间法国投入战场的第二种坦克（第一种是施耐德 CA1），同时也是世界上第一种引入电传动的坦克。按照其法语名称的字面意思来理解，"圣沙蒙"是一种"突击坦克"，类似二战时期的突击炮；在（一战时期）实际作战中，该坦克的主要任务是突破敌军防线。

SPECIFICATIONS

施耐德 CA1 与"圣沙蒙"坦克性能对比

	施耐德 CA1	"圣沙蒙"
战斗全重	13.6 吨	23 吨
车体尺寸	6.32 米 ×2.05 米 ×2.3 米	8.9 米 ×2.7 米 ×2.4 米
乘员数量	6 人*	9 人*
装甲厚度（最厚处）	11 毫米	19 毫米
主武器	75 毫米迫击炮	75 毫米野战炮
发动机功率	60 马力	94 马力
功重比	4.4 马力／吨	4.1 马力／吨
最大速度	8.1 千米／小时	12 千米／小时
最大行程（越野）	30 千米	30 千米
副武器	2 挺 8 毫米机枪	4 挺 8 毫米机枪

*：少数资料认为，该车共有 8 名乘员，即车长兼任驾驶员，但更多资料显示为 9 人，包括车长、驾驶员、炮手、装填手、机械师（副驾驶员），以及 4 个机枪手。

△ "圣沙蒙"重型坦克。

2.4 米

8.9 米

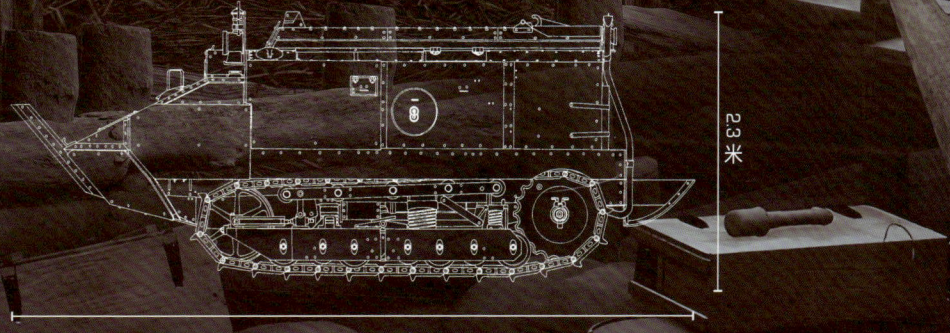

6.32 米

△ 施耐德 CA1 坦克。

"圣沙蒙"75 毫米野战炮
该炮是一战期间最重的坦克炮,装备早期型"圣沙蒙"重型坦克,可发射榴弹和榴霰弹。

二战突击炮鼻祖"圣沙蒙"

毫无疑问,就当时的重量划分标准和作战用途而言,"圣沙蒙"是一种重型坦克。但从结构上讲,它也可以被视为二战时期突击炮的鼻祖:在车体前部,而不是可旋转炮塔中安装大口径主炮(尽管这样做并不是为了节省生产成本)。

"圣沙蒙"坦克的诞生,几乎可以说是同行竞争的结果。1915年,施耐德公司以美国霍尔特公司的履带式拖拉机为基础,着手设计本国的"装甲武装拖拉机",最终成品即施耐德 CA1。但合作过程中,法国陆军与之不睦,便委托 FAMH 公司另行设计一种履带式作战车辆。FAMH 公司原本试图向施耐德公司取经,最后却不欢而散。

为了超越施耐德的产品,FAMH 公司为新坦克安装了一门75毫米野战炮和四挺机枪。不过为了容纳野战炮,车体不得不加长,因此显得"头重脚轻"。最终产品被命名为"圣沙蒙"重型坦克。

值得一提的是,"圣沙蒙"采用了电传动系统,该系统使其领先于时代,对装甲作战车辆的发展起到了重要的启发作用。

△ 二战时期的"灰熊"突击炮。需要注意的是,这个称呼并不准确(但几乎已被默认):其原文"Brummbär"来自盟军情报部门,德方并未采用。且该词的含义并非"灰熊",而是"脾气暴躁的熊"。

霍奇基斯 Mle 1914 型 8 毫米机枪
主炮加上分布于坦克前、后、左、右的 4 挺霍奇基斯 Mle 1914 型 8 毫米机枪,使"圣沙蒙"的火力优势明显。

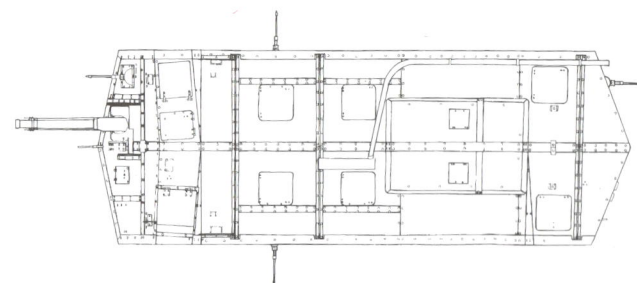

△ "圣沙蒙"重型坦克俯视图。注意 4 挺机枪的布局。

火力

"圣沙蒙"重型坦克先后装备过两种主炮:"圣沙蒙"75毫米野战炮,以及 M1897型同口径野战炮(从1917年年末开始安装)。"圣沙蒙"75毫米野战炮最初是为墨西哥陆军设计,但也获得了法国陆军的青睐;在设计"圣沙蒙"重型坦克的过程中,制造商为其选择了这种同名的火炮。值得一提的是,上述两种火炮的炮弹可通用。

除此之外,"圣沙蒙"还装备有 4 挺霍奇基斯 Mle 1914 型 8 毫米机枪,并刚好分布于坦克的前、后、左、右部。

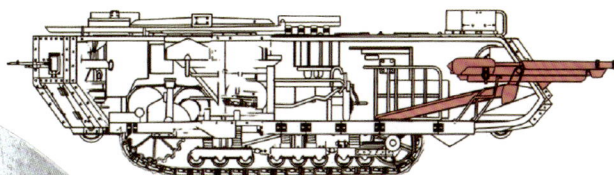

△ 为了顺利将其安装到"圣沙蒙"车体内,设计人员对 M1897 型 75 毫米野战炮进行了适应性改装。

扩展知识

M1897型75毫米野战炮

该炮(加农炮及线膛炮)是第一种现代火炮,首款配置液压反冲结构的野战炮;爆发射速可达每分钟30枚炮弹,最大射程约为8.5千米;总产量超过21000门,有十多个国家的军队装备,奠定了20世纪早期野战炮的设计基调……

M1897型75毫米野战炮昵称"法国小姐",性能优越,能以比较平直的弹道准确命中目标,一般发射榴弹和榴霰弹。

该野战炮装备到步兵部队时,带有两个大直径轮胎(如上图),以便牵引移动。

机动

相较施耐德 CA1，"圣沙蒙"的车体更长、吨位更大，这就导致后者在转向时更笨拙，且动力更显不足。除此之外，由于火炮安装位置奇特、履带太短、车身太长，"圣沙蒙"在穿越战壕时会显得极其乏力。

当然，概念先进的电传动系统也为整辆坦克加分不少。该系统允许坦克进行原地转向，并以最大速度倒车。不过，坦克仍然无法在野外达到极速。

滚轮

"圣沙蒙"车体前后均装有滚轮（各两个），以帮助坦克更好地通过复杂地形。

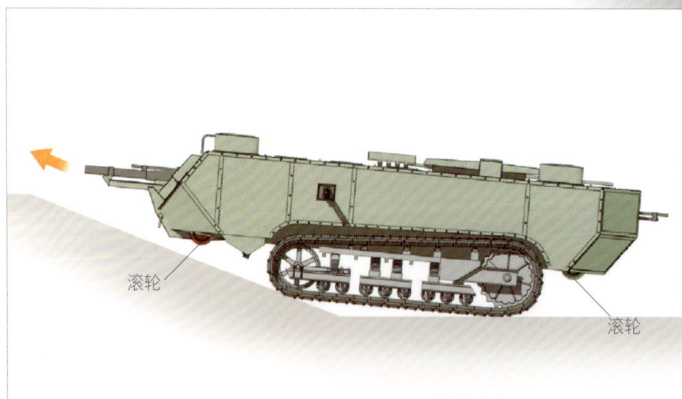

滚轮

滚轮

独特的车身结构

由于车体的前后两端均超过了履带长度，再加上重量偏重，"圣沙蒙"比较容易陷入不平整的地面，或在壕沟搁浅。

"圣沙蒙" 坦克的电传动系统

"圣沙蒙" 坦克使用一个四缸水冷汽油机来驱动它的 "克罗沙特—科拉多" (Crochat-Colardeau) 电传动系统, 这套电传动系统当时已被广泛应用在法国的有轨电车上。

该电传动系统的工作流程是: 发动机驱动发电机, 发电机将电力输送到两台独立的电动机上, 再由电动机分别带动左、右侧减速器, 驱动左、右侧主动轮进行传动。

与内燃机相比, 电动机的结构更紧凑, 消耗的燃料、排放的有害物质也更少。但坦克在进行长距离、高速度行驶时, 电动机的效率是比不上内燃机的; 同时由于能量转换步骤繁多, 电动机的能量损失率也比较高。

其他采用 (或考虑采用) 电传动系统的坦克比较少, 但两次世界大战期间都曾出现, 比如一战中的英制 Mk.Ⅱ、美制霍尔特油电坦克, 二战中的德制 "象" 式 (斐迪南) 坦克歼击车、"鼠" 式超重型坦克等。

△ 使用了油电混合动力系统的 "鼠" 式超重型坦克。

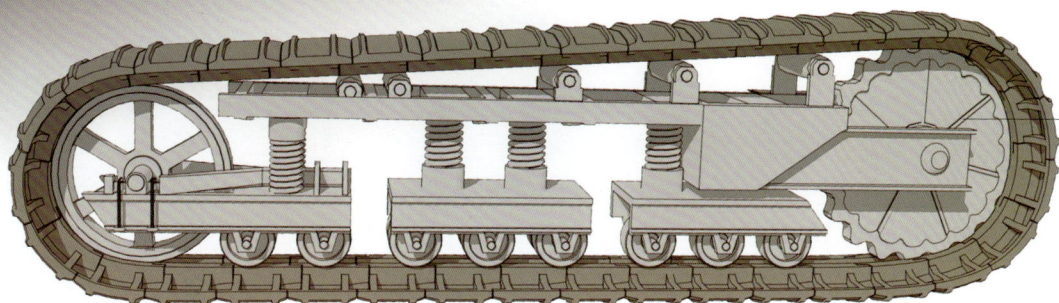

履带行走装置

使用霍尔特拖拉机底盘, 其履带行走装置每侧有 8 个小直径的负重轮, 以 2～3 个负重轮连在一起的结构形成联锁式悬挂装置。诱导轮在前, 主动轮在后, 履带宽 0.5 米, 履带板上只有横向爬齿。

车体前部装甲 (约 11 毫米厚)

△ 早期型号。

△ 后期型号 (顶部结构和观察塔有所变化)。

"没有人愿意在'圣沙蒙'上服役。"

——法军训练人员致上级的报告

后期型号

早期型号

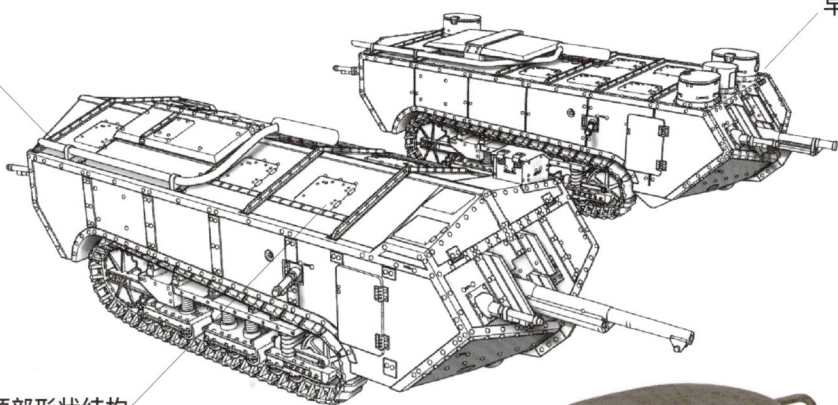

后期型号顶部形状结构
车体中部从两侧向中间拱起，呈三角形。

防护

"圣沙蒙"车体前部装甲（约11毫米厚）以倾斜角度放置，这在一定程度上提升了防护性能；侧面垂直装甲的厚度为17毫米。后期坦克型号的车体前部还加装了一层装甲。

此外，考虑到坦克顶部存在遭受攻击的可能性，"圣沙蒙"的顶部形状结构也产生过一些变化：起初是平整的，后来变成由两边向中部拱起，呈三角形。

不同时间生产的"圣沙蒙"坦克在外观上存在明显区别，除车顶由平整变为拱起外，前、后方向的观察塔的数量和形状也有所变化。

侧面垂直装甲（17毫米厚）

RENAULT FT
LIGHT TANK
雷诺 FT 轻型坦克

雷诺 FT 轻型坦克（Renault FT）是一款在一战期间由法国雷诺公司设计并大规模生产的轻型坦克，堪称坦克发展史上的一大里程碑。其采用的两大设计——360 度可旋转炮塔和车体后置发动机，已成为当代坦克设计中的普遍标准。也正因如此，它被认为是世界第一款真正意义上的现代坦克。雷诺 FT 坦克曾大量出口，并对多个国家的早期坦克设计起到了启蒙作用。

雷诺 FT 轻型坦克也被称为雷诺 FT-17 或 FT-17，"FT"仅是雷诺公司内部使用的生产代码，却常被误会为"小吨位"（Faible Tonnage）、"小尺寸"（Faible Taille）等词的缩写；数字后缀用于区分不同型号，同时也代表着投产时间。

雷诺 FT 轻型坦克数据简表

产地	法国	乘员数量	2 人
生产数量 (Gun)	2720 辆	生产数量 (MG)	3530 辆
首产时间	1917 年 4 月	战斗全重 (Gun)	6.7 吨
战斗全重 (MG)	6.5 吨	车体尺寸	5 米 (含车尾支架) ×1.75 米 ×2.29 米
武器 (Gun)	37 毫米坦克炮	武器 (MG)	8 毫米机枪
装甲厚度	8 ～ 22 毫米	装甲安装工艺	铆接
发动机	雷诺 4 缸水冷汽油机	发动机功率	35 马力 (1500 转 / 分钟)
功重比 (Gun)	5.2 马力 / 吨	功重比 (MG)	5.4 马力 / 吨
燃料容量	96 升	最大速度 (公路)	10 千米 / 小时
最大速度 (越野)	7 千米 / 小时	最大行程 (公路)	60 千米
最大行程 (越野)	39 千米	最大越壕宽度 (带车尾支架)	1.98 米
最大垂直越障高度	0.61 米	最大涉水深度	0.69 米

说明: 雷诺 FT 坦克可以进一步划分为火炮型 (Gun) 和机枪型 (MG)，两者的性能数据基本一致，上表合并展示两者相同之处，只将不同之处分别列出，请注意鉴别。

驾驶员　　车长 / 武器操作员

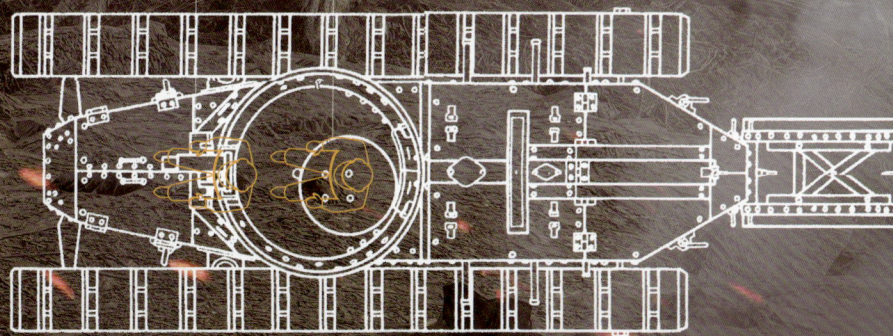

1.75 米

5 米

雷诺 FT 轻型坦克结构一览

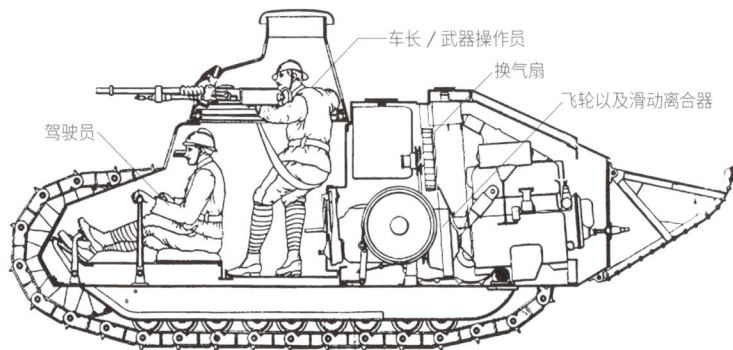

发动机

△雷诺 FT 坦克内部结构示意图。

车长 / 武器操作员
换气扇
飞轮以及滑动离合器
驾驶员

坦克的分类

　　长期以来，人们按照坦克的吨位，将其划分为轻型、中型、重型；还有一些比普通重型坦克明显更重的型号，就被称为超重型，反之亦有超轻型。

　　二战时期所使用的划分标准为：小于10吨的坦克型号为超轻型；10～20吨为轻型；20～40吨为中型；40～60吨为重型；60吨以上为超重型。

　　但一战时期，坦克种类少、吨位跨度小，所以通常仅简单划分为轻、中、重三类。雷诺 FT 的战斗全重不足7吨，但更多被称为轻型坦克（而非超轻型坦克）；同样，英制 Mark 系列坦克实际重量不足30吨，但仍然被称为重型坦克。

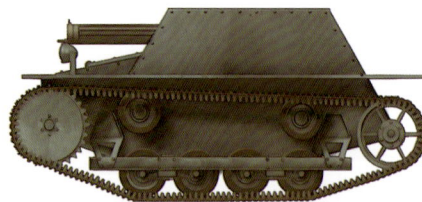

卡登·洛伊德 6 型
超轻型坦克中的一大经典设计，得到了大量生产。

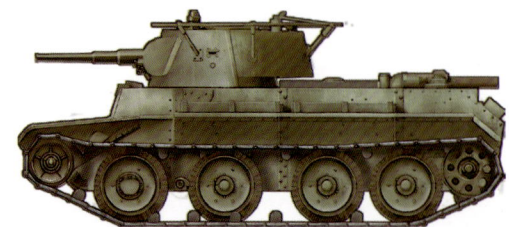

BT-7
典型的轻型坦克（也称快速坦克），尤其在机动性能上远超雷诺 FT。

01. 离合踏板和刹车踏板
02. 入口
03. 转向杆（右）和变速杆（左）
04. 皮托 SA 18 型 37 毫米火炮
05. 火炮瞄准器
06. 旋转炮塔
07. 逃生门
08. 油箱
09. 散热器
10. 尾部支架
11. 刹车以及转向离合
12. 变速齿轮
13. 启动手柄
14. 诱导轮

扩展知识

前传："胜利坦克"雷诺 FT

第一次世界大战初期，当时法国军方对坦克的主流认知，仍倾向于研制较大型的坦克，仅有部分眼界开阔的人士希望获得一种新的轻型坦克——能伴随步兵实施突破，或是协同施耐德 CA1、"圣沙蒙"等坦克作战。

法国坦克兵种的缔造者——埃斯蒂安上校就属于后者，他找到路易斯·雷诺，希望其接手这种轻型坦克的设计。雷诺出于技术和产能的顾虑，一度拒绝了这个请求，后来在埃斯蒂安一再要求下才终于同意。

这种新型坦克的重量被严格限制在 7 吨以内，部分原因是当时生产的发动机性能不佳，无法为大吨位坦克提供充足动力；另一部分原因则是体积较小的轻型坦克更适合通过森林等复杂地形。雷诺在设计时便充分考虑了上述因素，最终的成品即是雷诺 FT 坦克。

雷诺 FT 的具体设计远远领先于已有的施耐德 CA1 和"圣沙蒙"，甚至被后人称为最早的现代坦克。即使它投入实战时堪堪赶上一战的尾声，但其表现仍然可圈可点。一战结束后，有多个国家购买雷诺 FT，并将其用于各种军事行动，包括苏波战争、镇压意属利比亚起义、西班牙内战等。甚至在二战爆发后，哪怕它已经显得落后、老旧，却仍然在某些战场上发挥作用。

埃斯蒂安曾提议将这种轻型坦克组成集群，以突破敌人的防御。事实证明，这种战术是可行的。由于在 1918 年的攻势中发挥了主导作用，雷诺 FT 被称为"胜利坦克"。

总体而言，雷诺 FT 最大的特点是其设计上的前瞻性，而非实际性能。比如旋转炮塔使坦克在不转动车体的情况下，便能攻击多个方向的敌人；将发动机后置，不仅能强化坦克车体前部的防护，也能有效降低动力系统遭损毁的风险。

当然，如果单纯评价性能，雷诺 FT 的不足同样明显：装甲防护薄弱；火力相对大吨位坦克较弱；速度慢且行程短，战术机动能力弱；乘员数量过少，导致坦克作战和日常维护都不太方便；冷却系统等部位容易出现故障。

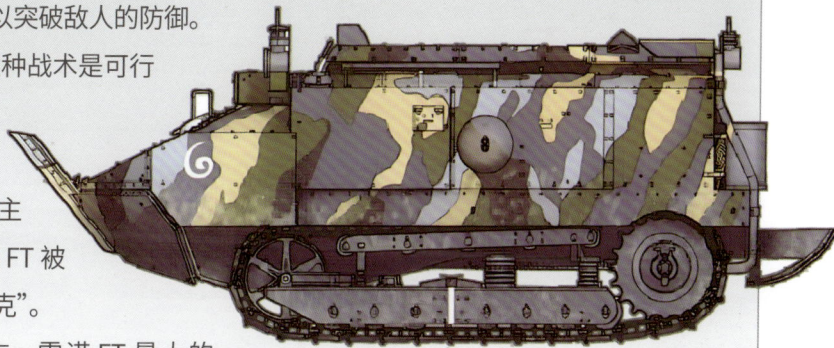

施耐德 CA1
法国第一种坦克，被设计用于打破堑壕战僵局，但实际表现不佳。

五号"黑豹"
就重量而言，它更符合重型坦克的标准；但在作战应用上偏向中型坦克。

KV-2
二战早期一种名气颇大的重型坦克，其坚甲巨炮给德军留下了深刻印象。

T28 超重型坦克
它有意强化了防护性能，以对抗德军防线中 88 毫米高平两用炮的攻击，不过这种情况并未实际发生。

火力

雷诺 FT 的武器配置相对单一，火炮型装备一门37毫米主炮，机枪型则装备一挺8毫米机枪。除此之外，坦克车体和炮塔顶部都没有安装机枪。

霍奇基斯 Mle 1914 型 8 毫米机枪

机枪型雷诺 FT 装备的则是霍奇基斯 Mle 1914 型 8 毫米机枪，弹药4800 发。

皮托 SA 18

皮托 SA 18 是法国研制的一种单发后装火炮，口径为 37 毫米。其设计简单、可靠，是当时法国轻型坦克和装甲车的标准配置，可用于攻击敌方步兵和机枪火力点，但反装甲能力较弱。

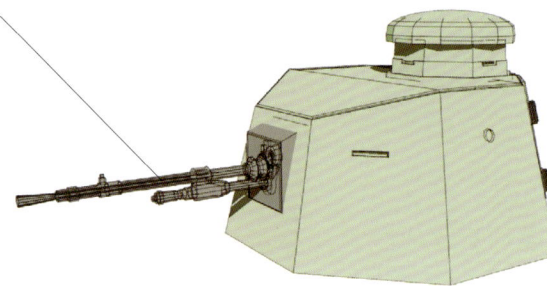

△机枪型炮塔。

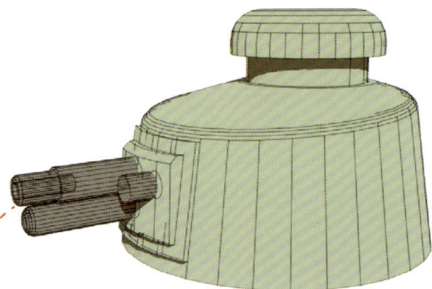

△火炮型炮塔。

△雷诺 FT-17 坦克炮塔局部特写。

主炮使用的炮弹
37 毫米主炮使用的两种炮弹：穿甲弹（左）和榴弹（右）。

扩展知识

坦克炮塔是如何实现旋转的？

雷诺 FT 作为现代坦克的鼻祖，有一种设计堪称点睛之笔，那便是将炮塔设置于坦克中部并可以360度旋转——哪怕它的旋转只能借助人力实现。

雷诺 FT 的炮塔在水平方向设置有滚珠轴承，垂直方向则设置有一个肩垫，肩垫直接搭在炮手（即车长）肩膀上。如此一来，火炮的俯仰就全权交由炮手的肩膀控制：炮手通过蹲下或站立，对坦克主炮进行俯仰调节，就像使用步枪一样瞄准。除此之外，士兵甚至可以在坦克外拨动炮塔旋转，也可以通过锁扣锁死炮塔的俯仰角。

随着坦克制造技术的发展，炮塔旋转又出现了电动、液压驱动、电液混动三种方式。

电动方式利用辅助发动机带动的发电机供电，驱动炮塔旋转，如苏制 T-34坦克；液压驱动方式则直接利用了发动机动力，通过液压泵和液压马达的传导来提供动力，驱动炮塔旋转，如德制"黑豹"D 型。

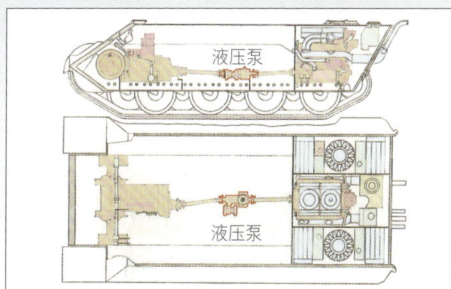

雷诺 FT 炮塔内没有电线和管路，但现代坦克的炮塔上还装载了火控系统、通信系统、主动防御系统，以及信息化系统等。这些设备之间采用线路连接，炮塔又与车体相连，当炮塔转圈时，里面的线路会不会打结呢？

工程师们采用了电子旋转连接器，即"滑环"来解决这个问题。

滑环的主要运动方式是旋转，其结构主要由转子和定子两部分组成。定子在外，与车体连接；转子在内，与定子相连；两者间通过金属触点形成电路连接。由此实现从固定位置向旋转位置传输能源和信号的功能，稳定连接，无须担心线路因扭转而断掉。

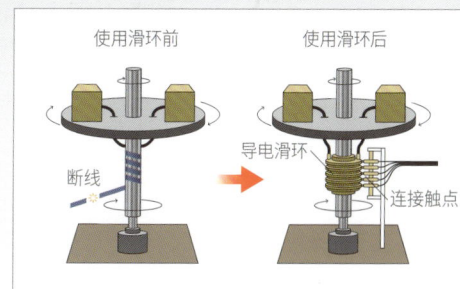

△"黑豹"坦克 D 型的液压驱动装置。

△滑环工作原理示意图。

轻型坦克与重型坦克通过能力对比

这里我们用雷诺 FT 和德国 A7V 重型坦克来进行展示对比。

德国 A7V 重型坦克

A7V，德国在一战时期唯一投入实战的坦克，也是当时众多"陆地战舰"之一。它装备有一门 57 毫米火炮（车体前部）和 6 挺 7.9 毫米机枪（车体两侧及后部）。

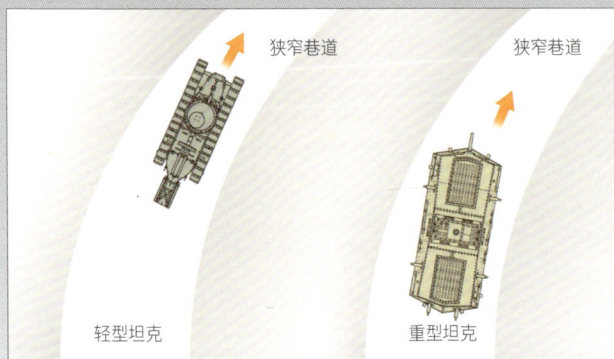

△雷诺 FT 因体积小而机动灵活，更容易通过狭窄地形区；而 A7V 因体积过大，在通过狭窄地形区时显得束手束脚。

△但在通过大坡度地形时，雷诺 FT 的功重比和履带接地长度不如 A7V，因而更加吃力。

机动

雷诺 FT 装有一台雷诺四缸汽油发动机，可携带的燃料容量少，最大输出功率为 35 马力，越野环境下最高速度为 7 千米 / 小时，作战续航里程大约为 39 千米。虽然它的最大速度和行程数据都不算优秀，但就其战场定位而言还是足够了。

正如前文所说，它能（相对重型坦克）更轻易地通过森林、狭窄街道等地形，在战斗中能更加灵活地转向。此外，它的履带能自动保持张力，以防脱轨；发动机可以在任何倾斜角度下工作，就算（坦克）通过相当陡峭的坡地也不会失去动力；位于车尾的支架还能助其穿越战壕，这一点在一战的大背景下无疑相当实用。

△雷诺 FT 车尾的支架。

△拆掉支架后的车尾。

8 毫米（车体顶部）

防护

由于体型较小，敌方火力击中雷诺 FT 的概率（相较同时期重型坦克）有所降低。但行驶速度慢这一不足，又削弱了该坦克在战场上的生存能力。

此外，雷诺 FT 装甲最厚处为 22 毫米，最薄处为 6 毫米，就连当时的步枪也能在抵近时击穿坦克装甲，并对车内乘员造成伤害。但值得一提的是，此时（一战期间）也是轻型坦克和重型坦克防护性能最为接近的时期。

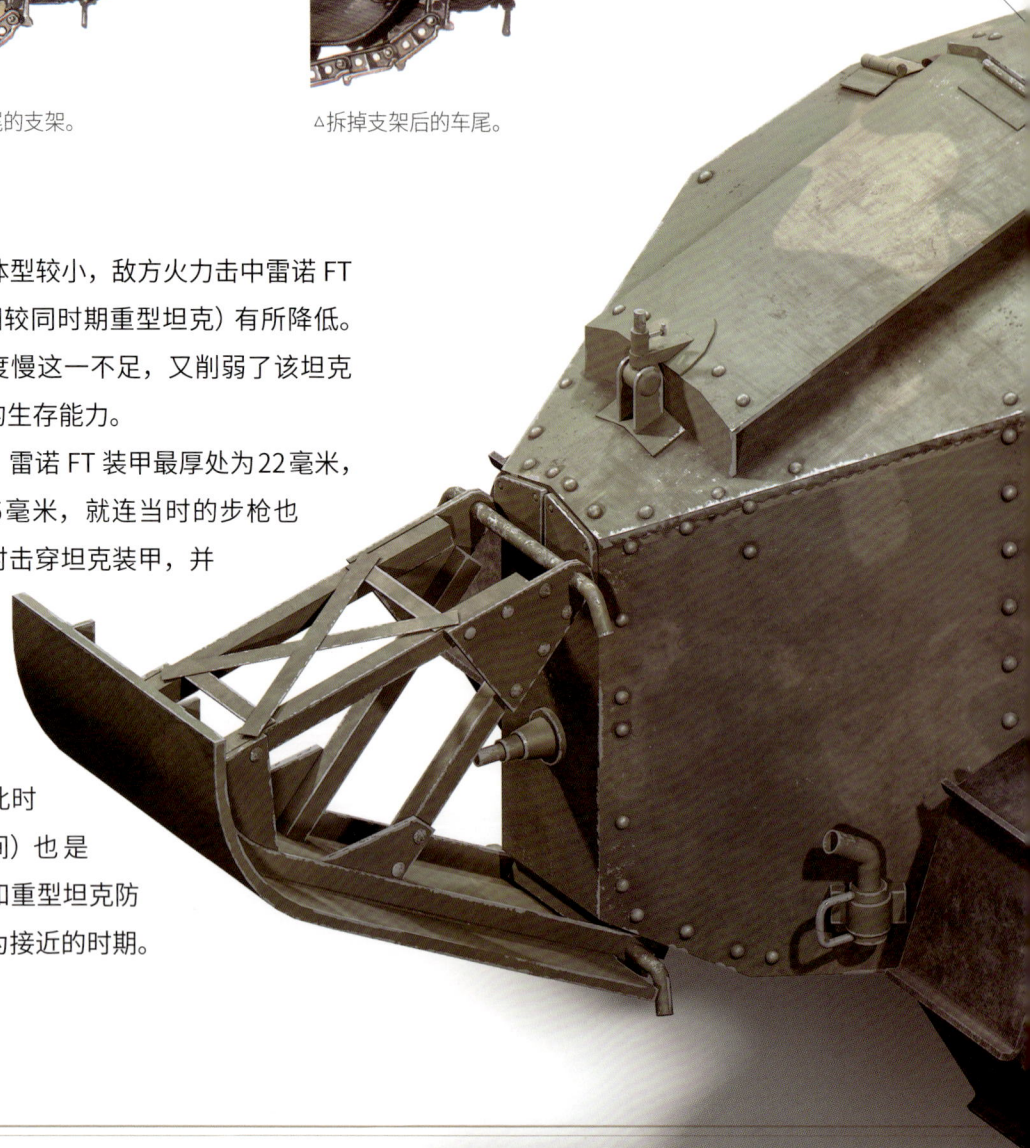

雷诺 FT 装甲分布情况

关于图中数据的解释，以 22 毫米为例：
22 毫米：均质钢装甲厚度

22 毫米（炮塔顶部）

22 毫米（炮塔后部）

16 毫米（车体侧面）

16 毫米（炮盾）

22 毫米

16 毫米

雷诺 FT 的改进型号（法国）一览

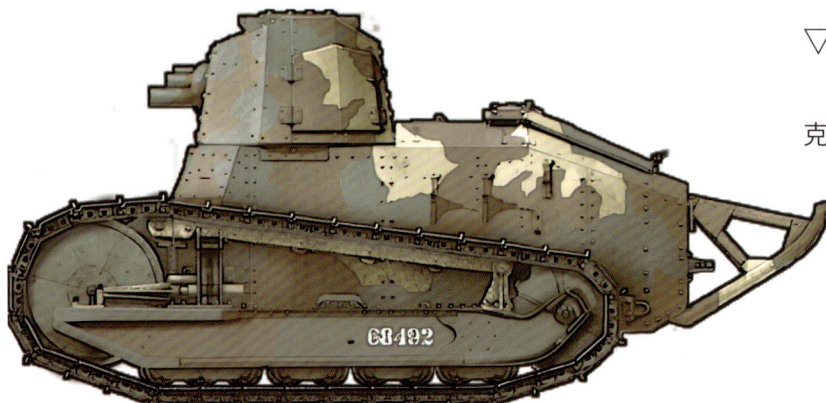

▽ **雷诺 TSF**

雷诺 TSF 是一种带有无线电设备的指挥坦克，没有安装武器，由三名乘员操作。

△ **FT 75 BS**

FT 75 BS 是以雷诺 FT 为基础改造而成的一种自行火炮，装备一门短管 75 毫米炮。

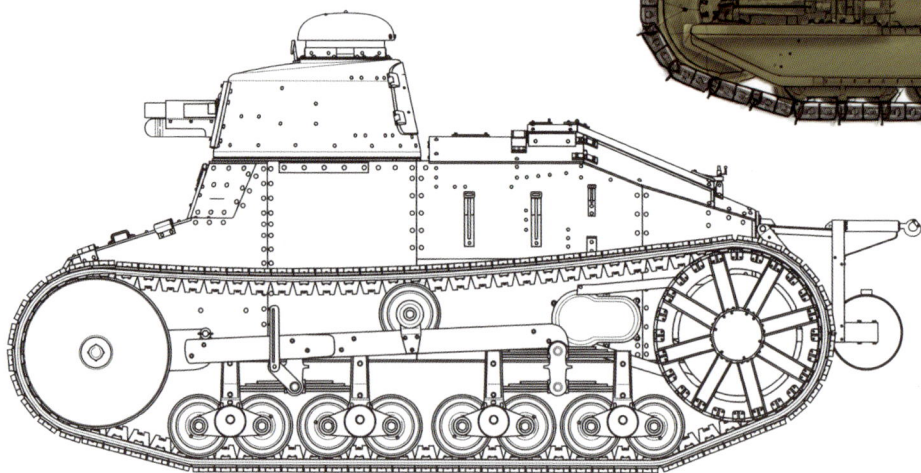

▽ **FT modifié 31**

大约有 1000 辆机枪型雷诺 FT 换装赖贝尔 Mle 1931 型 7.5 毫米机枪，并改称 FT modifié 31（也有人称之为 FT-31，但这并不是官方名称）。

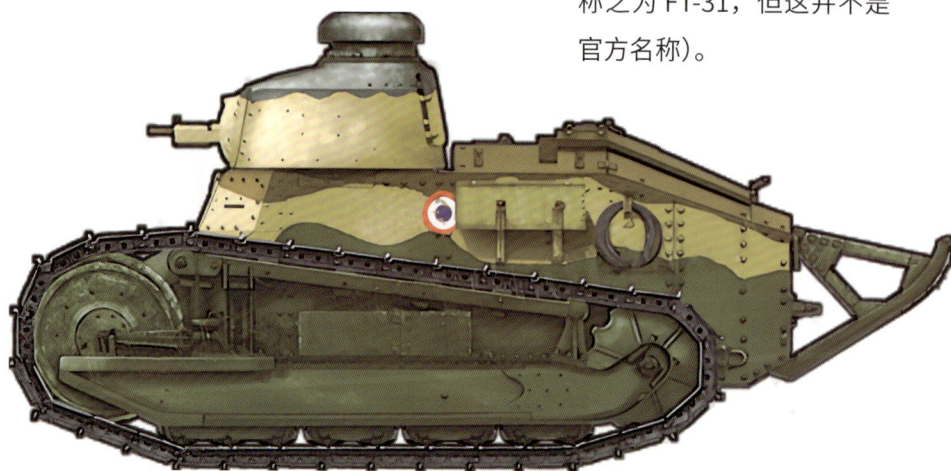

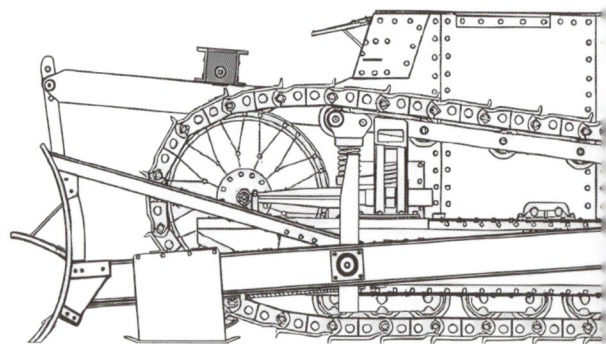

△ **雷诺 M26/27**

雷诺 M26/27 是一种不成功的改进型号，主要特点是更换了不同的悬挂和克格里斯橡胶履带。

▷ **坦克歼击车**

法国人曾考虑将雷诺 FT 改造为坦克歼击车，安装 25 毫米或 47 毫米反坦克炮，但后来计划取消，并未造出实车。图为安装 25 毫米反坦克炮的设想图。

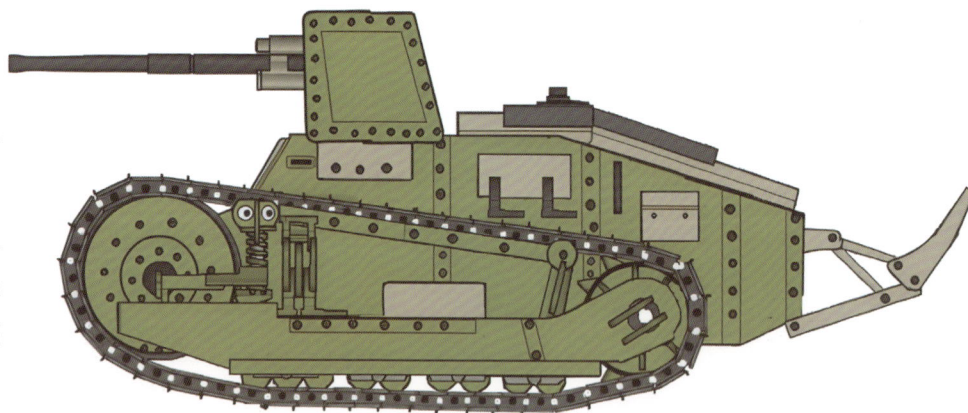

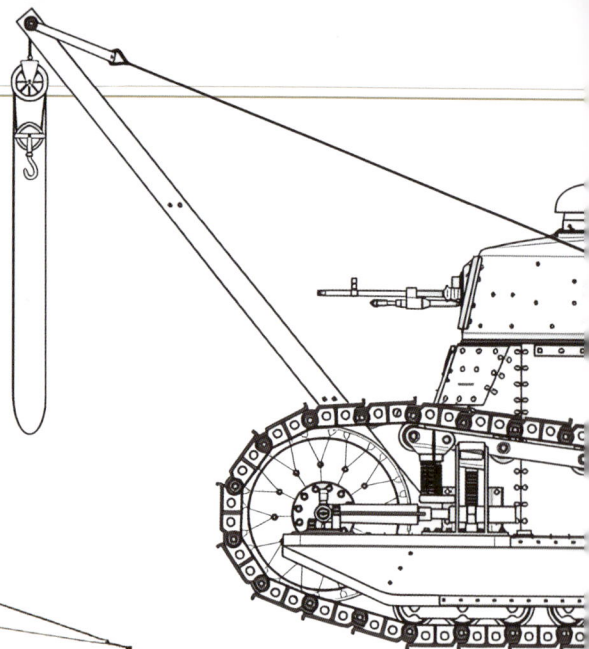

世界各国的雷诺 FT

雷诺 FT 之所以成为一款极具影响力的坦克，不仅是因为它陆续被法国、比利时、巴西、芬兰、意大利、苏联、美国等二十余国的军队装备使用，更重要的是，它在不断被冠以不同名称的同时，也有力地推动了各个国家装甲力量和坦克制造工业的发展。

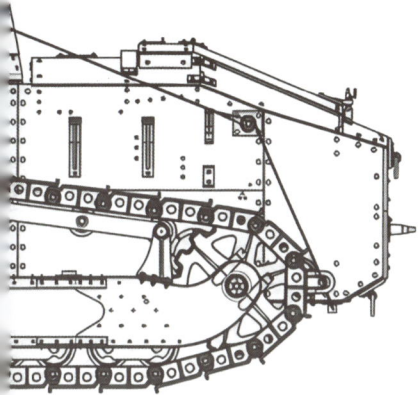

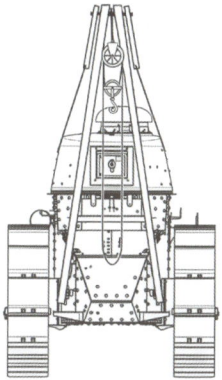

△ **雷诺 FT**

巴西军队装备的雷诺 FT。

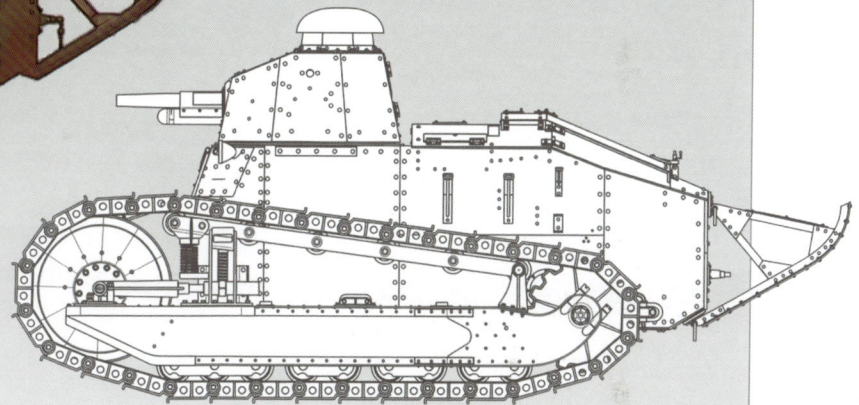

△ **起重型雷诺 FT**

就外观而言，起重型雷诺 FT 与常规型号的主要区别就是增设了位于车体前方的起重臂。

▽ **推土型雷诺 FT**

推土型雷诺 FT 去掉了炮塔，车体结构发生明显变化，且前部装有液压推铲。

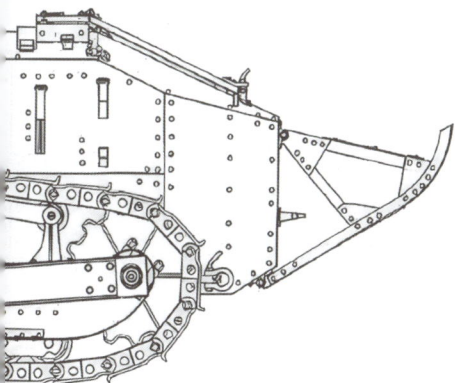

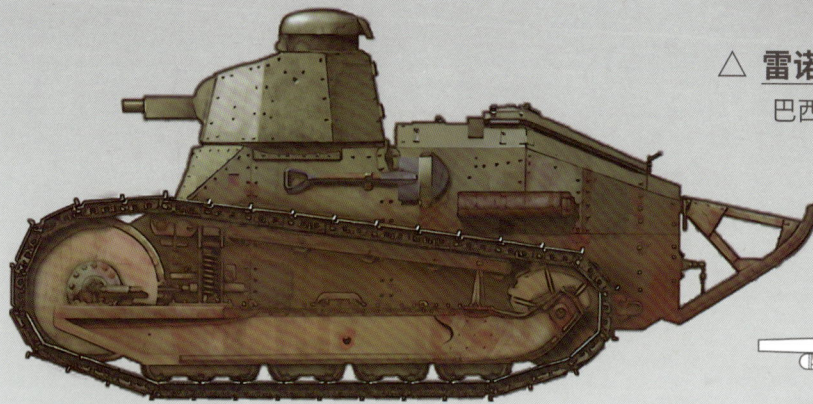

△ **M1917**

M1917 仿自雷诺 FT，是美国第一种量产坦克。

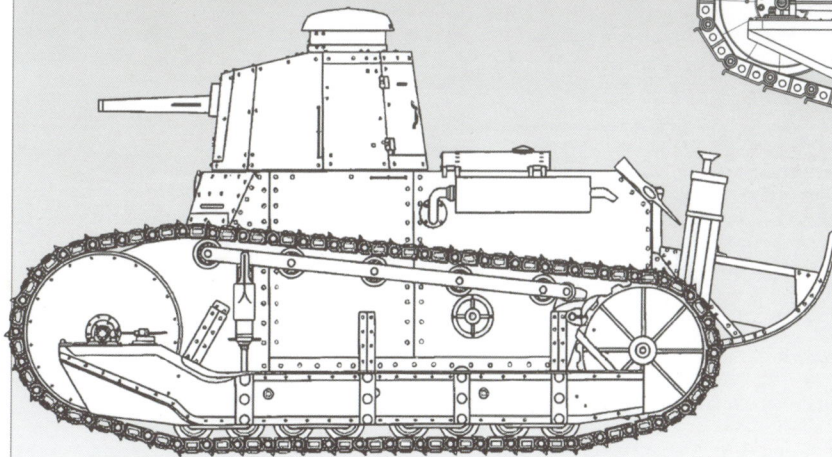

△ **坦克 M**

坦克 M 是苏联生产的第一种坦克，也称 KS 坦克或 "俄罗斯雷诺"，同时装备有 37 毫米主炮和机枪。

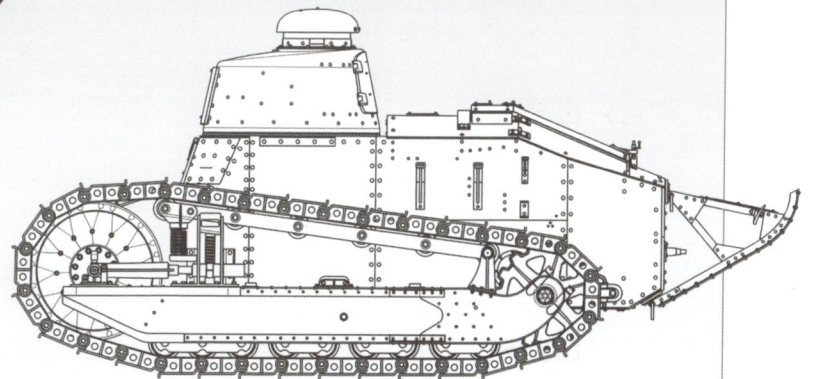

△ **"菲亚特" 3000**

雷诺 FT 的意大利版本，同时装备有火炮和机枪。

▷ **雷诺 FT CWS**

CWS 是 Centralne Warsztaty Samochodowe（中央卡车车间）的缩写。这是一种训练用车辆，由波兰军队使用。

　　战间期（1918—1939 年）仅仅持续了不足 21 年，第二次世界大战就爆发了，此时坦克已经发展出一系列种类齐全的装甲作战车辆，比如"斯图亚特"轻型坦克、T-34 中型坦克、"谢尔曼"中型坦克、"虎"式重型坦克，以及空降坦克、水陆坦克、喷火坦克等特殊类别。它们能在不同地域执行不同的作战任务，逐渐主导了地面交战。并不夸张地说，一支陆军所拥有的坦克数量和质量，已经成为衡量其实力的重要标准。

　　除此之外，SU-85 和"地狱猫"坦克歼击车、"牧师"自行火炮、三号突击炮等也在战争中大放异彩。这些车辆大多是基于坦克开发而成，不仅能在作战中协同后者行动，也能单独执行任务，同时扮演了后者的"有力助手"和"强力对手"两大角色。

　　整体来说，二战中的坦克和其他车辆基本组成了完整的地面作战载具体系，并且经过战争催化，各国装甲力量也呈现出各自的特点。但无论如何，坦克自此已不再是单纯的"步兵支援武器"，而成为名副其实的"陆战之王"。

M3 STUART
LIGHT TANK
M3"斯图亚特"轻型坦克

M3/M5 "斯图亚特"是第二次世界大战期间由美国生产的主力轻型坦克车族，其中 M5 是 M3 的深度改进版本。这两种坦克及其后续型号广泛服役于同盟国军队，亦曾涉足多个战区，甚至有极少数服役到了 2000 年之后（主要用于日常训练）。

其实，"斯图亚特"这一称谓是英国人的叫法，他们用一位美国将军的名字来命名这个系列的美国坦克。除它之外，英方还以同样的方式给美制坦克命名过"谢尔曼""霞飞""格兰特""李"等。事实上"格兰特"和"李"均指代 M3 中型坦克，两者的区别在于"格兰特"安装英式炮塔，而"李"安装美式炮塔。

副驾驶员　炮手　车长

驾驶员

2.24 米

4.53 米

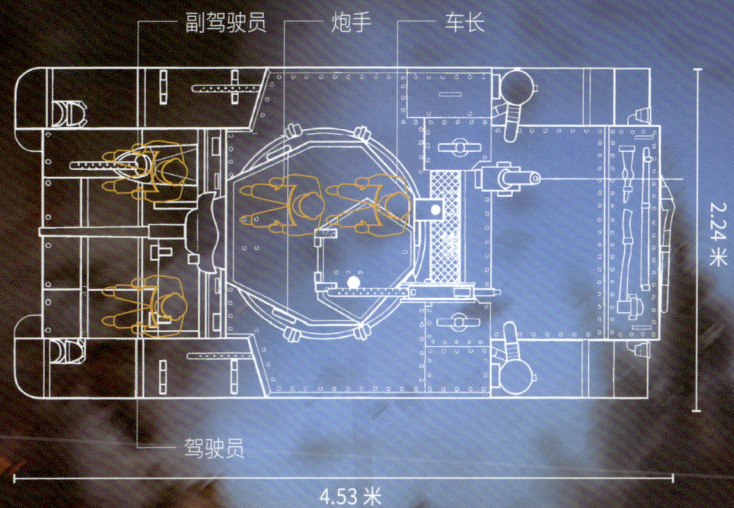

M3（初期型）与 M5 性能对比

	M3（初期型）	M5
全车尺寸	4.53 米 ×2.24 米 ×2.64 米	4.43 米 ×2.24 米 ×2.6 米
战斗全重	12.7 吨	15 吨
乘员数量	4 人	4 人
主武器	37 毫米火炮	37 毫米火炮
副武器	5 挺 7.62 毫米机枪	3 挺 7.62 毫米机枪
装甲厚度	10～44 毫米	10～51 毫米
发动机型号	大陆 W-670-9A 星形汽油气冷发动机	凯迪拉克 42 系列 16 缸汽油液冷发动机（2 台）
发动机功率	262 马力	296 马力（单台力 148 马力）
	20.6 马力 / 吨	19.7 马力 / 吨
最大速度（公路）	58 千米 / 小时	58 千米 / 小时
最大速度（越野）	18～26 千米 / 小时	18～26 千米 / 小时
最大行程（公路）	113 千米	161 千米

33

M3 STUART LIGHT TANK

M3轻型坦克结构一览

01. 储物箱
02. 发动机空气滤清器
03. 油箱盖（带有防护装甲）
04. 无线电天线
05. 发动机
06. 发动机消音器
07. 手枪射击孔
08. 7.62毫米高射机枪
09. 火炮防危板
10. 炮手用潜望镜

11. 炮塔舱盖
12. 37毫米主炮
13. 7.62毫米并列机枪
14. 火炮高低机手轮
15. 炮塔方向机调节手轮
16. 车体左侧的7.62毫米机枪
17. 炮手坐垫
18. 驾驶员用观察口
19. 驾驶员座位
20. 驾驶员用操作杆

21. 同步啮合式变速器
22. 车头灯
23. 车头灯护架
24. 变速器壳盖
25. 拖缆卸扣
26. 踏板
27. 倾斜装甲
28. 位于车体正面的7.62毫米机枪
29. 橡胶履带板

30. 履带板连接器
31. 主动轮
32. 垂直弹簧平衡悬挂
33. 副驾驶员座位
34. 托带轮
35. 挂胶负重轮
36. 垂直螺旋弹簧悬挂组
37. 诱导轮
38. 机枪弹药存放处
39. 右侧机枪枪座

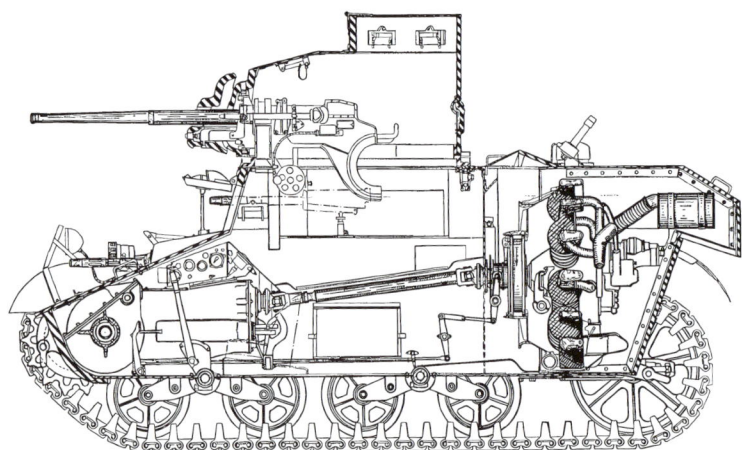

△ M3侧面剖面图。

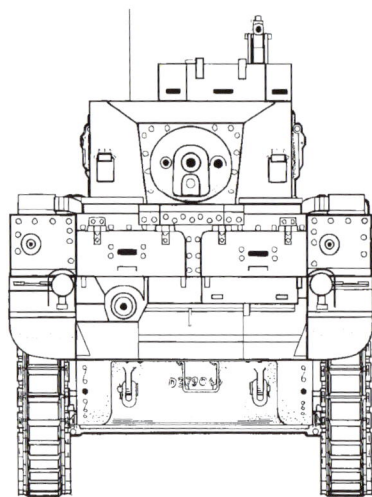

△ M3前视图。

M3与M5的生产情况（单位：辆）

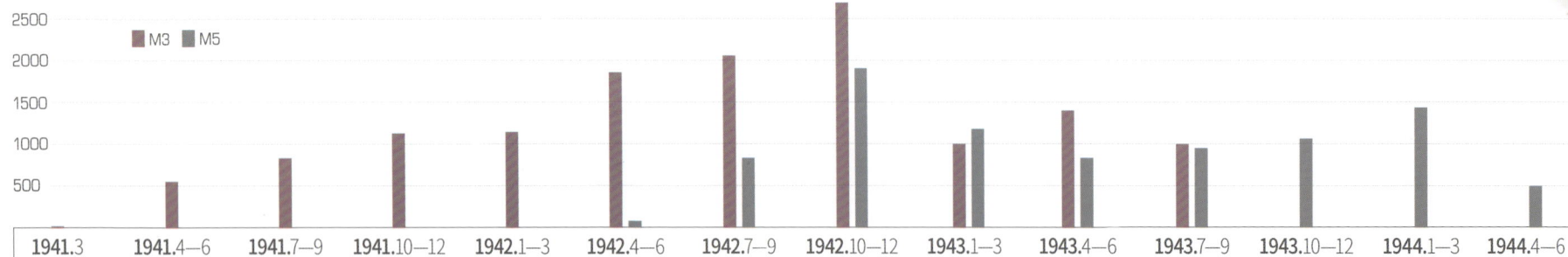

	M3	M5

| 1941.3 | 1941.4—6 | 1941.7—9 | 1941.10—12 | 1942.1—3 | 1942.4—6 | 1942.7—9 | 1942.10—12 | 1943.1—3 | 1943.4—6 | 1943.7—9 | 1943.10—12 | 1944.1—3 | 1944.4—6 |

△ M3 后视图。

潜望镜头靠

炮手潜望镜

高射机枪

潜望镜平行连杆

组合式炮座

火炮防危板

手动连杆

齿轮箱换挡器

横向齿轮箱

安全扳机

高低机手轮

高低机升降架

横向控制连杆 横向油泵 滑动环总成

泵电机总成

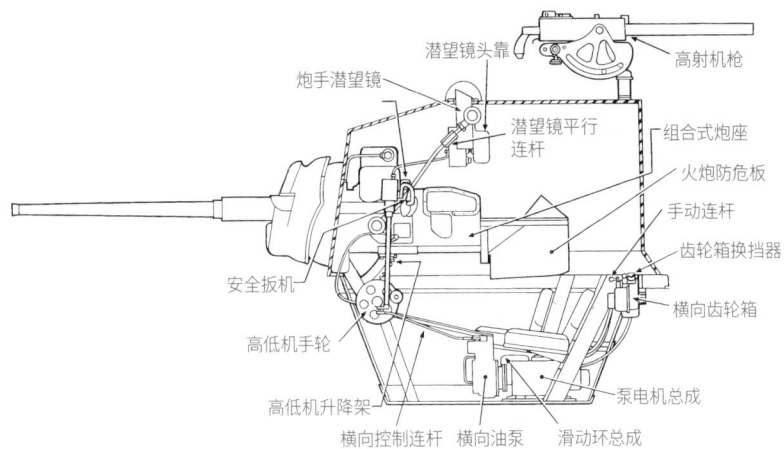

△ M3 炮塔剖面图。

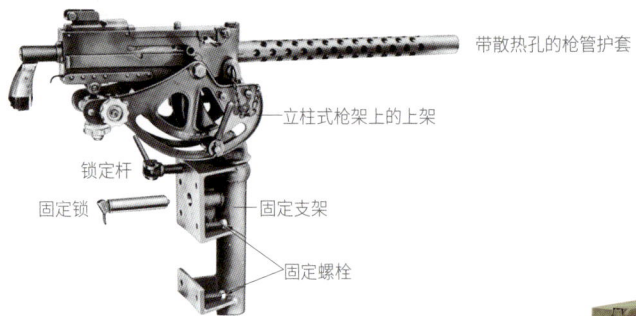

锁定杆

固定锁

固定支架

固定螺栓

带散热孔的枪管护套

立柱式枪架上的上架

△ 7.62 毫米勃朗宁 M1919A4 型机枪。

主炮: M5 型 37 毫米火炮

M3 轻型坦克装备的是 M5 型 37 毫米火炮,备弹 103 发。该炮基于 M3 型同口径坦克炮开发而成,最初曾被称为 M3A1 型。

副武器: 5 挺机枪

M3 轻型坦克安装的是 7.62 毫米勃朗宁 M1919A4 型机枪, 其最大射程达 1500 米, 共计备弹 8270 发。值得注意的是, 除了炮塔顶部、火炮附近、车体正面, M3 的车体两侧也分别可以安装 1 挺机枪 (后来被拆除)。这样一来, 该坦克总共设有 5 挺机枪, 能更好地应对前方出现的大批敌军步兵。

高射机枪

并列机枪

车体右侧机枪

车体左侧机枪

车体正面机枪

火力

M3 轻型坦克的火力配置为 1 门 37 毫米主炮, 以及 3 ～ 5 挺 7.62 毫米机枪。

37 毫米主炮的设想用途之一是反装甲作战, 但在实际应用中评价褒贬不一。当然, 单就反轻型车辆和反人员而言, 该主炮的表现是可接受的。

此外, 除了高射机枪和并列机枪, 二战时期的坦克所安装的副武器大多还包括车体位置的机枪, 但一般仅布置 1 挺; 而 M3 坦克的副武器最多为 5 挺机枪, 其中有 3 挺位于车体不同位置。

扩展知识

M3 轻型坦克的火力配置

就作战用途而言, M3 轻型坦克的 37 毫米主炮使用榴弹进行反步兵作战, 能够取得不错的效果。但美国陆军所设想的 "轻型坦克可以用于反装甲作战", 这个 "反装甲" 的概念范围过于宽泛: 在太平洋诸岛和亚洲战场, M3 轻型坦克的主炮可以击穿轻型装甲车辆, 有效制敌; 但在欧洲战场, 它面对凶悍的 "豹" 式、"虎" 式则无能为力, 仅能击穿德式二号、三号等坦克。

它的副武器, 即 5 挺机枪, 分别由不同人员操作: 副驾驶员 (车体正面机枪)、炮手 (并列机枪)、驾驶员 (车体左右两侧的机枪) 及跟随坦克行动的步兵 (高射机枪)。这些机枪既能对敌步兵形成相当严密的火力网, 也能兼顾防空。

▷ 能够被 M3 轻易击穿的自行高炮。

◁ M3 无法击穿 (正面装甲) 的德国五号 "黑豹" 中型坦克。

机动

从设计上看，M3"斯图亚特"轻型坦克非常强调高速机动能力和侦察能力，以便在复杂地形环境中快速、有效地完成作战任务。

这种相对轻量化和强调机动性的特征确实使它在各种作战环境中都很灵活。不过，在北非作战的英军认为，M3轻型坦克的机动性能（如最大速度）和机械可靠性较好，但单次加满油行驶的距离有限。而苏联军队在实战中发现，M3的窄履带不太适应雪地或泥地等复杂地形；同时，该坦克安装的星形发动机对燃料要求较高。

值得一提的是，美国参战后，需要将更多星形发动机用于制造飞机，于是设计人员开始考虑为新的 M5 轻型坦克安装汽车发动机，以取代 M3 所使用的型号。被选中的是凯迪拉克42系列16缸汽油液冷发动机，因其功率较低，M5还安装了两台。

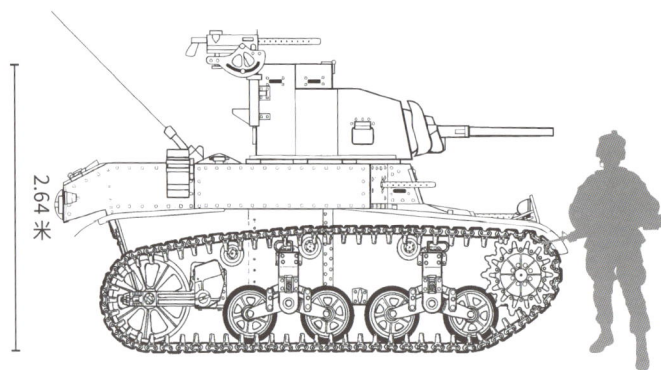

2.64 米

▷ M3 轻型坦克侧视图。

装甲

按照当时的轻型坦克标准,"斯图亚特"坦克的装甲相当厚实。它的前车体上部有38毫米的装甲,前车体下部有44毫米的装甲,炮盾有51毫米的装甲,炮塔两侧有38毫米的装甲,车体两侧有25毫米的装甲,车体后部有25毫米的装甲。

防护

作为轻型坦克,M3实在无法被形容为"坚固可靠"。但与同时代他国的轻型坦克相比,该车的防护性能仍然可圈可点:车体正面可抵御37毫米反坦克炮在500米距离上射击,侧面也能防御20毫米反坦克步枪。此外,车体正面有较大面积的装甲呈倾斜角度放置,这对于提升防护性能起到了积极作用。

不过,M3的车体比较高大,容易被发现和击中,也不利于乘员布置伪装,这对该车执行侦察任务显然是不利的。

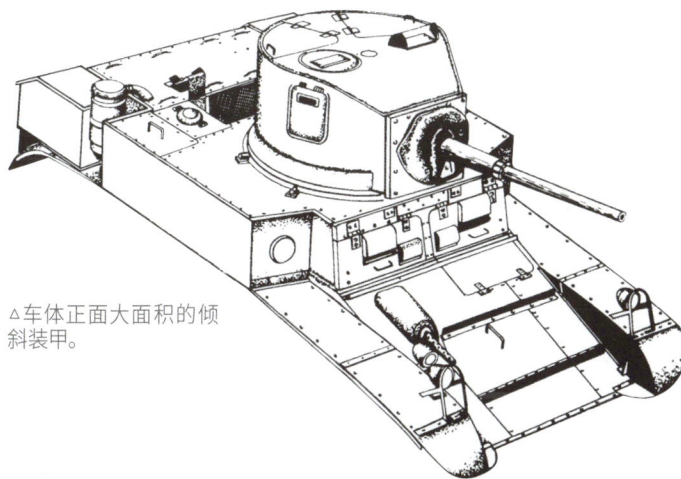

△车体正面大面积的倾斜装甲。

扩展知识

M3轻型坦克的星形发动机

大部分M3"斯图亚特"轻型坦克使用了大陆R-670型7缸汽油发动机,也有一部分使用的是吉伯森T-1020型(星形)9缸柴油发动机。

就本质而言,星形发动机是一种气缸环绕曲轴排列的往复式内燃机,因此看上去呈星形。这种发动机曾广泛应用于大型飞机,或是M3"斯图亚特"(M5并未使用)、M4"谢尔曼"、M18"地狱猫"等地面车辆。

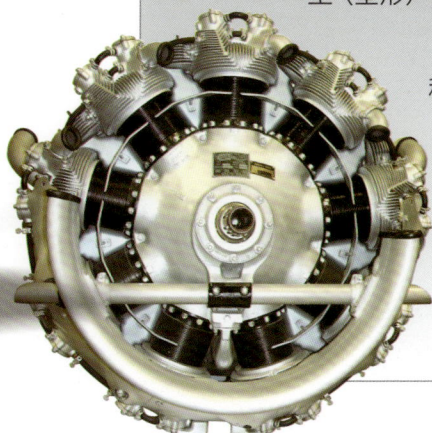

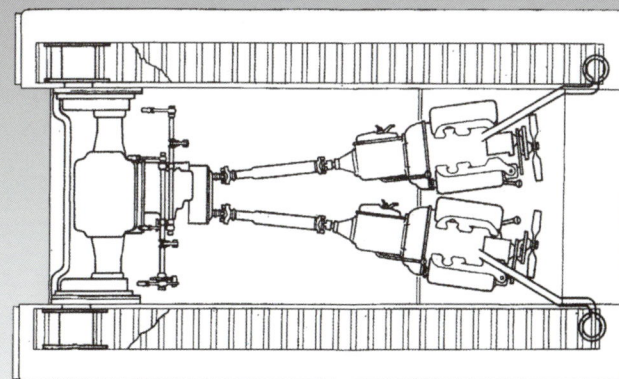

△M5轻型坦克的双联发动机和传动系统示意图。

"斯图亚特"车族（部分）

△ M2A4

M3便是基于M2轻型坦克（尤其是M2A4）改良而成。值得一提的是，少量M2A4曾被派往前线，比如太平洋上的瓜岛和东南亚。

△ "斯图亚特 I"

英国人为一系列美援坦克重新拟定了一套命名体系，其中M3基本型就被称为"斯图亚特 I"。

▷ M3A3（"斯图亚特 V"）

尽管从型号上讲，M3A3仍属于M3，但其设计在很大程度上参考了M5，比如车体前部，因此该型号在M3车族中极具辨识度。

△ "斯图亚特 II"

英军装备的"斯图亚特 II"，即安装吉伯森柴油发动机的M3基本型。

△ M3A1（"斯图亚特III" / "斯图亚特IV"）

图为苏联通过《租借法案》获得的M3A1后期生产型，可见车身上带有浓厚地域色彩的冬季雪地涂装。英军将装备大陆汽油发动机的M3A1称为"斯图亚特III"，而安装了吉伯森柴油发动机的M3A1则称"斯图亚特IV"。

△ M5 ("斯图亚特VI")

在前线部队普遍反映 M3 的 37 毫米主炮火力不足的情况下，新设计的 M5 轻型坦克仍然采用了该口径主炮。值得一提的是，按照相应的命名规则，M3 之后的新式轻型坦克应被命名为 M4，但为了避免与 M4 "谢尔曼" 中型坦克混淆，才改称 M5。M5 与 M5A1 同被英军称为 "斯图亚特VI"。

▽ "袋鼠" 装甲运兵车

图为基于 "斯图亚特VI" 改造而成的 "袋鼠" 装甲运兵车。事实上，二战期间加拿大和英国军队曾尝试将多种车辆改造为 "袋鼠" 系列装甲运兵车，包括最早进行改造的 "斯图亚特" 轻型坦克，还有 "牧师" 自行火炮、"谢尔曼" 中型坦克、"丘吉尔" 重型坦克等。

△ M5A1 （同为 "斯图亚特VI"）

图为一辆 1945 年 2 月在德国西部地区作战的 M5A1，可见其与 M5 基本型存在相当大的外观差别，包括炮塔和车体后部。也有资料认为，英国人并未赋予 M5 任何名称，"斯图亚特VI" 为 M5A1 独有。

△ M8 型 75 毫米自行榴弹炮

美国方面曾基于 "斯图亚特" 的车体，开发出多种自行火炮，图为基于 M5 轻型坦克开发的 M8 型 75 毫米自行榴弹炮。

◁ T18 型 75 毫米自行榴弹炮

基于 M3 轻型坦克开发的 T18 型 75 毫米自行榴弹炮。

M4 Sherman

MEDIUM TANK

M4 "谢尔曼" 中型坦克

　　"谢尔曼"中型坦克,美国官方称谓 M4。它是第二次世界大战期间服役范围最广的中型坦克,也是当时产量最高的坦克之一。相较苏制 T-34,美制M4的设计难称先进,还存在车身高大易被击中、火炮穿透能力不足等缺点。但它的整体性能并不弱,且具有零件标准化程度高、可靠性高、方便生产等优点。

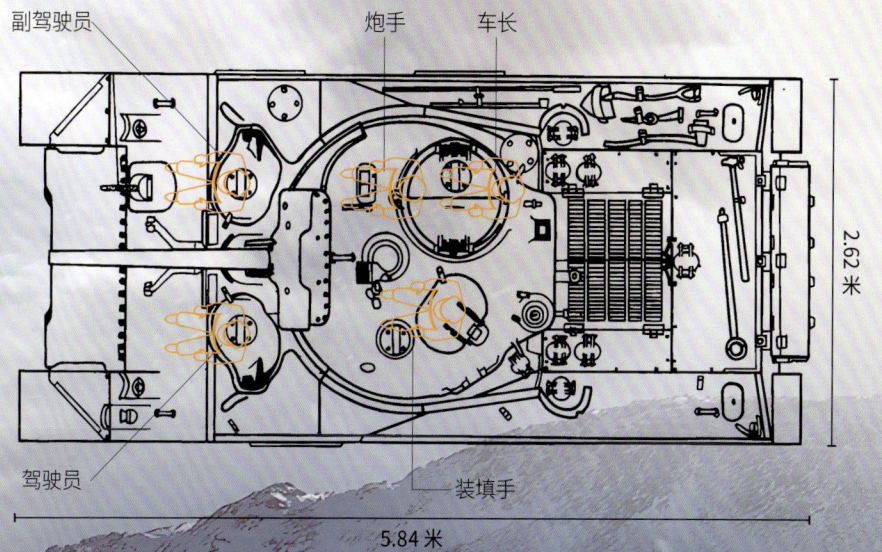

副驾驶员　　炮手　车长

2.62 米

驾驶员　　　　　装填手

5.84 米

M4 初始型号及 M4 车族性能对比

	M4 初始型号	M4 车族
乘员数量	5 人	5 人
战斗全重	30.3 吨	30.3～38.1 吨
车体尺寸	5.84 米 ×2.62 米 ×2.74 米	长：5.84～6.27 米 宽：2.62～3 米 高：2.74～2.97 米
主武器	75 毫米火炮	75 毫米或 76 毫米坦克炮，或 105 毫米榴弹炮
副武器	1 挺 12.7 毫米机枪，2 挺 7.62 毫米机枪	1 挺 12.7 毫米机枪，2 挺（一说最多 4 挺）7.62 毫米机枪
发动机型号	大陆 R975 汽油发动机	大陆 R975 汽油发动机 (M4A1)，或克莱斯勒 A57 汽油发动机 (M4A4)，或卡特皮勒 D200A 柴油发动机 (M4A6) 等
发动机功率	400 马力	400 马力、370 马力或 450 马力（分别对应大陆 R975 等 3 种发动机）
功重比	13.2 马力／吨	M4A1 (30.3 吨)：13.2 马力／吨 M4A4 (31.6 吨)：11.7 马力／吨 M4A6 (31.8 吨)：14.2 马力／吨
最大速度	48 千米／小时	35～48 千米／小时
最大行程	193 千米	160～240 千米

说明：由于 M4 的子型号太多，难以一一列举，本表格仅展示 M4 初始型号和 M4 车族两部分。其中前者的数据是具体值，而后者的数据多为范围值。

43

M4 SHERM
MEDIUM TA

M4中型坦克结构一览

01. 无线电天线基座
02. 75 毫米主炮
03. 7.62 毫米机枪
04. 副驾驶员 / 机枪手位
05. 通风口
06. 副驾驶员 / 机枪手舱盖
07. 主炮陀螺稳定器的液压泵和电动机
08. 主炮发射踏板
09. 炮弹存放处
10. 炮塔吊篮
11. 7.62 毫米机枪弹药存放处
12. 主炮陀螺稳定器的控制装置
13. 潜望镜
14. 潜望瞄准装置
15. 车长舱盖
16. 车长机枪
17. 车长位
18. 主炮陀螺稳定器
19. 7.62 毫米并列机枪
20. 潜望镜
21. 无线电天线
22. 燃料切断阀
23. 同步啮合机构
24. 传动轴
25. 变速器冷油器
26. 通用动力 GM-6046 柴油发动机
27. 油箱盖
28. 灭火器
29. 油箱
30. 2 号化油器空气净化器
31. 辅助发电机
32. 灭火器
33. 发电机
34. 紧急制动器
35. 挡位选择器
36. 驾驶员位
37. 转向杆
38. 主动轮
39. 通气管
40. 传动系统(主传动和制动系统)

△ M4 侧面剖面图。

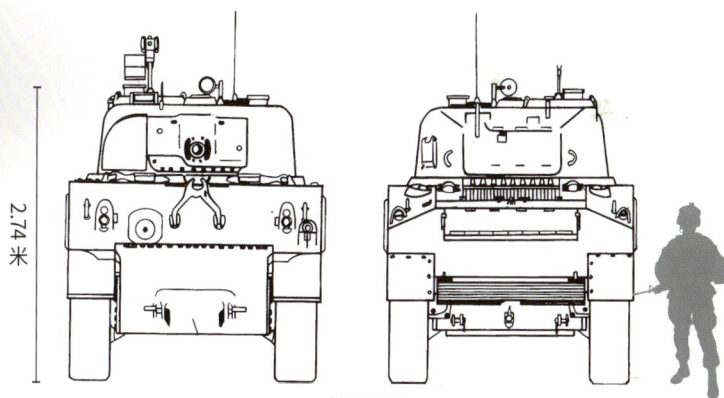

2.74 米

△ M4 前后视图。

"谢尔曼" 与 "斯图亚特" 的 "血缘关系"

　　"谢尔曼" 中型坦克与 "斯图亚特" 轻型坦克作为二战期间美国装甲部队的两大主力车族,分属不同车辆类型,却可以追溯到相同的 "祖先" ——M2轻型坦克。简单地说,"斯图亚特" 曾参考 M2轻型坦克的设计,而 "谢尔曼" 同样在一定程度上(对 M2轻型坦克)进行了借鉴。

M2 轻型坦克

M2 中型坦克 → M3 中型坦克 → M4 "谢尔曼" 中型坦克

M3 "斯图亚特" 轻型坦克

M4坦克的垂直稳定器

世界上首辆拥有火炮垂直稳定能力的坦克是M3中型坦克，不过M3作为过渡车型服役时间不长，真正发挥出这一装置的优势的型号，正是M4"谢尔曼"坦克。

早期的坦克设计中，火炮是依靠人力来操作和实现稳定的。随着火炮口径越来越大，炮手改成使用摇把来控制炮塔，但这种方式不仅笨拙，还极易受到车身颠簸的干扰。直到垂直稳定器的出现，坦克行进间精确瞄准和射击的难题才初步得到解决。

坦克火炮操控装置是如何找准水平面的呢？

M4坦克安装了一套转速为12500～16000转/分钟的陀螺仪。由于高速旋转的陀螺可以竖直不倒且保持与地面垂直，坦克的火炮便以此为基准，利用机电手段指向水平面，并且随着路面起伏、车身角度变化来驱动高低机，调整火炮角度，达到垂直稳定的效果。

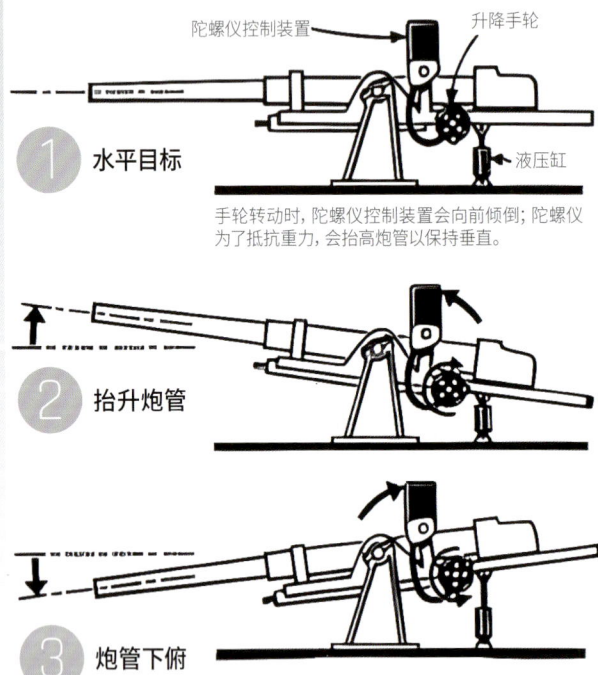

陀螺仪控制装置　升降手轮

1 水平目标

液压缸

手轮转动时，陀螺仪控制装置会向前倾倒；陀螺仪为了抵抗重力，会抬高炮管以保持垂直。

2 抬升炮管

3 炮管下俯

△ M4坦克的火炮垂直稳定器工作原理。

M1919A4 型 7.62 毫米机枪

M1919A4型7.62毫米机枪被用作"谢尔曼"的并列机枪及车体前部机枪，备弹6000～6750发，最大射程为1500米。M2型和M1919型两种机枪都是由约翰勃朗宁设计，且至今仍在服役。

76 毫米火炮使用的炮弹

（从左到右）分别是M42榴弹、M62风帽被帽穿甲弹、M88发烟弹、M93次口径高速穿甲弹。

75 毫米火炮

1944年之前，各种"谢尔曼"均装备M3型75毫米火炮，备弹90～104发。编号从M2到M6的75毫米系列火炮是二战期间美国的标准中口径坦克炮，在发射穿甲弹或榴弹时都能获得不错的效果，英国方面曾评价该系列火炮是"美国对坦克战最重要的贡献"。

火力

二战期间，美制 M4 中型坦克安装过三种口径的主武器，它们分别是：M3 型 75 毫米火炮、M1A1/M1A1C/M1A2 型 76 毫米火炮，以及 M4 型 105 毫米榴弹炮。

M4 中型坦克的副武器则包括一挺 M2HB 型 12.7 毫米高射机枪，以及两挺分别位于车体前部和火炮附近的 M1919A4 型 7.62 毫米机枪（部分坦克型号可装备更多）。

值得一提的是，"谢尔曼" 车族的序号 M4、M4A1、M4A2……M4A6 并非按照研发顺序先后而得名，不同序号仅表示生产标准有所不同。事实上，这些坦克大致诞生于同一时间段，不过是由不同生产商制造的。因此，序号更靠后的型号不一定更先进更强大，比如 M4A3 仍有部分装备 75 毫米火炮，其穿甲性能明显不如 M4A1（76）W 安装的 76 毫米火炮。此外，76 毫米火炮版 "谢尔曼" 出现后，美国也没有停止 75 毫米火炮版 "谢尔曼" 的生产。

76 毫米火炮

1944 年 1 月，美国生产的 "谢尔曼" 中型坦克开始装备 76 毫米火炮（备弹 71 发），即 M1 系列火炮，不过 "谢尔曼" 仅装备其中的 M1A1、M1A1C、M1A2 三个型号。本图所示为 M1A1 型。

需要注意的是，对 M3 型 75 毫米火炮来说，M1 系列 76 毫米火炮本应发挥的作用是取代，但实际只发挥了补充作用：尽管 M1 系列具有更好的穿甲性能，但其榴弹的炸药装量远少于 M3 型，而 "谢尔曼" 更多发射的恰好是此类炮弹。另外，前线部队的反对，也是 M1 系列无法完全取代 M3 型的重要原因。

M4 型 105 毫米榴弹炮

1944 年 2 月，美国开始生产装备 M4 型 105 毫米榴弹炮的 "谢尔曼"（备弹 66 发）。这些装备特殊火炮的坦克往往被用作突击炮，主要负责为步兵提供火力支援，或是发射烟幕弹。

车长机枪

值得注意的是，除了 12.7 毫米高射机枪（位于炮塔顶部靠后位置，由随行步兵在车外操作），"谢尔曼" 坦克的车长舱盖前方也可安装一挺机枪，由坦克乘员中的车长操作。尽管上述两挺机枪可以同时安装，但因为人员操作起来非常不便，实际上很少这么做。

M2HB 型 12.7 毫米高射机枪

M2HB 型 12.7 毫米重机枪是 "谢尔曼" 中型坦克的高射机枪，备弹 300 ～ 600 发，有效射程达 1800 米，最大射程为 7400 米。M2 系列机枪除了装备 "谢尔曼""霞飞""潘兴""巴顿""艾布拉姆斯" 等坦克，还被美军广泛应用于军舰、飞机等作战平台。

装甲

M4 中型坦克的车体为铸造和焊接混合式结构。炮塔为整体铸造,正面的装甲最厚,达 89 毫米。湿式弹药架对于防止弹药诱爆有一定作用。

动力系统

变速箱为机械式,有 5 个前进挡和 2 个倒挡,2~5 挡有同步器。坦克行动部分采用平衡式悬挂装置,每侧的 6 个负重轮分为 3 组,主动轮在前,诱导轮在后。

机动

　　在公路或越野条件下,"谢尔曼"坦克都能达到不错的速度,但较窄的履带不利于坦克通过松软地面,且较高的车身也会对坦克通过大坡度地形造成不利影响(容易发生翻覆)。

　　"谢尔曼"的履带之所以较窄,很大程度上是为了提升战略机动性能:受到严格限制的车身重量、简约的窄履带设计使得坦克能够通过铁路或轮式拖车运输至战场,从而减少自身油耗和履带磨损;甚至能够驶入登陆艇,执行抢滩登陆作战。

　　毕竟,"谢尔曼"坦克本质上是一种通用坦克,在设计时并未专门考虑适应某种特定地形环境,因此它在苏德战场上多少会表现出"水土不服"。

更轻巧的 M4 坦克

评价一辆坦克的机动性能，能否通过桥梁，能否依靠其他交通方式进行远程运输，这些都是重要指标。

一般来讲，坦克如果需要通过桥梁，其车重不超过桥梁限重即可，其他方面（如车宽或车高）很少构成阻碍。

如果需要通过其他交通方式（如铁路、航运）进行运输，坦克的重量、整体尺寸则会受到比较严格的限制。

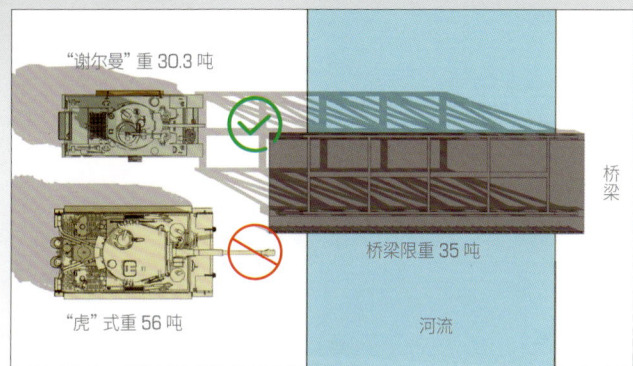

"谢尔曼" 重 30.3 吨

✅

桥梁限重 35 吨

桥梁

"虎" 式重 56 吨

🚫

河流

防护

由于参战时间较晚（1942 年 10 月），"谢尔曼" 在一定程度上得到了不公正的评价。比如早期生产的 M4 车体正面装甲厚度为 50.8 毫米（与垂直方向呈 56° 夹角），而 T-34（1941 年）的相应数据则是 45 毫米（60° 夹角）；但前者被批评为 "装甲薄弱"，后者却一度制造了 "T-34 危机"。之所以形成如此鲜明的对比，很大一部分原因是敌方（即德军部队）在战争中升级了他们的反坦克火力。

客观来说，"谢尔曼" 的装甲防护确实称不上坚固可靠。此外，该坦克的倾斜装甲仅布置在车体前部，不如 T-34 全面；高大的车体虽有利于观察周围情况，但也容易被敌方反坦克火力发现和击中；还有人批评它的汽油发动机（也许真正肇事的是其他设计弊端）容易燃烧乃至爆炸等。

"谢尔曼" 不同型号的车体正面装甲倾斜角度

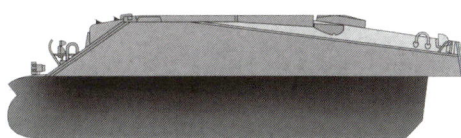

△ M4（56°）。

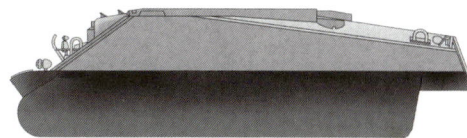

△ M4A3（早期生产版本，56°）。

△ M4A1（早期生产版本，56°）。

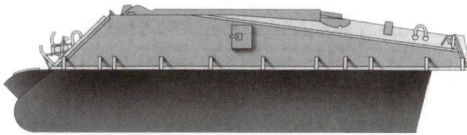

△ M4A3（后期生产版本，56°）。

△ M4A1（后期生产版本，56°）。

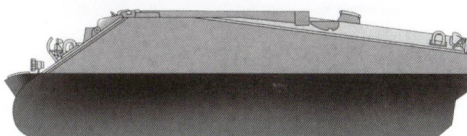

△ M4A4（早期生产版本，56°；车体有所加长）。

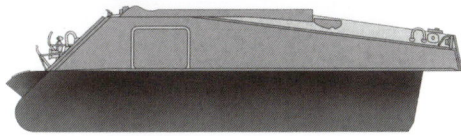

△ M4A2（后期生产版本，56°）。

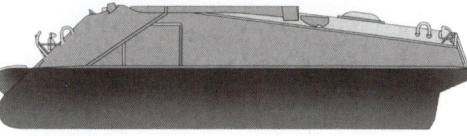

△ M4A6（后期生产版本，56°；车体有所加长）。

发动机

M4 中型坦克初期型的动力装置为大陆 R975 型 9 缸风冷汽油机，最大功率 350 马力。美军后续在 M4 系列的各种改进型车上，共装有 4 种不同型号的发动机（包括汽油发动机和柴油发动机）。

炮塔转动

M4 坦克炮塔转动速度是二战时期最快的，转动一周只需要 15 秒钟，使得 M4 "谢尔曼" 中型坦克在近距离坦克战中能够快速反应，先敌完成炮塔转动并射击。

各具特色的"谢尔曼"

▷ T6中型坦克

T6中型坦克是 M4"谢尔曼"的原型车，由 M3 中型坦克的车体（发动机、行走部分等）和新式炮塔结合而成，且安装 M3 的 75 毫米主炮。

◁ M4A3（76）W HVSS

加拿大军队装备的 M4A3(76)W HVSS。其中 W 是"Wet（意为"湿的"，指代坦克装备的湿式弹药架）"的缩写，其作用是降低炮弹发生爆炸的风险；HVSS 是"Horizontal Volute Spring Suspension（水平蜗卷弹簧悬挂）"的缩写。相较"谢尔曼"以往使用的垂直蜗卷弹簧悬挂（VVSS），水平悬挂能有效改善坦克的行驶性能，尤其是在松软地面上；也允许坦克安装更宽的履带。

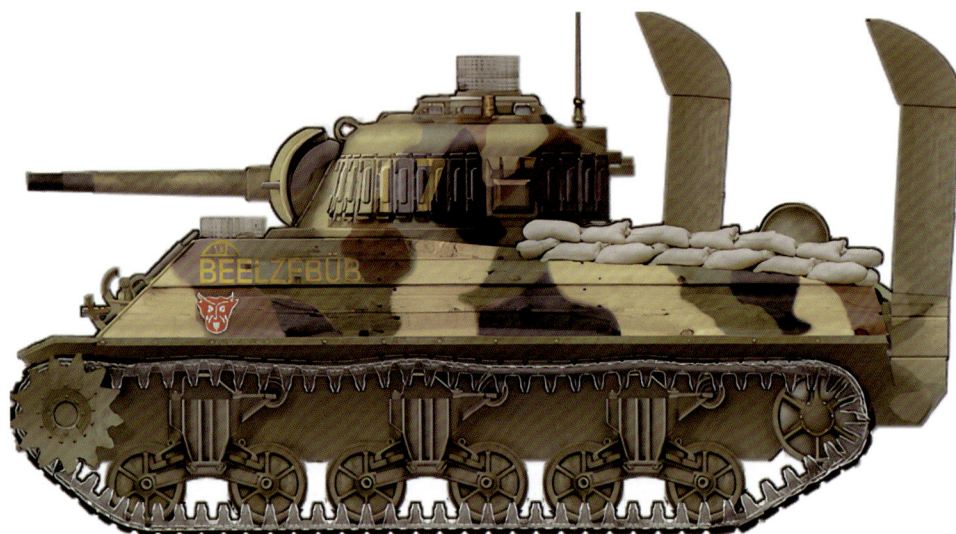

△ M4A3

在太平洋战区活跃的 M4A3。尽管该战区的敌方反坦克火力较欧洲更弱，但日军步兵往往会使用手榴弹和地雷发起自杀性攻击，对"谢尔曼"造成不小的威胁，因此美军在坦克上布置了木板、沙袋、铁丝网等防护设备。本图展示的坦克还装备有涉水设备。

△ M4A3E2突击坦克

M4A3E2突击坦克配置有厚重装甲，比如车体正面、侧面、炮盾等。这种坦克的行驶速度有所下降，通常用于支援步兵作战，因此主要安装 75 毫米火炮。

◁ "萤火虫"

"萤火虫"是一种非常成功的变形车，由美制"谢尔曼"和英制17磅火炮（76.2毫米）结合而成，能有效地应对德制"虎"式、"豹"式。

▷ "谢尔曼－卡利奥佩"火箭坦克

与"谢尔曼"有关的火箭坦克大致可分为两类。第一类是在坦克炮塔顶部安装多管火箭发射器，比如"谢尔曼－卡利奥佩"（准确地说，该发射器名为"T34'卡利奥佩'4.5英寸火箭发射架"），总共装填有60发114毫米火箭弹。

△ "谢尔曼－郁金香"火箭坦克

第二类与"谢尔曼"有关的火箭坦克则是"谢尔曼－郁金香"，这种坦克将两枚76毫米火箭弹安装在"谢尔曼"炮塔两侧，因此外观变化没有那么明显。

△ "谢尔曼" DD 两栖坦克

"谢尔曼" DD 两栖坦克，实际上是一种水陆坦克。水上推进装置为安装在车体尾部的2个直径660毫米的螺旋桨式推进器，水上最大航速可达8~10千米 / 小时。图中的充气围帐处于收起状态。

▷ "谢尔曼－鳄鱼"

"谢尔曼－鳄鱼"使用了原装备于"丘吉尔－鳄鱼"的火焰喷射器和燃料拖车，但并没有在战争中大规模应用。

▷ M-51"超级谢尔曼"

以色列在建国初期缺乏装甲力量，曾接收"谢尔曼"并开发出坦克、自行火炮、工程车等车型。图为 M-51"超级谢尔曼"坦克，装备一门105毫米主炮。

扩展知识

"谢尔曼"车族中是否存在 M4A5？

在美制"谢尔曼"车族中，并没有所谓的 M4A5 坦克，但该编号确实是存在的：其被用于指代加拿大生产的"公羊"（Ram）系列巡洋坦克。

当然，值得一提的是，加拿大也曾获得授权，生产美制 M4A1"谢尔曼"。加方对原先美制坦克的设计进行了小幅度修改，该生产版本亦被称为"灰熊"1（Grizzly I）巡洋坦克。

至于真正的 M4A5，即加拿大开发的"公羊"巡洋坦克，其采用美制 M3 中型坦克（即"格兰特"或"李"）的车体下部，同时搭配新设计的车体上部和炮塔，主武器为英制2磅炮（40毫米，"公羊"1）或6磅炮（57毫米，"公羊"2）。

因此，严格来说，M4"谢尔曼"车族中并不存在 M4A5 这一型号。但看似无关的"谢尔曼"与 M4A5，确实存在一定的"血缘关系"（即两者都部分采用了 M3 中型坦克的设计）。

△ "灰熊"1巡洋坦克。

◁ "谢尔曼 -T26炮塔实验型"

该坦克仅停留在试验阶段，它将 M4 中型坦克的车体和配备90毫米火炮的 T26 炮塔（即未来 M26 "潘兴" 的炮塔）结合起来，用以对抗德国装甲力量。

△ "谢尔曼 -BARV"

BARV 是 "Beach Armored Recovery Vehicle（海滩装甲救援车）" 的缩写，该车由英国方面开发，被用于牵引搁浅车辆。

◁ "谢尔曼一蟹" 扫雷坦克

"谢尔曼一蟹" 扫雷坦克，几乎是在谢尔曼坦克的基础上，经过很小的改动，而设计出来的扫雷坦克。利用坦克发动机带动滚筒旋转，然后滚筒上的链条就会不停地拍打地面，从而触发引爆反坦克地雷。

△ 美军装备的 M3 "李" 中型坦克。

△ "公羊" 2 巡洋坦克。

T-34

MEDIUM TANK
T-34 中型坦克

　　T-34 是第二次世界大战期间产量最高的坦克（共约 8.4 万辆），也是世界历史上坦克产量的第二高峰（仅次于 T-54/55 系列）。这种苏制中型坦克在二战期间得到大规模应用，并且发展出多个衍生型号。战后它曾广泛出口各国，甚至在一些国家的军队中服役到了 2000 年之后。

T-34-76 与 T-34-85 性能对比

	T-34-76	T-34-85
乘员数量	4 人	5 人
战斗全重	28 吨	32 吨
全车尺寸	5.92 米（不含火炮）×3 米 ×2.4 米	6.1 米（不含火炮）×3 米×2.7 米
主武器	76.2 毫米火炮	85 毫米火炮
副武器	2 挺 7.62 毫米机枪	2 挺 7.62 毫米机枪
发动机型号	V-2-34 型 12 缸柴油发动机	V-2-34/V-2-34M 型 12 缸柴油发动机
发动机功率	500 马力	500 马力
功重比	17.9 马力／吨	15.6 马力／吨
最大速度	55 千米／小时	50 千米／小时
最大行程（公路）	300 千米	320 千米
最大垂直越障高度	0.73 米	0.73 米
最大越壕宽度	2.5 米	2.5 米

说明: 因 T-34 车族成员过多, 表格中的数据并不代表有关坦克型号的全部情况: 比如后期型号的 T-34-76 车体长度为 6.1 米; 早期安装 D-5T 型主炮的 T-34-85 (采用双人炮塔) 为四人制车组。

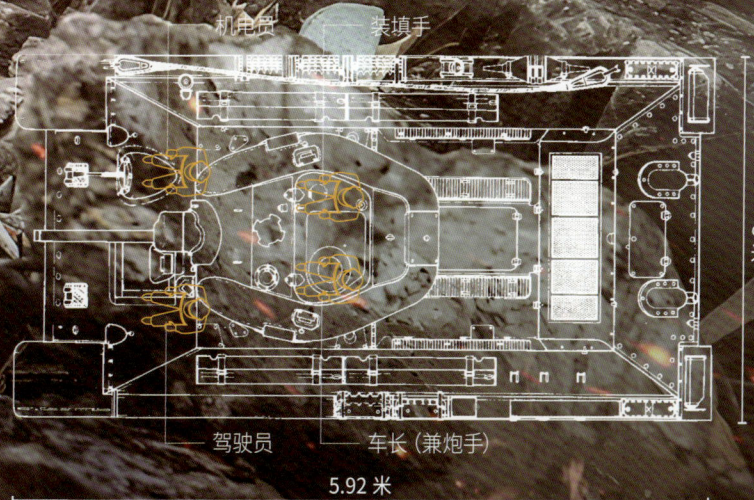

机电员　　装填手

3 米

驾驶员　　车长 (兼炮手)

5.92 米

T-34 MEDIUM TANK

T-34中型坦克结构一览

01. 装甲炮盾
02. 炮塔俯仰和水平移动机构
03. 炮手用潜望瞄准镜
04. 76.2毫米主炮
05. 机枪弹药存放处
06. 炮塔顶部舱盖
07. 可使用信号旗和信号枪的舱口
08. 炮塔顶部舱盖锁
09. 机枪弹药存放处
10. 手枪射击口
11. 发动机废气滤清器
12. 发动机
13. 传动与制动设备

14. 发动机风扇盖板
15. 发动机散热器
16. 附加油箱
17. 主动轮
18. 负重轮
19. 车体左侧弹药存放处
20. 车体左侧油箱
21. 炮手位
22. 位于主炮弹药箱上方的地垫
23. 驾驶员位
24. 驾驶员舱盖的液压缸
25. 主炮弹药箱
26. 诱导轮

27. 7.62毫米机枪弹药存放处
28. 驾驶员使用的操控设备
29. 机枪手 / 无线电操作员位
30. 用于在寒冷天气启动发动机的压缩空气瓶
31. 驾驶员用潜望镜
32. 坦克底部逃生出口
33. 履带张力调节螺栓
34. 车体前部拖缆卸扣
35. 车体前部机枪
36. 车载无线电收发两用机
37. 无线电天线基座
38. 带防护罩的照明灯

扩展知识

二战战场上的主要装甲力量

　　在第二次世界大战的地面交战中，坦克发挥了关键性作用。在各国纷纷研制、生产各种轻型、中型坦克的同时，由于"虎"式、KV-1/2、IS-1/2这些拥有坚甲重炮的重型坦克更让敌人望而生畏，人们往往会下意识认为重型坦克才是战场主力。

　　当然，重型坦克确实在战场上取得过辉煌战果，但如果把同时期各型坦克的产量都列出来对比一下，我们会发现一个有趣的事实：从数量上看，真正在二战战场上得到广泛使用的坦克，竟无一是重型坦克——产量排行前三者，它们分别是T-34中型坦克、"谢尔曼"中型坦克、"斯图亚特"轻型坦克。

二战产量排行前三的坦克和苏德三种知名重型坦克的产量对比（单位：万辆）

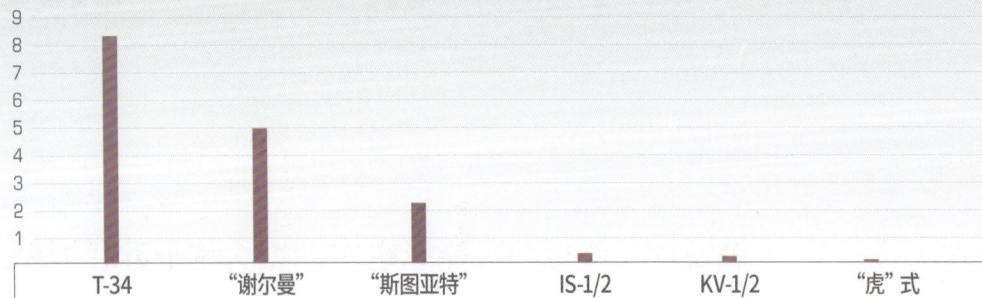

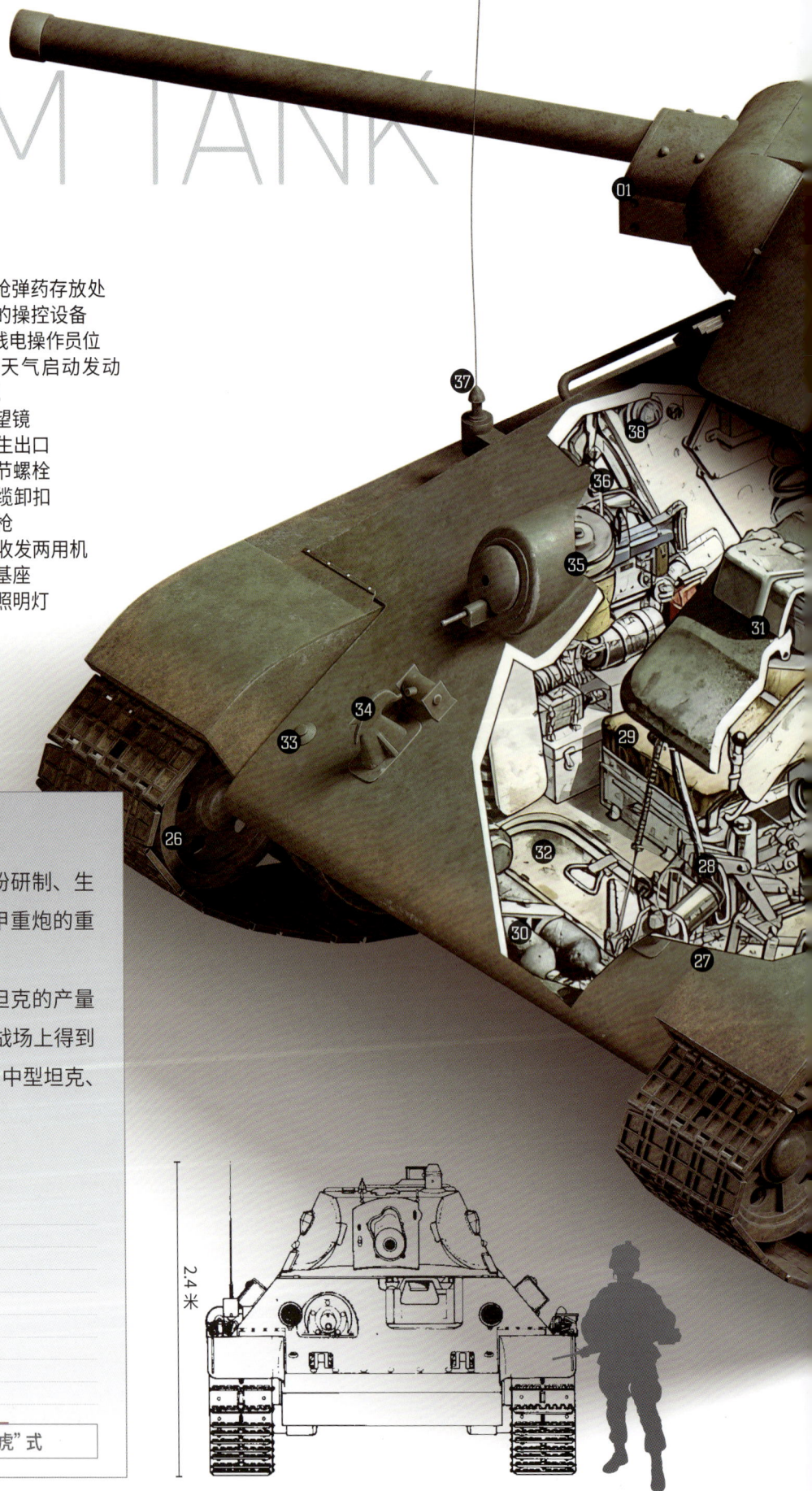

T-34	"谢尔曼"	"斯图亚特"	IS-1/2	KV-1/2	"虎"式

2.4 米

△ T-34 侧面剖面图。

T-34代表了坦克发展史上的一个重大进步，它被认为是二战中最成功和影响最深远的坦克之一。它的成功在很大程度上要归功于许多已经成熟的、可供设计者选择的功能或组件，也得益于苏联坦克工业一直坚持的渐进发展路线。

火力

主武器方面，T-34（及后续中型坦克）安装过三种口径的火炮，其口径从小到大分别为57毫米、76.2毫米、85毫米。其中安装 L-11 型或 F-34 型76.2毫米火炮的被称为 T-34 或 T-34-76；安装 D-5T 型或 ZiS-S-53型85毫米火炮的被称为 T-34-85；另有少量 T-34 换装 ZiS-4 型57毫米火炮，被称为 T-34-57。

副武器方面，T-34 一般装备两挺 DT 型 7.62毫米机枪，分别位于车体正面和主炮旁边（很少在炮塔顶部安装高射机枪）。

DT 型 7.62 毫米机枪

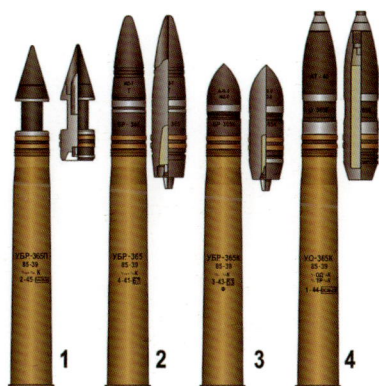

T-34装备的不同口径火炮

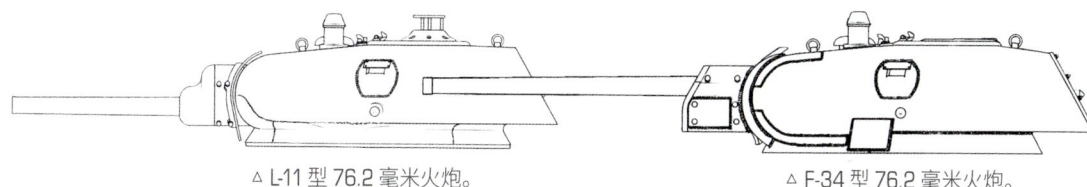

△ L-11 型 76.2 毫米火炮。　　△ F-34 型 76.2 毫米火炮。

T-34-85 使用的炮弹

1. BR-365P, 硬芯穿甲弹 (实心、次口径炮弹)。
2. BR-365, 风帽 (钝头) 穿甲弹, 装有 164 克炸药填充物。
3. BR-365K, 尖头穿甲弹, 装有 48 克炸药填充物。
4. O-365K, 榴弹, 装有 646 克炸药填充物。

76.2 毫米火炮

T-34 最早安装的是 76.2 毫米火炮, 在苏德战争初期能有效应对敌方装甲目标。以 F-34 型火炮为例, 若发射硬芯穿甲弹 (APCR), 它能在 500 米距离上击穿 92 毫米厚的装甲。经苏联方面测试, 哪怕是车体正面装甲厚达 85 毫米的德制四号中型坦克 H 型, F-34 型火炮发射硬芯穿甲弹也能在 800 米距离上将其击穿; 更别说车体正面装甲仅 50 毫米厚的四号 F1/F2 型, 以及装甲防护更薄弱的四号早期型号。

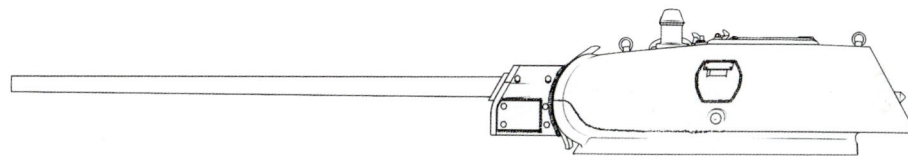

△ ZiS-4 型 57 毫米火炮。

57 毫米火炮

除了 76.2 毫米火炮, 苏联人还考虑过为 T-34 安装 ZiS-2 型牵引式反坦克炮 (适用于坦克的版本被称为 ZiS-4 型), 由此产生的坦克型号就是 T-34-57。

ZiS-4 的优点和缺点都很明显: 优点是反装甲性能优良, 缺点则是火炮生产成本高, 炮弹的生产也比较麻烦; 尤其需要注意的是, 该火炮口径太小, 无法发射足够装药的榴弹执行反步兵等任务, 导致 T-34-57 成为一种事实上的反坦克歼击车, 而非常规的中型坦克。

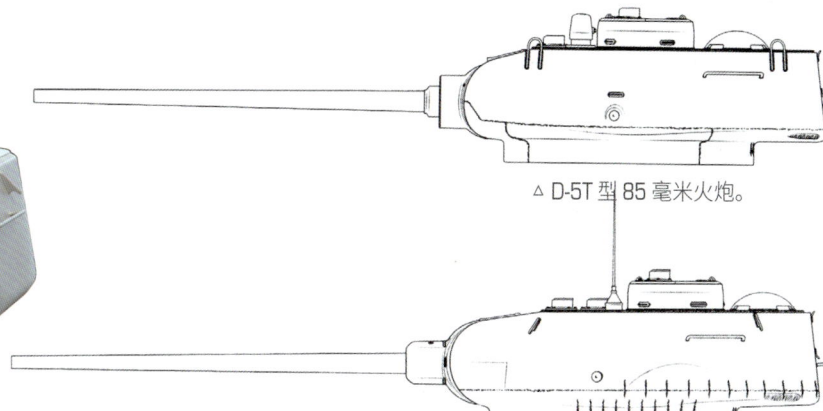

△ D-5T 型 85 毫米火炮。

△ T-34-85 炮塔内部结构。

△ ZiS-S-53 型 85 毫米火炮。

DT 型 7.62 毫米机枪

T-34 的副武器为两挺 DT 型 7.62 毫米机枪, 分别位于坦克车体前部和主炮旁, 有效射程达 800 米。DT 型机枪的原型是捷格加廖夫设计的 DP-27 型机枪 (常被误称为 DP-28 型), 于 1927 年进入苏军服役。

85 毫米火炮

T-34-85 中型坦克先后安装过 D-5T 型和 ZiS-S-53 型两种 85 毫米火炮 (1944 年 1—3 月间生产的早期型 T-34-85 安装 D-5T 型; 同年 3 月起开始安装 ZiS-S-53 型), 两种火炮均由 M1939 (52-K) 型 85 毫米高射炮改进而成, 在拥有较好穿透性能的同时, 兼顾了反步兵等用途。

机动

得益于克里斯蒂悬挂、宽履带、大直径负重轮等设计，T-34拥有优良的机动性能，能够适应东线的作战环境。通过比较该车与美国援助的 M4A2"谢尔曼"坦克，可以更直观地感受 T-34在机动性能上的优势与劣势：

1. M4A2采用窄履带和小直径负重轮，这不利于坦克通过泥泞地形；T-34的履带更宽，负重轮直径更大，针对相应地形的通过能力更强。

2. M4A2重心更高，通过大坡度地区时更容易发生事故；T-34的车身相对较低，这有助于在战场上更好地适应地形。

3. 两者都使用柴油发动机，但 M4A2装有辅助动力装置，更适应当地的极端气候环境；T-34在气温极低时需要借助压缩空气瓶启动发动机，且需保持发动机长时间运转。

△ T-34 坦克履带正面和侧视图。

△ M4A2"谢尔曼"坦克履带正面和侧视图。

△坡度条件相同时，比 M4A2 更低矮的 T-34 更不容易倾覆。

发动机

苏联设计师莫罗佐夫特地为 T-34 配备了著名的 12 缸 39 升 V-2 柴油发动机，功率 500 马力，使坦克（部分型号）的公路最高速度达到 55 千米／小时。V-2 柴油机的体积不到 1.5 立方米，但整个动力舱较大（5.7 立方米），其发动机辅助设备和散热器布置较为紧凑。

油箱

T-34 坦克车内油箱容量为 460 升。此外，车身两边各挂一个容量为 75 升的后备油箱，行程可达 300 千米。

履带

T-34 的履带将近 50 厘米宽，而德国坦克的履带通常只有 30 厘米宽。上述特点使 T-34 具有超强的越野机动能力，这是苏军装甲部队实施大纵深突击的硬件基础。在冰天雪地的东线战场，T-34 的宽履带使其可在雪深一米的冰原上自由驰骋，被德军称为"雪地之王"。

△ 克里斯蒂悬挂系统。

扩展知识

克里斯蒂悬挂

所谓"墙内开花墙外香"，克里斯蒂悬挂就是这样一个典型。

该悬挂最初由美国工程师克里斯蒂开发而成，它能够让履带式车辆达到较高的移动速度，甚至允许车辆卸下履带，直接用（橡胶）负重轮在公路上行驶。但这种悬挂在美国不受重视，反而成就了苏联的 BT 系列快速坦克（轻型坦克）、T-34 坦克，还有其他国家的一些型号。

其运行原理为：负重轮遇到障碍时会向上运动，摆动臂连接负重轮的一端也会随之向上，或者说逆时针旋转，此时弹簧被压缩。通过障碍后，各部分回归初始状态。

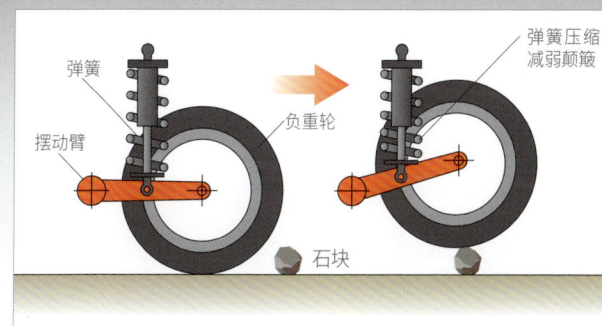

弹簧

摆动臂

负重轮

弹簧压缩减弱颠簸

石块

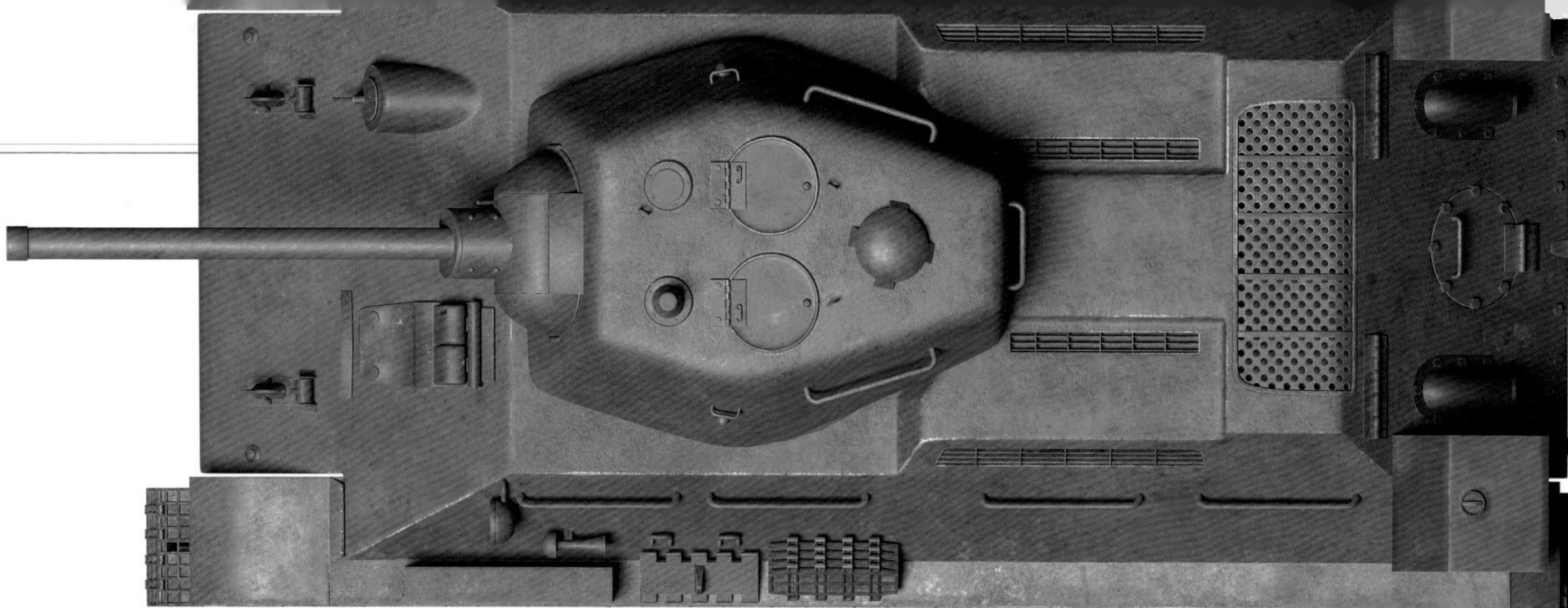

防护

　　T-34的外形轮廓相对低矮、紧凑，不易被敌方发现。当然，这样的布局也会对人机工效造成一定的负面影响。

　　T-34备受赞誉的一个特征，是其车体装甲以一定倾斜角度放置，这使其在战争初期获得了相当良好的防护效果：德军37毫米和50毫米反坦克炮难以击穿其正面装甲，尤其是前一种火炮（无论攻击的距离或角度如何）。这种"T-34危机"不仅迫使德国人加紧升级反坦克手段，比如部署Pak 40型75毫米反坦克炮和Pak 43型88毫米反坦克炮，也导致他们开发了同样在车体正面安装倾斜装甲的五号"豹"式中型坦克。

　　不过，由于战争初期糟糕的形势和工厂进行大规模搬迁，1942年工厂搬迁前后生产的部分T-34存在装甲质量下滑的情况，这对坦克的实际防护性能产生了不利影响。

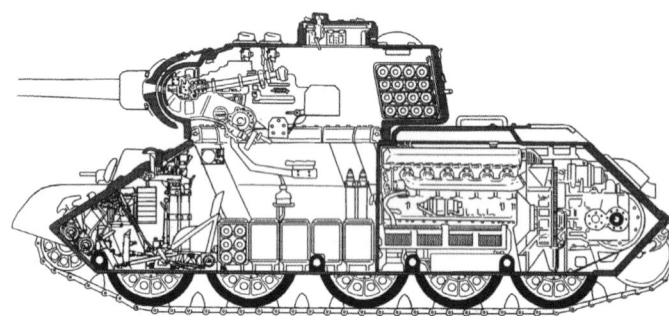

△ 通过T-34侧视剖面图可以看到不同部位的装甲厚度。

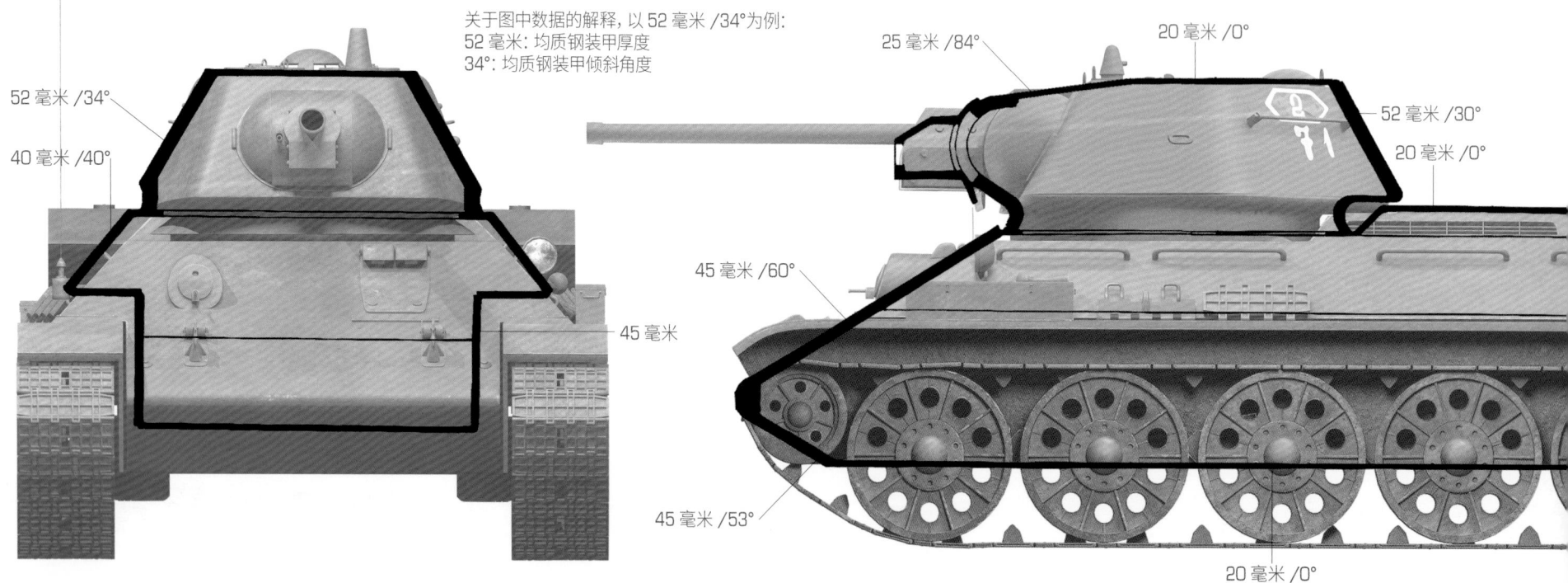

关于图中数据的解释，以52毫米/34°为例：
52毫米：均质钢装甲厚度
34°：均质钢装甲倾斜角度

52毫米/34°

40毫米/40°

45毫米

25毫米/84°

20毫米/0°

52毫米/30°

20毫米/0°

45毫米/60°

45毫米/53°

20毫米/0°

T-34车族部分型号一览

扩展知识

倾斜装甲与垂直装甲对穿甲弹的防护效果对比

同等条件下，倾斜装甲对穿甲弹的防护效果强于垂直装甲。以人们熟知的 T-54（1949年后生产版本）和"虎"式坦克为例，两者的车体正面装甲实际厚度均为100毫米，但前者的装甲与水平面呈60°倾斜角放置，而后者的装甲是垂直放置。

那么，在面对穿甲弹攻击时，T-54的正面装甲等效厚度为200毫米（100毫米÷cos60°=200毫米），而"虎"式仍为100毫米。

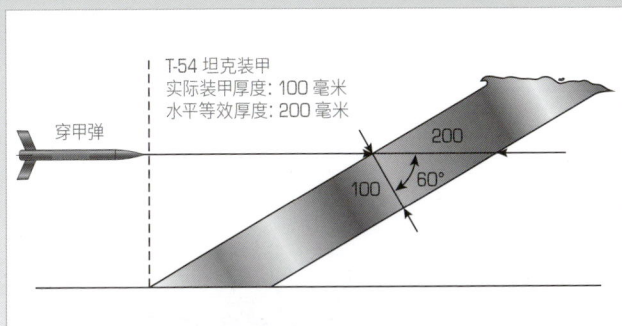

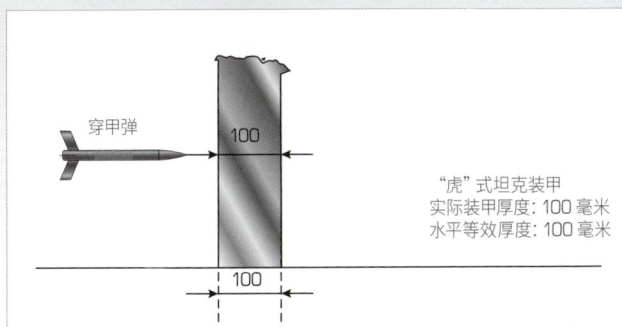

穿甲弹

T-54 坦克装甲
实际装甲厚度：100 毫米
水平等效厚度：200 毫米

200

100

60°

穿甲弹

100

"虎"式坦克装甲
实际装甲厚度：100 毫米
水平等效厚度：100 毫米

100

45 毫米 /42°

45 毫米 /45°

可以看出，T-34的装甲之所以在战争初期如此有效，不仅是因为它是倾斜的，还因为其可观的厚度。如 T-34的车体前装甲，足有45毫米之厚，加上60度夹角，使其水平等效厚度达到了90毫米，远超同时期其他坦克的装甲。

▷ **A-32**

A-32 既是 T-34 的原型车之一，也是后者量产之前的预生产版本。

△ **T-43**

T-43实质上就是拥有厚重装甲的中型坦克，原本预计成为一种通用坦克，取代T-34-76和KV-1，但后来（T-43）被 T-34-85取代。

▽ **T-44**

相较 T-43，T-44 才是 T-34 系列中型坦克真正的继承者，同时也为 T-54 的诞生提供了充足的技术储备。

311

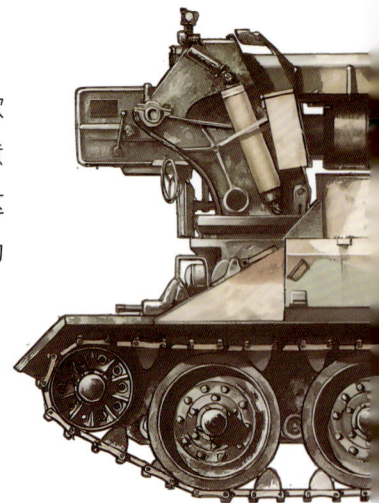

◁ **T-34**

面对 T-34，德军抱有一种既畏惧也欣赏的矛盾态度。无论如何，他们都很乐意使用在战场上缴获的 T-34。本图绘制的这辆坦克于 1942 年被德军缴获，且更名为"T-34 747（r）"。

▽ **T-34-76（1940）**

1940 年生产的 T-34-76，此时安装的是 L-11 型 76.2 毫米主炮。

△ **T-34-57（1941）**

苏联分别在 1941 年（10 辆）和 1943 年（4 辆）小批量生产过 T-34-57，但这种"坦克歼击车"最终还是被 T-34-85 取代。

| 1940 | 1941 | 1942 |

△ **T-34-76（1941）**

1941 年生产的 T-34 开始装备 F-34 型 76.2 毫米主炮。

◁ **自行榴弹炮**

　　很多国家都曾以 T-34（或 T-34-85）为基础，开发出不同变形车。比如这辆自行榴弹炮由叙利亚开发，搭载一门 122 毫米 D-30 型榴弹炮。

△ **自行榴弹炮**

　　埃及基于 T-34 开发的自行榴弹炮，搭载一门 122 毫米火炮。

△ **T-34-57（1943）**

△ **T-34-85**

　　相较 T-34-76，从 1944 年开始生产的 T-34-85 在外形上的最大变化就是采用新的三人炮塔，在提升火力性能的同时，也大大改善了人机工效。图示坦克生产于 1944 年下半年，此时已经换装 ZiS-S-53 型火炮，称作 T-34-85（1944）。同年 1—3 月生产的装备 D-5T 型火炮的坦克则被称为 T-34-85（1943）。

1943　　　　　　　　　　　　　　　　　　　　　　1944

◁ **OT-34 喷火坦克**

　　1941 年生产的 OT-34 喷火坦克车体后部两侧各有一部箱型火焰喷射器。后期型号的 OT-34 会将火焰喷射器移至车体内部，从原先车体机枪的位置喷射火焰。

△ **T-34-76（1943）**

　　1942 年，T-34-76 开始换装新的六边形炮塔，因炮塔顶部舱盖打开后的形状类似卡通形象，被德军称为 "米老鼠"。值得注意的是，该型号一般被称为 "T-34（1943）"，而非 "T-34（1942）"。

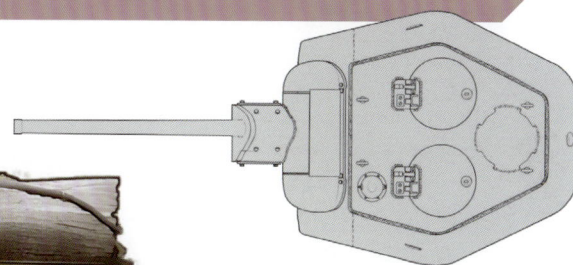

△ 生产于 1944 年的 T-34（1943），在外形上已经与早期生产批次有了明显区别，识别特征包括六边形炮塔、炮塔上的车长指挥塔、车体尾部的乘员储物箱等。

TIGER
HEAVY TANK
"虎"式重型坦克

德国"虎"式重型坦克是第二次世界大战期间最有名的坦克之一，其产量虽低（仅为 1349 辆），但击杀战果相当可观，在作战中可达到 1∶10 甚至 1∶19 的交换比，从这个角度来看，"虎"式所击杀的敌方目标堪称巨量。

"虎王"出现之后，人们开始以"虎"1 和"虎"2 来区分上述两种坦克。

无线电操作员　装填手　车长

3.71 米

驾驶员　　炮手

8.45 米

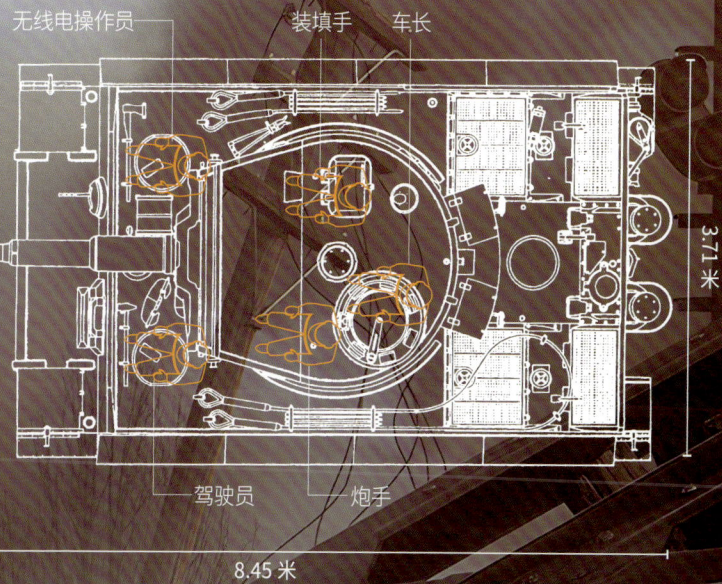

SPECIFICATIONS

"虎"式 E 型与"虎王"（亨舍尔炮塔版）性能对比

	"虎"式 E 型	"虎王"（亨舍尔炮塔版）
服役时间	1942—1945 年	1944—1945 年
战斗全重	56 吨	69.8 吨
产量	1349 辆	492 辆
乘员数量	5 人	5 人
车体尺寸	8.45 米（含主炮）×3.71 米×3 米	10.29 米（含主炮）×3.76 米×3.1 米
主武器	KwK 36 L/56 型 88 毫米火炮	KwK 43 L/71 型 88 毫米火炮
副武器	2 挺 MG 34 型 7.92 毫米机枪	3 挺 MG 34 型 7.92 毫米机枪
发动机型号	迈巴赫 HL230 P45 型汽油发动机	迈巴赫 HL230 P30 型汽油发动机
发动机功率	700 马力	750 马力
功重比	12.5 马力 / 吨	10.7 马力 / 吨
燃料容量	540 升	860 升
最大速度（公路）	40 千米 / 小时	38 千米 / 小时
最大速度（野外）	20 ～ 25 千米 / 小时	15 ～ 20 千米 / 小时
最大行程（公路）	195 千米	170 千米
最大行程（野外）	110 千米	120 千米

说明：1942 年 3 月正式投产时，"虎"式的正式名称为"Panzerkampfwagen VI (VK 4501/H) Ausfuhrung.H1(Tiger)"，缩写为"Pz.Kpfw.VI Ausf. H1"，其中"H"表示坦克制造商为亨舍尔公司，"1"表示生产系列，大意是"六号装甲战斗车辆 H1 型"。它在 1944 年 3 月更名为"Panzerkampfwagen Tiger. Ausf. E"，即"虎"式装甲战斗车辆 E 型"。"虎"这一昵称来自费迪南·保时捷，这是他赋予自己参与设计的 Typ 101 坦克的昵称（除此之外，Typ 100 则被他称作"豹子"）。Typ 101 最终演变成了 VK 45.01 (P)，即"虎"式 P。

"虎王"的正式名称为"Panzerkampfwagen Tiger Ausf. B"，缩写为"Tiger B"，即""虎"式装甲战斗车辆 B 型"，德国的帝国军需部则称该坦克为"Konigstiger"，即德语"孟加拉虎"。至于"虎王"这一昵称，更多来自双方士兵——德军和同盟国军队认为这种坦克比"虎"式更加强大。

TIGER HEAVY TANK

"虎"式重型坦克结构一览

01. 变速箱
02. 转向装置
03. 车头灯
04. 7.92 毫米车体机枪
05. 驾驶员用遮阳板的备用玻璃块
06. 无线电发射机
07. 机枪弹药
08. 7.92 毫米并列机枪
09. 装填手用潜望镜
10. 装填手进出舱口
11. 位于车体一侧的 88 毫米主炮炮弹
12. 炮塔后部逃生舱门
13. 自卫武器射击孔
14. 炮塔顶部装甲（25 毫米厚）
15. 88 毫米主炮
16. 小储物舱
17. 火炮防危板
18. 从弹簧到火炮防危板后部的链条
19. 车长指挥塔
20. 火炮平衡机
21. 炮塔方向机调节手轮
22. 炮塔方向机
23. 进气口
24. 灭火器
25. 散热器润滑油加注盖
26. 出气口
27. 油浴式空气过滤器
28. 隔热套
29. 用于深涉水的伸缩式通气管（此处只能看见顶盖）
30. 发动机
31. 配件盒
32. 双风扇（车体左侧）
33. 诱导轮
34. 散热器（车体左侧）
35. 油箱（车体左侧）
36. 液压式炮塔方向机
37. 双目瞄准镜
38. 炮手用液压踏板
39. 炮塔底板
40. 内置橡胶进行缓冲的钢制负重轮
41. 炮口制退器
42. 底板下的储物箱
43. 减震器
44. 主动轮
45. 725 毫米宽的作战用履带

△"虎"式坦克侧面剖面图。

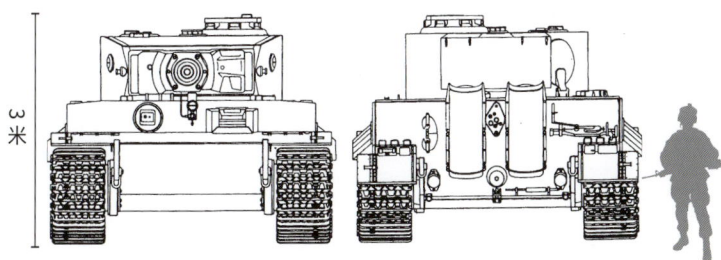

△"虎"式坦克前后视图。

扩展知识

"虎"式的生产成本和产量

"虎"式坦克的生产成本远高于它的对手——苏制 T-34-76、美制"谢尔曼"、英制"克伦威尔"等坦克。但从战斗效能来看，1 辆"虎"式只需要击毁 4 辆 T-34 或 3 辆"克伦威尔"或 3 辆"谢尔曼"，就足以"回本"了，且实际作战中，"虎"式往往能达到更高的击杀数量。

单按生产成本计算，"谢尔曼"产量约为 5 万辆，同样的资金"虎"式可以生产 1.5 万辆，若再考虑交换比，大胆以 1：20 计算，"虎"式的产量只要达到 2500 辆就足以与"谢尔曼"抗衡——偏偏"虎"式的实际产能拖了后腿。这种德制重型坦克的制造工艺相当复杂，需要投入大量人力、原料、时间……这导致"虎"式产量极低，总产量不过区区 1349 辆。更别提除了"谢尔曼"坦克，还有规模庞大的 T-34、"克伦威尔"等同盟国坦克大军的包围。

这还仅仅是理论计算。事实上，"虎"式所面临的劣势远比优势明显：随着战争进行，德国国内越发空虚，坦克生产越发困难；而同盟国方面用以对抗"虎"式的武器也远不止坦克，还包括坦克歼击车、火炮、空中力量……

"虎"式坦克和对手坦克的单辆生产成本（单位：美元）

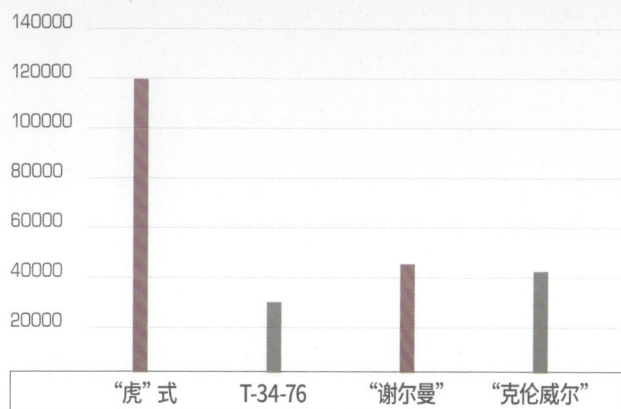

德制88毫米高射炮

所谓德制88毫米高射炮，并非指单一某个具体型号，而是包括 FlaK 18/36/37（均为克虏伯公司设计）以及 FlaK 41（莱茵金属公司设计）在内的众多型号。这一系列高射炮本身兼具优良的防空和反坦克性能，甚至在西班牙内战中更多作为反坦克炮和通用火炮使用。在后来的法国、北非、苏联战场上，德制88毫米高射炮同样表现出色，比如在苏德战争早期，其是德军手里少有的能够有效对抗苏制重型坦克的武器。

△处于牵引状态（有防盾）的 FlaK 18 高射炮。

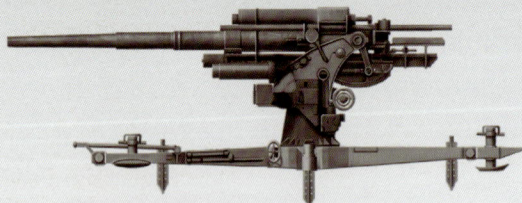

△处于部署状态（无防盾）的 FlaK 18 高射炮。

"虎"式重型坦克使用的 KwK 36 型88毫米炮源自 FlaK 36 型高射炮，而"虎王"重型坦克所用的 KwK 43 型88毫米主炮（倍径达71）则源自 KwK 36 型，KwK 43 型的反坦克炮版本 PaK 43 型亦被应用于"象"式和"猎豹"坦克歼击车。

德制88毫米高射炮出色的穿深能力和射程，使"虎"式坦克成为二战中最为恐怖的装甲战车之一。这种主炮不仅能够对抗敌方坦克，还可用于摧毁敌方防御工事和火炮，大大提升了"虎"式坦克在战场上的火力优势。

▷"猎豹"坦克歼击车。

火力

"虎"式的主武器为一门 KwK 36 型88毫米火炮，也被昵称为"八八炮"，源自 FlaK 36 型同口径高射炮。KwK 36 型火炮拥有优良的精度和穿透性能，炮口初速较高（发射硬芯穿甲弹可达930米 / 秒）且弹道平直。以上这些因素，使得该火炮发射的炮弹能够同时实现相当高的命中率和击穿率。

"虎"式的副武器则是两挺 MG 34 型7.92毫米机枪。这种机枪开发于20世纪20—30年代，被认为是世界上第一种通用机枪，具有重量轻、射速高的优点。但 MG 34 型的设计比较复杂，不利于大规模生产，德军因此开发了结构更简单且价格更便宜的 MG 42 型同口径机枪。

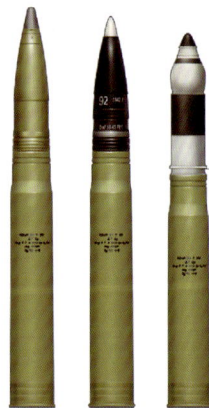

"虎"式使用的炮弹

（从左到右）曳光榴弹（Sprgr.39）、被帽风帽穿甲弹（Pzgr.39）、钨芯穿甲弹（Pzgr.40）。除这些炮弹外，"虎"式还使用了 Gr.39 HL 空心装药破甲弹等。

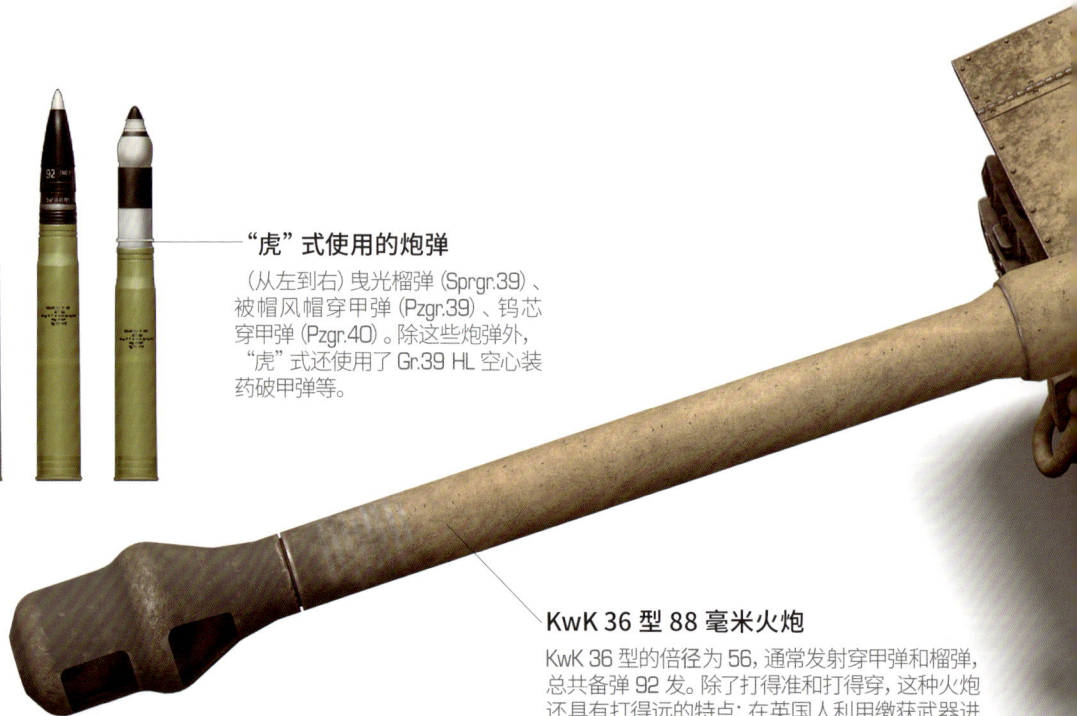

KwK 36 型 88 毫米火炮

KwK 36 型的倍径为 56，通常发射穿甲弹和榴弹，总共备弹 92 发。除了打得准和打得穿，这种火炮还具有打得远的特点：在英国人利用缴获武器进行的射击试验中，KwK 36 型曾在 1100 米距离上连续 5 次命中目标（尺寸为 41 厘米 ×46 厘米）；另外，根据报道，"虎"式甚至在超过 4000 米的距离上击毁过敌方坦克。

双目瞄准镜

"虎" 式坦克配置了卡尔·蔡司 TZF 9b 瞄准镜, 其功能多样, 设计也相当人性化。

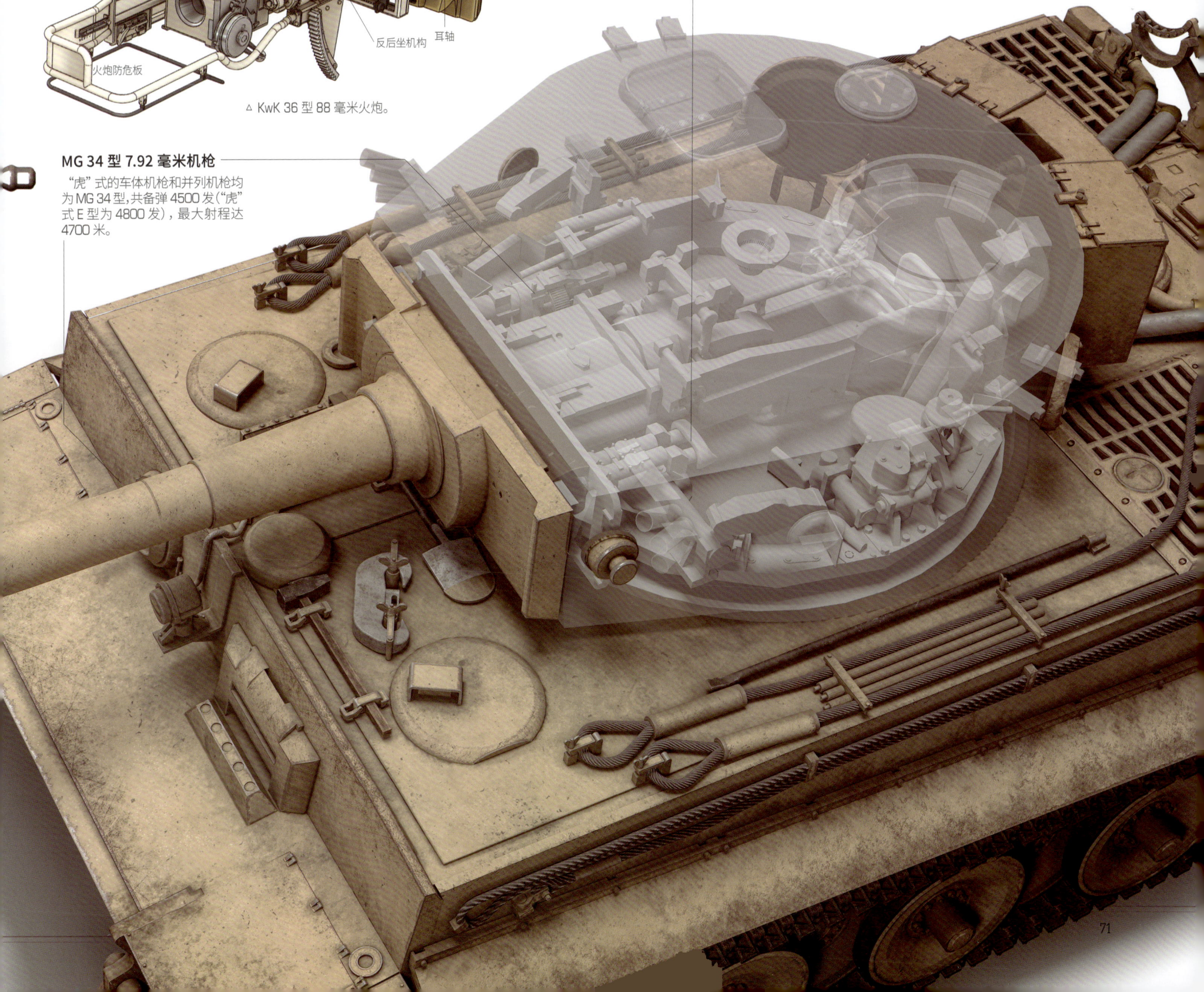

炮闩

炮盾

耳轴

反后坐机构

火炮防危板

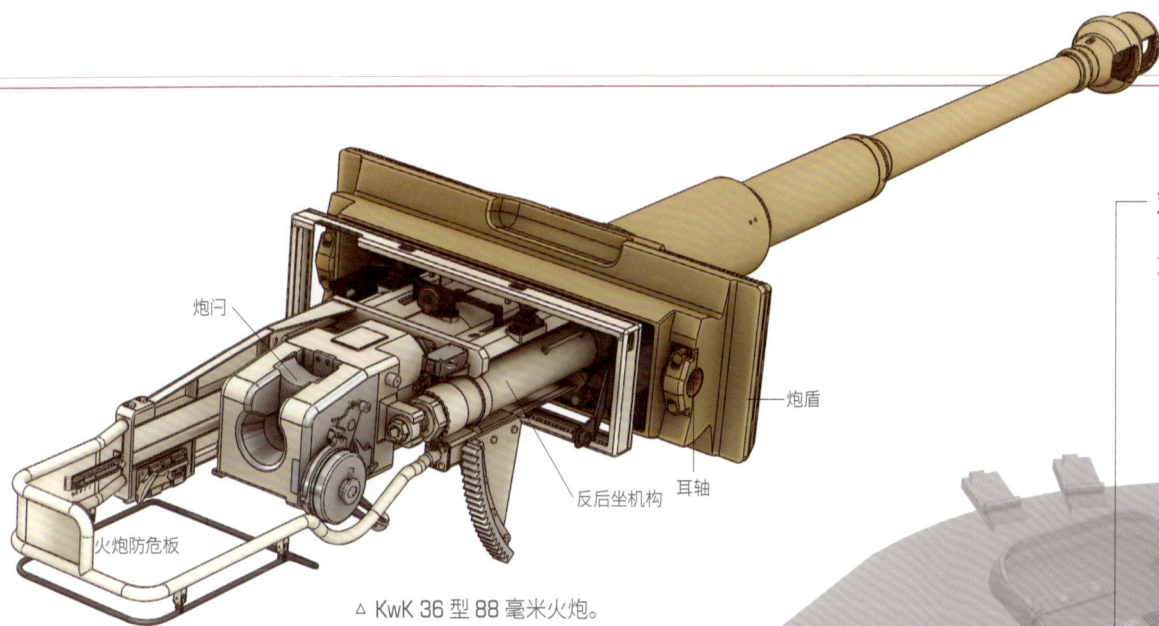

△ KwK 36 型 88 毫米火炮。

MG 34 型 7.92 毫米机枪

"虎" 式的车体机枪和并列机枪均为 MG 34 型, 共备弹 4500 发("虎" 式 E 型为 4800 发), 最大射程达 4700 米。

发动机

　　"虎"式坦克最初计划安装一台 21 升 12 汽缸迈巴赫 HL210 P30 汽油发动机，最大功率为 650 马力（实测为 641 马力，478 千瓦）。尽管该发动机性能不俗，但它提供的动力对"虎"式而言仍显不足，因此很快换装了 23 升的 HL230 P45 汽油发动机，最大功率为 700 马力（实测为 690 马力，515 千瓦），使相应坦克最大速度可达 40 千米 / 小时。

防御装甲

　　"虎"式坦克使用了镍合金钢装甲，这是德国在二战期间质量最好的装甲钢。"虎"式的装甲采用冷轧锻造工艺而非铸造，大部分装甲以垂直角度与其他结构相连接，并采用了咬合连接形式，使坦克获得了良好的结构性能。同时，咬合的装甲块之间采用了焊接（而不是铆接）工艺。

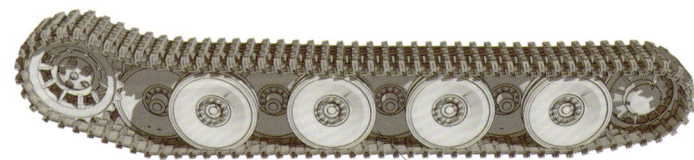

机动

　　"虎"式重型坦克在设计上强化了火力和防护，适度牺牲了机动性。它的重量达到 50 余吨，但事实上它的移动速度并不慢，公路最大速度可达 40 千米 / 小时，最大炮塔旋转速度甚至能达到 36° / 秒，这在一定程度上打破了人们对于重型坦克行驶速度慢、反应迟缓的固有印象。

　　此外，"虎"式甚至具备深涉水性能。由于很多小型桥梁对通过车辆的最大承重为 35 吨，"虎"式自然被排除在外，因此该坦克装备了通气管等设备，可通过深度不超过 4.6 米（15 英尺）的水域。不过，由于深涉水性能的实用价值有限，加上相应设备的生产成本较高，所以仅装备了早期的不到 500 辆坦克；后续生产的"虎"式不再配备深涉水设备，仅能通过 2 米深的水域。

　　"虎"式的交错式负重轮能有效降低履带接地压强，提升坦克越野性能，相对来说能缩短履带乃至车体的长度。

　　但对比 T-34 的设计，这种交错式负重轮的生产成本就偏高，且维护难度更大（如需要更换内排某个负重轮时，须先拆掉外排相应多个负重轮），坦克也可能因为石头、泥块卡在负重轮之间而影响行动。

△ 620 毫米宽履带。

相对于 725 毫米宽履带，620 毫米宽履带的负重轮外侧一排 4 个轮子被拆掉，只剩里面那排 4 个轮子。

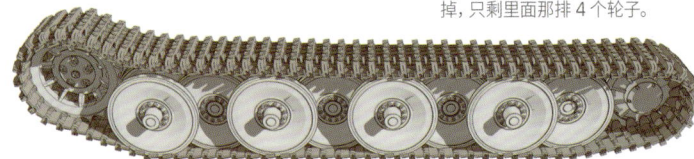

△ 725 毫米宽履带。

"虎"式两种不同宽度的履带

为适应自身重量，"虎"式通常安装的是 725 毫米宽履带；客观地讲，更宽的履带也更能适应东线的战场环境。不过"虎"式也经常通过铁路运输，此时会更换一种 620 毫米宽履带，并拆除车体最外侧的两排负重轮。

防护

以后世的眼光看,"虎"式车体正面以垂直角度布置装甲其实很不合理。但在当时,100毫米厚的垂直装甲已经足够抵御 T-34-76、"谢尔曼"等坦克的攻击。尤其是"虎"式采用的轧制装甲板比铸造钢的强度特性高许多,这为坦克提供了优良的防护性能。后来对手不断加强反坦克火力,使得"虎"式垂直装甲的防护性能愈发失效;"虎王"采用倾斜装甲的设计,在一定程度上也与此事相关。

作战时,"虎"式坦克可以提前选择有利地形布置伪装,等待敌方车辆进入射击范围;这样做不仅能规避"虎"式车身高大易被发现的缺点,也更容易掌握战场主动权。

"虎"式所采用的远距离击杀战术,也在很大程度上保障了坦克的自身安全:它的主炮射程远、穿深高、精度高,有效攻击范围优于同盟国诸多坦克型号。换句话说,"虎"式坦克在较远距离发起攻击时,对手若无法贴近,将拿它毫无办法。

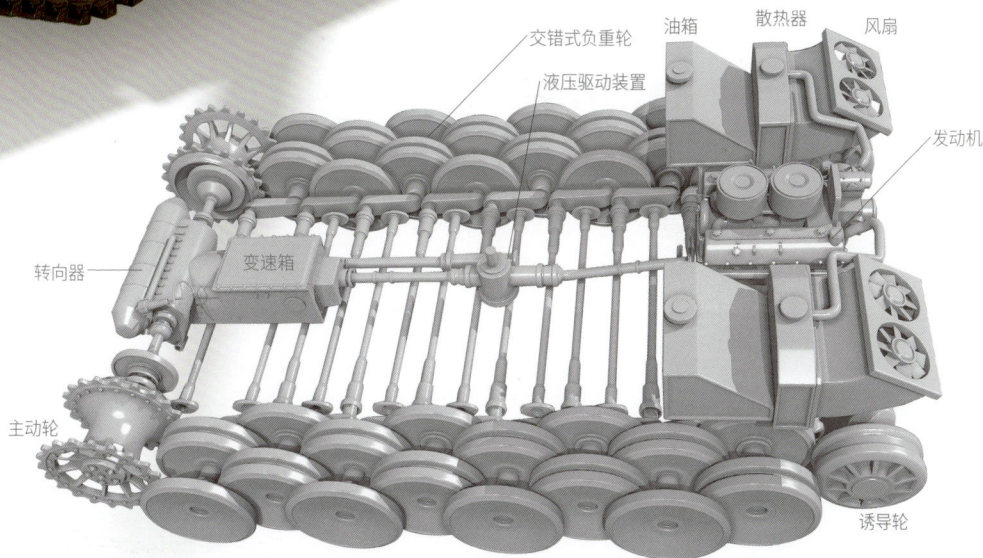

主炮使用穿甲弹,攻击 T-34-85 正面的有效射程

△"虎"式坦克可以提前埋伏,布置伪装(比如隐蔽在灌木丛后),等待敌方进入射击范围。

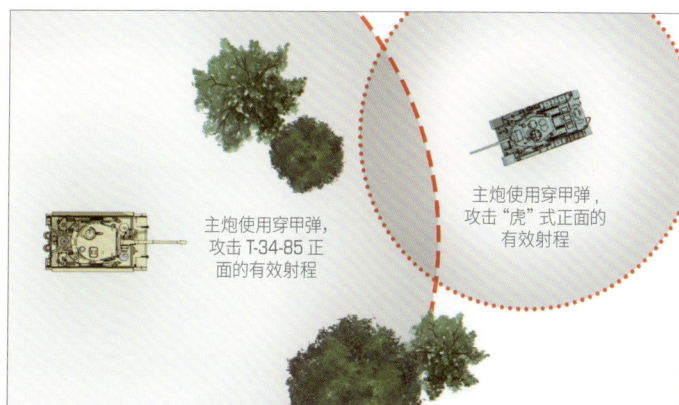

主炮使用穿甲弹,攻击 T-34-85 正面的有效射程

主炮使用穿甲弹,攻击"虎"式正面的有效射程

△"虎"式坦克可以远距离击穿 T-34-85,但 T-34-85 必须靠得更近,才能确保击穿"虎"式。

交错式负重轮
液压驱动装置
油箱
散热器
风扇
发动机
转向器
变速箱
主动轮
诱导轮

"虎"式坦克的动力系统

"虎"式坦克采用迈巴赫 HL230 P45 高速汽油发动机,最大功率达 690 马力。"虎"式坦克有两个可对流隔舱,置于车体两侧,每个隔舱都有油箱、散热鳍片、散热风扇。迈巴赫汽油发动机在后部下方并连接前方的齿轮箱,11 吨炮塔通过由发动机供给动力的液压驱动系统推动。悬挂系统使用了十六组扭力杆,为节省空间,负重轮摆臂一侧向前而另一侧向后,每只负重轮摆臂装有三个负重轮,从而提供更好的驾驶体验。

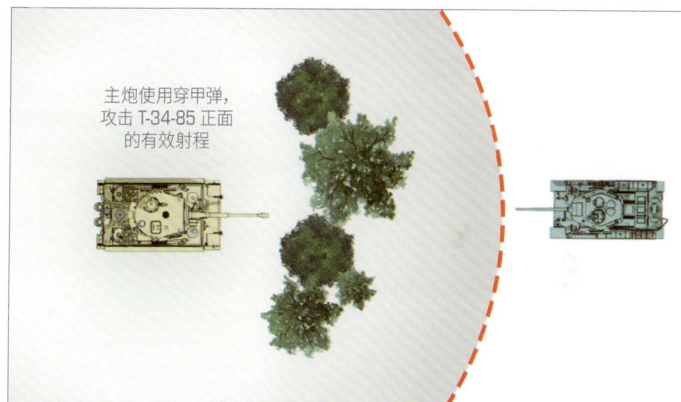

"虎"式坦克研发历程

二战中实际服役的德国重型坦克,它们的诞生并非一蹴而就,而是始于1937年的"大型坦克开发计划",该计划旨在研制一种30～33吨重的"用于突破作战的车辆"(Durchbruchwagen,后文缩写为"D.W."),成果包括 D.W.1和 D.W.2两种原型车。

之后,德国人又开发了 VK 30.01 (H)、VK 36.01 (H)、VK 30.01 (P) 等坦克;其中,前两种型号来自亨舍尔公司,第三种型号来自保时捷公司。

最终参与竞标的型号是亨舍尔公司的 VK 45.01 (H) 和保时捷公司的 VK 45.01 (P),两者分别由 VK 36.01 (H) 和 VK 30.01 (P) 发展而来。竞标成功的是亨舍尔公司的设计(原因之一是保时捷公司的设计需要用到大量铜,而德国的铜资源一向匮乏)——安装88毫米主炮的 VK 45.01 (H) H1,另外还有安装75毫米主炮的 VK 45.01 (H) H2。前者成为日后大名鼎鼎的"虎"式重型坦克的原型车。

△ **D.W.2"突破坦克"**

该坦克和 D.W.1都曾计划配置以 BW(IV 号中型坦克前身)炮塔为基础重新设计的一种炮塔,其(后一种炮塔)装甲更厚,内部设计的细节也有所不同。

△ **VK 45.01 (H) H2重型坦克**

VK 45.01 (H) H2重型坦克安装70倍径75毫米主炮,比"虎"式实际采用的88毫米主炮更加细长。

▽ **VK 36.01 (H) 重型坦克**

有趣的是,VK 36.01 (H) 重型坦克并没有安装过炮塔——虽然确实造出了1辆车体和6座炮塔,但这些炮塔均被盟军发现于克虏伯的工厂。

▷ **VK 45.01 (P) 重型坦克**

在竞标中落选的 VK 45.01 (P) 重型坦克。

△ **"突击虎"**

"突击虎"将"虎"式重型坦克车体与380毫米臼炮相结合，本质上是一种自行迫击炮 / 突击炮，既可近距离支援己方部队，又可实施远程炮击。

△ **"虎"式坦克维修车**

基于"虎"式重型坦克车体改造的"虎"式坦克维修车。

◁ **"虎王"重型坦克**

"虎王"生产于二战后期，预计产量略多于"虎"式（以实际产量计算），达到了1500辆。但"虎王"的实际产量严重受到盟军轰炸的影响，最终只达到预计产量的三分之一左右。

◁ **"虎"式重型坦克**

安装有深涉水设备（如车体后部的通气管等）的早期生产版"虎"式重型坦克。

▽ **"象"式坦克歼击车**

VK 45.01（P）重型坦克以"象"式坦克歼击车的形式获得了重生。

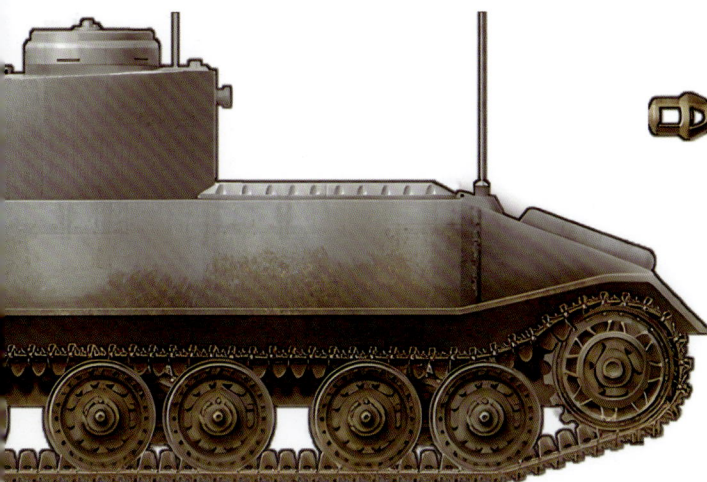

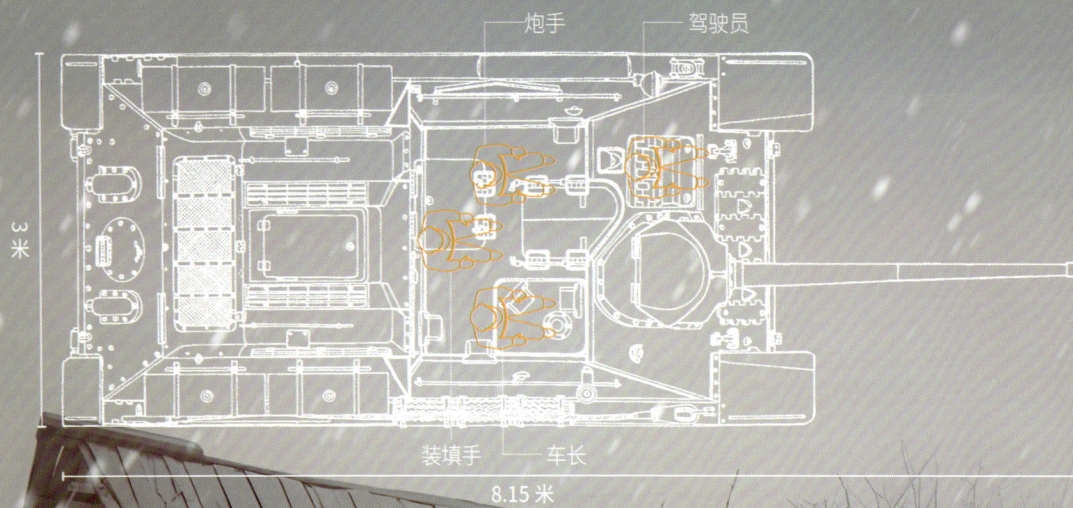

炮手　驾驶员

装填手　车长

3 米

8.15 米

SPECIFICATIONS

SU-122、SU-85 与 SU-100 性能对比 *

	SU-122	SU-85	SU-100
正式生产时间	1942 年 12 月	1943 年中期	1944 年 9 月
产量	638 辆	2650 辆	4976 辆
战斗全重	30.9 吨	29.6 吨	31.6 吨
乘员数量	5 人	4 人	4 人
车体尺寸	6.95 米 ×3 米 ×2.32 米	8.15 米 ×3 米 ×2.45 米	9.45 米 ×3 米 ×2.25 米
主武器 **	122 毫米榴弹炮	85 毫米火炮	100 毫米火炮
发动机型号	V2 型柴油发动机	V2 型柴油发动机	V2 型柴油发动机
发动机功率	493 马力	493 马力	500 马力
功重比	16 马力 / 吨	16.7 马力 / 吨	15.8 马力 / 吨
最大速度	55 千米 / 小时	55 千米 / 小时	48 千米 / 小时
最大行程（公路）***	210 千米	280 千米	250 千米
最大行程（越野）	120 千米	140 千米	140 千米

*：由于 SU-122、SU-85、SU-100 外观相近，名称相近，三者容易混淆。因此未装弹的型别列在一起进行对比，便于读者识别。

**：三种车辆均不含高射机枪，车体机枪、并列机枪。

***：关于最大行程，公路、越野两类数据均以车辆不使用附加油箱为前提。

SU-85

TANK DESTROYER
SU-85 坦克歼击车

SU-85 是苏联第一种大规模生产的坦克歼击车，本质上也是 T-34 中型坦克的一种变形车。需要注意的是，"坦克歼击车"这一说法来自西方国家，而苏军装备序列中的"SU"含义应为"自行火炮"，本节叙述的主要对象也应称其为"SU-85 自行火炮"。但从实际作战应用的角度出发，后文仍将该车称为"SU-85 坦克歼击车"。

SU-85
TANK DESTROYER

SU-85坦克歼击车结构一览

01. 炮手位置
02. 主炮炮弹
03. 85毫米主炮
04. 主瞄准具
05. 无线电设备
06. 无线电天线
07. 车长指挥塔及车长用观察设备的装甲护罩
08. 炮手使用的固定式潜望镜
09. 装填手使用的固定式潜望镜
10. 战斗室后部舱口
11. 附加油箱
12. 车体后部上方装甲板，可见位于其上的排气管
13. 发动机舱
14. 挡泥板
15. 履带
16. 主动轮
17. 配置有橡胶缓冲件的钢制负重轮
18. 诱导轮
19. 车头灯

△ SU-85内舱布局。

扩展知识

苏联军用车辆的命名

"SU"是俄语"Samohodnaya Ustanovka"的缩写,大意为"自行火炮"。但在实际应用中,带有"SU"的苏联军用车辆包括如下类型:

1. 传统意义上的自行火炮,可实施间接火力支援,如SU-122、SU-76M、SU-152;

2. 坦克歼击车,一般进行直接瞄准射击,如SU-85、SU-100。

除"SU"之外,苏联还使用了其他缩写,如"ISU""ASU""ZSU"等来命名军用车辆:

1. ISU:与"SU"的概念相同,但采用IS系列重型坦克的车体,如ISU-152自行火炮、ISU-130坦克歼击车;

2. ASU:空降部队使用的空降突击炮 / 空降自行火炮,如ASU-57、ASU-85;

3. ZSU:表示自行式防空炮,如ZSU-23-4、ZSU-57-2。

"SU-85能够很好地对抗德军重型坦克。这种坦克歼击车的机动性能不比T-34差,且装有新式85毫米火炮,在战斗中表现得非常出色。但德国人开始改变策略,利用'虎'式重型坦克、'豹'式中型坦克、'象'式坦克歼击车的火力和装甲优势,在1500～2000米距离上作战。而SU-85在这样的距离上既无法击穿敌车装甲,其自身车体正面装甲也不能抵御敌车的攻击。"

——苏联装甲坦克兵元帅米哈伊尔·叶菲莫维奇·卡图科夫

2.4米

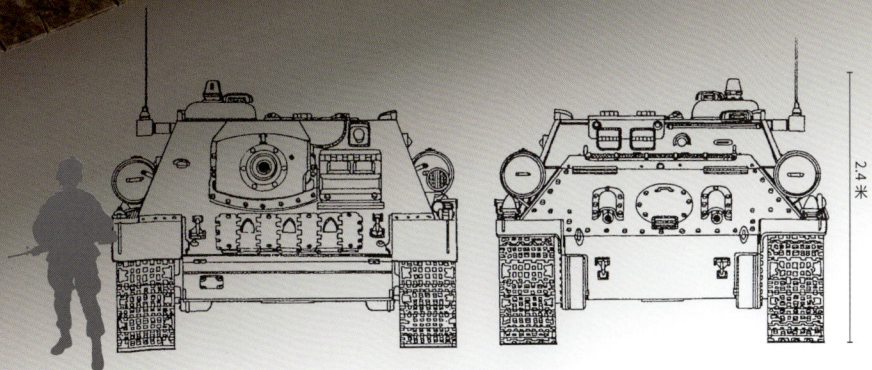

△ SU-85 前后视图。

D-5S 型 85 毫米火炮

该火炮源于 M1939 (52-K) 型高射炮，可发射多种穿甲弹，备弹 48 发。这门炮直接安装在坦克车体上，而非炮塔上。虽然横向射界窄，但它在战场上展现了较强的火力优势，成功对抗德国坦克。

远程狙杀

SU-85 并没有设置副武器 (乘员使用的冲锋枪、手榴弹等自卫武器除外)。作为坦克歼击车，SU-85 并不需要与敌人短兵相接，而是对装甲目标实施远程狙杀。作战时，SU-85 远离敌方步兵，不需要强调反步兵火力。战争后期，该车甚至会作为支援火力，伴随己方步兵和坦克作战，便更无须应对敌方步兵了。

扩展知识

牵引式反坦克炮与自行式反坦克炮的区别

牵引式反坦克炮

牵引式反坦克炮不仅需要牵引动力 (卡车、吉普车等)，还需要花费时间实施装卸。此外，牵引式反坦克炮通常只设有较薄的护盾，为炮组成员提供部分方向的有限防护。

自行式反坦克炮

自行式反坦克炮 (坦克歼击车) 可以依靠自身动力行进，同时省去了牵引式反坦克炮必需的装卸步骤，能更快对突发敌情做出反应。另外，自行式反坦克炮本质上是一种装甲车辆，大多数型号能为车组乘员提供全向且效果更好的防护。

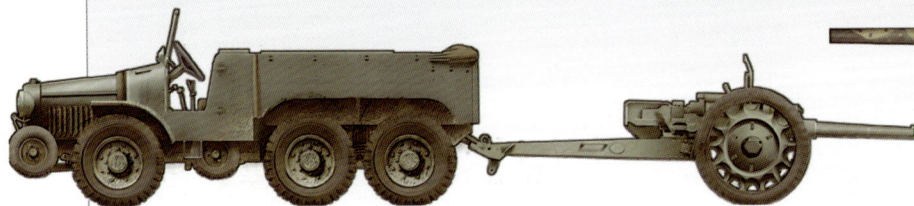

SU-85 使用的炮弹

1. BR-365P，硬芯穿甲弹（实心、次口径炮弹）。
2. BR-365，风帽（钝头）穿甲弹，装有 164 克炸药填充物。
3. BR-365K，尖头穿甲弹，装有 48 克炸药填充物。

火力

　　SU-85坦克歼击车的主炮与 T-34-85同源，即 M1939（52-K）型 85毫米高射炮。但有所不同的是，SU-85安装的火炮型号为 D-5S。此处的"S"为"Self-Propelled（自行推进）"的缩写，同理 T-34-85安装的 D-5T 型火炮，"T"为"Tank（坦克）"的缩写。

　　整体来说，85毫米主炮既是 SU-85的成因，又是后者被淘汰的要因：

　　起初，因 D-5型 85毫米火炮较原来的 76.2毫米主炮更大，T-34无法直接安装，故而需要重新设计炮塔。工程师考虑将 D-5型火炮与已有的 SU-122自行火炮相结合，最终产物即 SU-85坦克歼击车。

　　后来，苏军于1944年年初开始装备 T-34-85，不再需要火力水平相近的坦克歼击车——按照惯例，坦克歼击车（尤其是去掉炮塔的型号）往往会安装相较同时期坦克口径更大的火炮，从而获得火力优势，以执行"歼击坦克"的任务。随着时间推移，SU-85的主炮在面对德军新式坦克时愈发无力，加之其无炮塔设计带来的不便，SU-85很难像 T-34-85那样通过机动绕至敌方坦克侧后面实施攻击，这款坦克歼击车便迅速被历史淘汰。

SU-85 与 SU-122 的车内空间对比

SU-85 的车体设计来自 SU-122 自行火炮，但在乘员配置上减少了一人。SU-122 的配置为一个车长、一个炮手、一个驾驶员、两个装填手；而 SU-85（以及 SU-100）则取消了一个装填手，共有四个乘员。如此一来，SU-85 的车内空间更为充裕，也可以储备额外的炮弹。

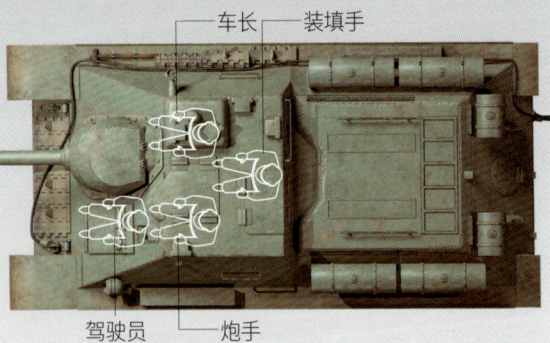

△ SU-85 乘员分布情况。

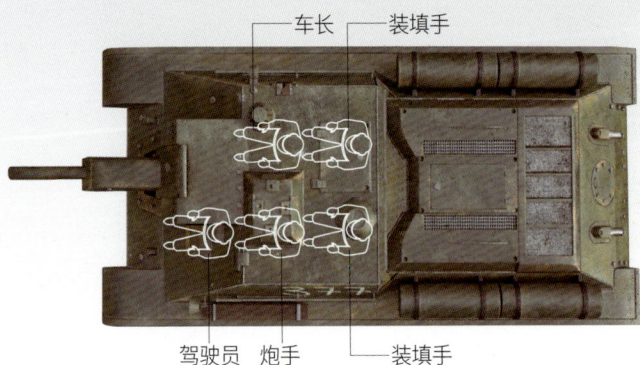

△ SU-122 乘员分布情况。与 SU-85 相比，SU-122 的乘员分布显然更拥挤。

防护优点

SU-85 采用了无炮塔设计简化了生产流程，降低了成本的同时也获得了低矮的车身，这对伏击作战和优化防护都很有利。较为厚实的正面装甲也让它能够从容应对战场的炮火，提高了战场生存能力。

成熟底盘

采用 T-34 成熟底盘的 SU-85 保证了它的机动性和可靠性，同时也降低了维修的难度和后勤保障的压力。

机动

SU-85 的车体继承自 T-34，在机动方面整体令人满意，哪怕无炮塔设计在很大程度上对其机动性能造成了消极影响：

由于火炮位于车体前方，不能像有炮塔车辆那样将炮管转向车体后方，转弯时需要的空间大，导致 SU-85 不适合通过狭窄复杂的路段（如城区、森林）。

火炮位于车体前方，且距离地面较近，SU-85 在通过陡峭的下坡时也容易出现事故（比如炮管与地面发生触碰）。

△ SU-85 的炮管再加上车体，总长度很长，在狭窄、多障地区行驶很不方便。

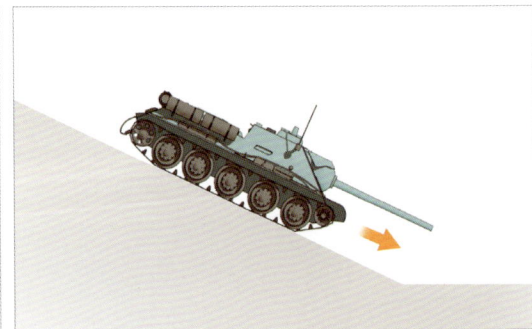

△ SU-85 的炮管距离地面近，长长的炮管容易磕碰地面。

其他"SU"自行火炮 / 坦克歼击车

△ SU-122自行火炮

尽管外观相似，且车体设计上存在继承关系，但 SU-122 自行火炮的作战应用与 SU-85 并不相同：SU-122 多被用作突击炮，为步兵部队提供火力支援，轰击敌方防御工事、步兵阵地等。它通常不负责反坦克作战，因为反坦克任务要求火炮精度高、初速快、穿深大，但 SU-122 的大口径榴弹却能形成巨大冲击力，对德军的"虎"式重型坦克产生威胁；后来苏军甚至为该自行火炮配备了 BP-460A 破甲弹。

SU-122 发射榴弹或破甲弹，能满足杀伤能力或穿透力的要求；但这两种炮弹的飞行速度慢，火炮射击精度低且装填速度慢，很难在远距离上命中目标。再加上自身装甲薄弱，SU-122 也不适合以缩短攻击距离的方式提升射击精度。

▷ SU-100坦克歼击车

SU-100 坦克歼击车是 SU-85 的替代型号，它在后者的基础上加厚了车体正面装甲、增设了一处通风装置等。但最主要的升级还是换装 D-10S 型 100 毫米火炮，反坦克能力实现大幅提升，能在 2000 米距离上击穿"虎"式车体正面装甲。

防护

和 T-34 中型坦克相同，SU-85 车体正面（或者说战斗室正面）的装甲以一定倾斜角度放置。此外，这种坦克歼击车的外形轮廓相对低矮，不易被发现，执行远距离作战任务时尤为有利。反过来讲，SU-85 很少遭遇近距离作战：其附近往往有随车步兵和己方坦克装甲车辆；即使单车作战，SU-85 车体侧部和后部也设有手枪射击孔，供乘员向外射击。

▽ SU-85M 坦克歼击车

SU-85M 是一种理想与现实相妥协的产物：1944 年年底，SU-85 停产，而 SU-100 的生产得到大力支持。但当时后者所用的 100 毫米炮弹产量不足，于是部分 SU-100 车体安装了 85 毫米主炮，并被称为"SU-85M"。

M18 与 M36 性能对比

	M18	M36
正式生产时间	1943 年 7 月	1944 年 4 月
产量	2507 辆	2324 辆
战斗全重	17 吨	29 吨
乘员数量	5 人	5 人
车体尺寸	6.65 米（含炮管）×2.87 米 ×2.57 米（含高射机枪）	7.47 米（含炮管）×3.05 米 ×3.28 米（含高射机枪）
装甲厚度	4.8～25.4 毫米	9.5～127 毫米
是否安装炮塔	是	是
是否全新设计	是	否
主武器	76 毫米主炮	90 毫米主炮
副武器	12.7 毫米高射机枪	12.7 毫米高射机枪
发动机型号	大陆 R975-C1 型汽油发动机	福特 GAA 型汽油发动机
发动机功率	350 马力	450 马力
功重比	20.6 马力 / 吨	15.5 马力 / 吨
燃料容量	620 升	727 升
最大行程	160 千米	240 千米
最大速度	89 千米 / 小时	42 千米 / 小时

说明: M36 是二战期间美国设计生产的另一种有炮塔坦克歼击车，相比 M18 火力更强、装甲更厚、机动更差，并在战后服役了更长时间。

M18 HELLCAT

TANK DESTROYER

M18 "地狱猫" 坦克歼击车

    M18 坦克歼击车，绰号"地狱猫"，是第二次世界大战时期美国设计的一种高速反坦克车辆，设计初衷是用其专门组建机动性强、火力足的支援部队。和更常见的无炮塔坦克歼击车相比，M18 的设计充满了特色：它带有开放式炮塔，而非固定式战斗室；它强调高速性能，旨在利用速度优势攻击敌车弱点；其车体为全新设计，而不像 SU-85、"猎豹"那样基于坦克改成。

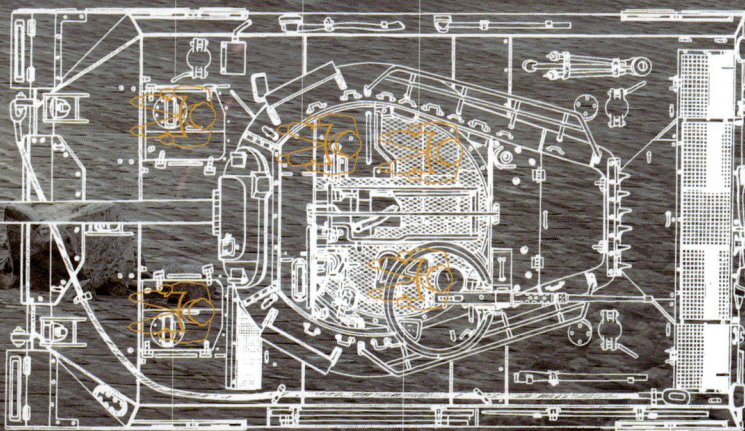

副驾驶员　　炮手　　车长

驾驶员　　　装填手

2.87 米

6.65 米

M18 HELLCAT
TANK DESTROYER

"坦克歼击车的作用就是：在坦克进攻时，它伴随坦克作战，并能摧毁敌方重型装甲火力的装甲车辆；在防御的时候，它就是我们防线上的'消防员'，能以最快的速度抵达'着火区'并扑灭'火情'。"

——美国坦克歼击车部队指挥官安德鲁·戴维斯·布鲁斯

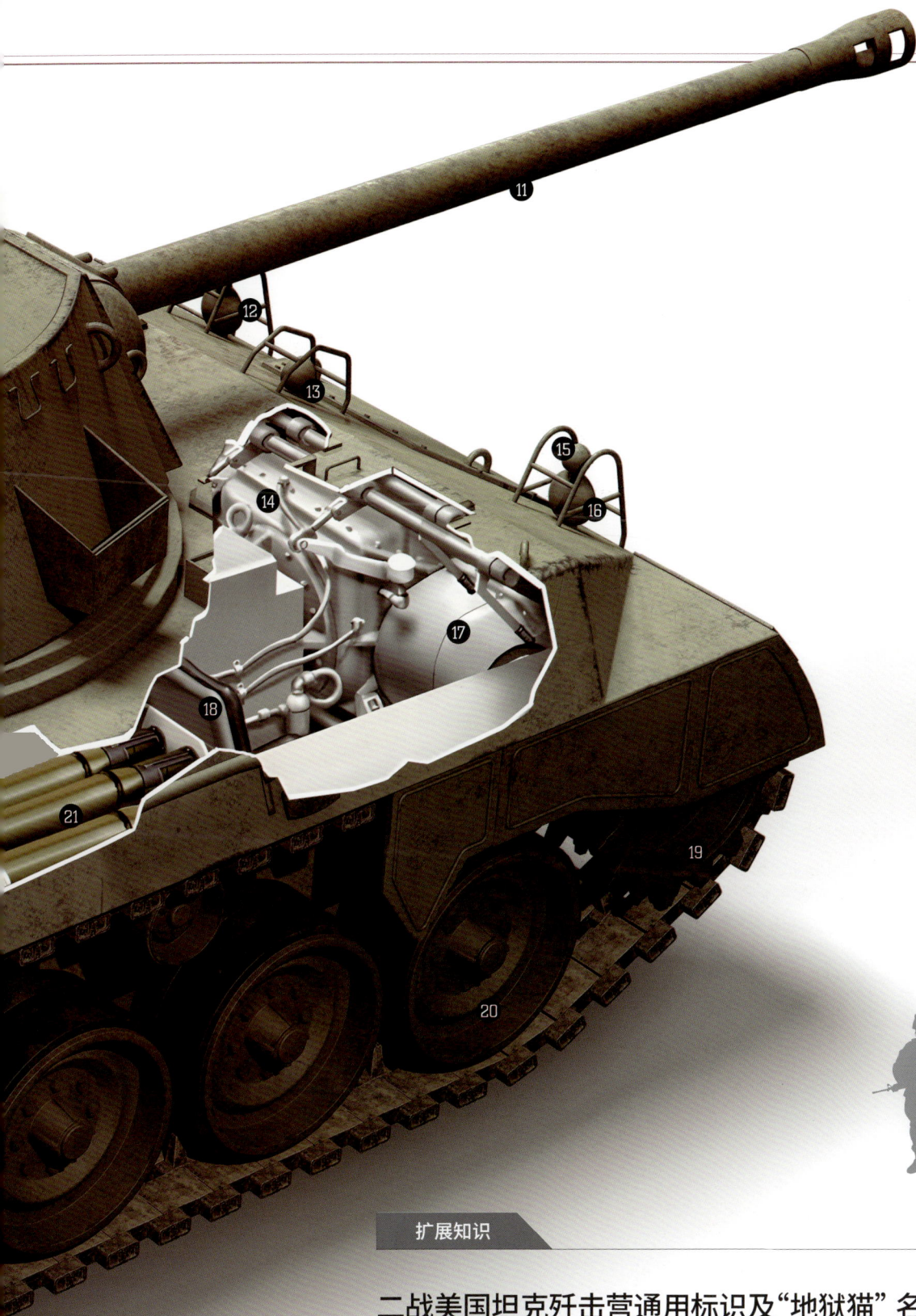

M18坦克歼击车结构一览

01. 车尾灯（左）	15. 夜行车灯（右）
02. 消音器	16. 车头灯（右）
03. 发动机排气管	17. 最终传动装置
04. 发动机	18. 副驾驶员位
05. 带有防护装甲的油箱盖	19. 主动轮
06. 车载无线电接收器	20. 负重轮
07. 12.7毫米高射机枪	21. 主炮炮弹
08. 方位角指示器	22. 装填手直接使用的弹药架
09. 方向机	23. 炮尾防护架
10. 76毫米主炮后膛	24. 托带轮
11. 主炮炮管	25. 油箱（右）
12. 车头灯（左）	26. 诱导轮
13. 警报器	27. 车尾灯（右）
14. 全自动变速箱	28. 拖车钩

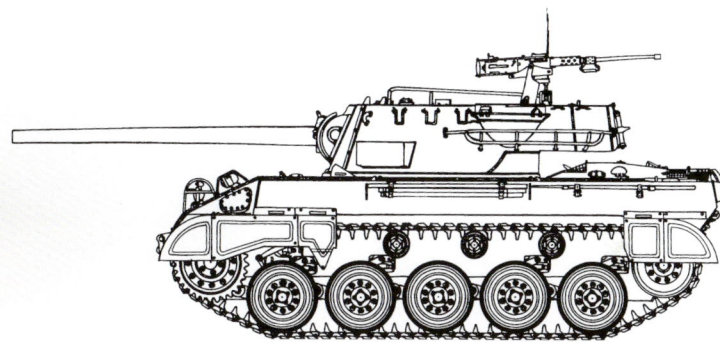

△ M18坦克歼击车侧视图。

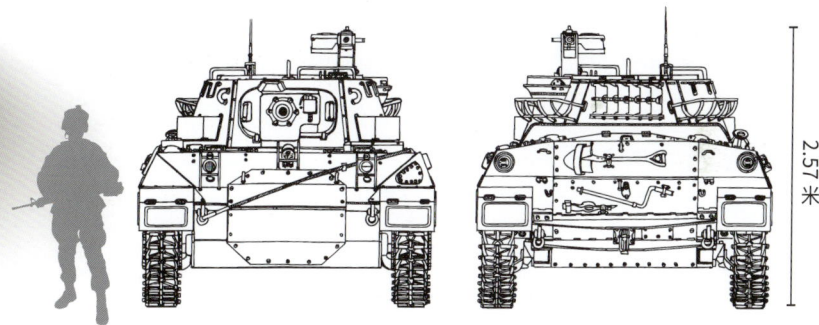

6.65 米

△ M18坦克歼击车前后视图。

2.57 米

扩展知识

二战美国坦克歼击营通用标识及"地狱猫"名称由来

右图为二战美国坦克歼击营的通用标识，图中是一只黑豹（而非一些资料所声称的猫，以此指代"地狱猫"），并且张嘴撕咬坦克履带，暗示自己的战场角色——坦克歼击部队。标识的上下方有三个单词，阐明了黑豹的职责，即"搜寻"（Seek）、"打击"（Strike）和"摧毁"（Destroy）。

"地狱猫"成为坦克歼击车的绰号，最早是别克生产线上的一名员工随口叫出来的，后来在工厂内流行起来；恰好别克官方希望为M18起一个生猛响亮的名字，因此选择了"地狱猫"。值得一提的是，这个名字在战后还被用于别克旗下的一套为商用汽车设计的传动系统，而该系统正是基于"地狱猫"坦克歼击车的传动系统研制而成。

SEEK · STRIKE
DESTROY

装甲防护

车体装甲全方位的厚度都是 12.7 毫米，侧面的装甲以垂直角度布置。车尾装甲由两部分组成，上端垂直，下端则是以 35°角向内倾斜。车首装甲的首上首下各有两个不同角度的部分，首上先是以 64°角倾斜，然后改为 38°角直到（首上与首下）交接处；首下先是以 28°角内倾，接着以 55°角内倾，最终连接车底。

76 毫米主炮

76 毫米主炮在支援步兵作战上表现较差，也很难击穿德制坦克（"虎""虎王"等）的正面装甲，仅发射部分炮弹时拥有良好的穿甲性能，如 M93 次口径高速穿甲弹（HVAP），可在 1000 米距离上击穿 178 毫米厚的装甲（不过这种高性能弹药无法大量供应）。该主炮备弹 45 发，可发射穿甲弹和榴弹（详见 M4 中型坦克相关表述）。

火力

M18 坦克歼击车安装的主武器与 M4 中型坦克相同，即 M1 系列 76 毫米火炮（同样是 M1A1、M1A1C 及 M1A2 三个型号）。M4 出现的问题也同样出现在 M18 身上：76 毫米火炮发射榴弹的效果较差。偏偏 M18 很多时候都用于支援己方步兵，而非对抗敌方坦克，更容易暴露这一缺点。

副武器则通常是一挺 M2HB 型 12.7 毫米高射机枪。

主炮炮塔

炮塔使用电动液压横移机构，可以在 24 秒内旋转 360 度。76 毫米炮的最大俯仰角分别为 - 10 度、20 度。最大射速为每分钟 8 ～ 10 发。

防护

相较优秀的火力和机动性能，M18的防护能力则是不太令人满意的——整车装甲最厚处为炮塔正面，也仅有25.4毫米；车体正面装甲厚度为12.7毫米，即使以一定倾斜角度放置，也无力抵御德制坦克主炮的射击。

当然，除去整车装甲薄弱这一点，M18的生存能力并不差：它的车体尺寸较小，不易被敌方瞄准；它还可以利用高速机动能力撤退，甩开敌方追击。

值得一提的是，M18 "地狱猫" 的炮塔顶部并没有封闭，这样的设计允许车内乘员探出身体观察四周，获得较好的视野。但此处开放式的设计同样增加了手榴弹、炮弹破片飞入车内的概率，就连位于较高位置的狙击手也能对车内乘员造成威胁。此外，与封闭了炮塔（或战斗室）顶部的坦克、装甲车辆相比，M18的 "敞篷式设计" 不能防雨雪。由于车内外的空气相互流通，乘员若是在极端温度环境下作战，也容易受到影响。

△ M18 炮塔顶部没有封闭，这个设计有利有弊。

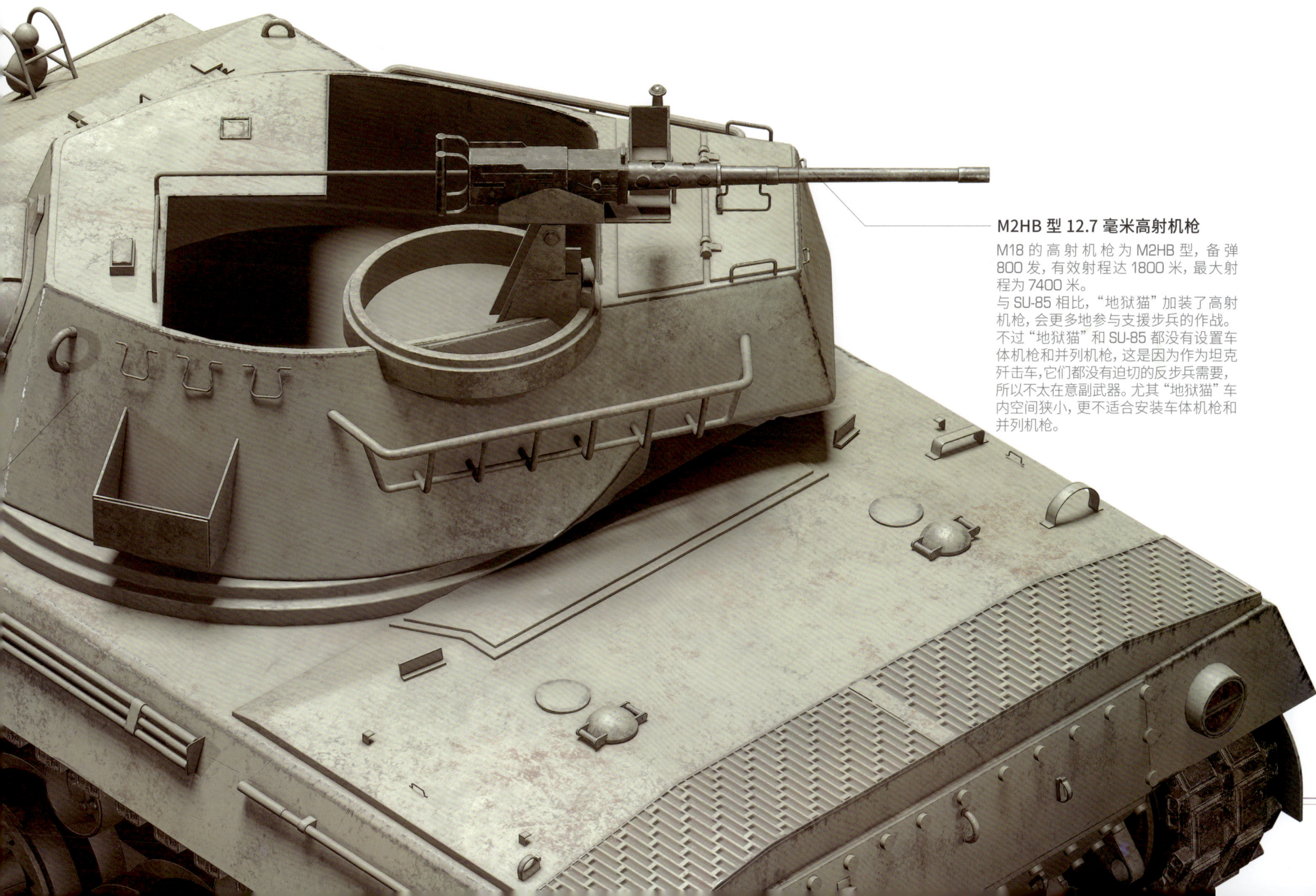

M2HB 型 12.7 毫米高射机枪

M18 的高射机枪为 M2HB 型，备弹800 发，有效射程达 1800 米，最大射程为 7400 米。

与 SU-85 相比，"地狱猫" 加装了高射机枪，会更多地参与支援步兵的作战。不过 "地狱猫" 和 SU-85 都没有设置车体机枪和并列机枪，这是因为作为坦克歼击车，它们都没有迫切的反步兵需要，所以不太在意副武器。尤其 "地狱猫" 车内空间狭小，更不适合安装车体机枪和并列机枪。

灵活机动

虽然重约 17 吨，但"地狱猫"能够以 89 千米／小时的速度行驶。它的动力来自大陆 R975-C4 发动机，这是一款九缸 350 ～ 400 马力的径向飞机发动机，与 M4"谢尔曼"坦克上使用的发动机相同。

机动

高速行驶能力既是"地狱猫"的一大特色，也是催生它的重要原因之一。1942 年 M10 坦克歼击车（绰号"金刚狼""狼獾"等）诞生后，布鲁斯（坦克歼击车部队指挥官）认为它太重，无法通过高速机动实现提前设伏，或绕至敌车装甲薄弱方向实施攻击。后来 M18"地狱猫"应运而生。它拥有极高的行驶速度，即使在越野条件下也能达到 42 千米／小时；比 M10 更轻，更能适应泥地和雪地。后期生产的"地狱猫"还换装了 400 马力的大陆 R975-C4 发动机，机动性能得到进一步优化。

扩展知识

美国坦克使用的航空发动机

第二次世界大战爆发之前，受地缘因素影响，美国将海军建设视为重心，从而忽略了陆军的发展。二战爆发后，西线的战况刺激美军迅速扩军备战。但当时美国工业基础更加侧重于民用和航空，坦克专用的发动机研发相当缓慢。为了应急，早期服役的美军坦克清一色地使用了航空发动机。

第一种靠风冷航空发动机驱动的坦克是 1931 年为美国骑兵制造的一辆试验性轻型坦克，它安装了一台 156 马力的七缸大陆发动机，使工程师们看到了曙光。

很快，从 1934 年的 M1 战车到 1943 年的 M3A3 轻型坦克，都使用了 250 马力的大陆 R670 发动机（详见 M3"斯图亚特"轻型坦克章节中的相关介绍）。

在用于轻型坦克之后，风冷星形发动机也被用于中型坦克。1939 年，M2 坦克安装了一台更强劲的大陆 R975-C1 九缸风冷发动机，可达 350 马力。工程师们仍不满意，对该发动机进行优化，新的大陆 R975-C4 输出功率达到 400 马力，继而将之应用到 M3 和 M4 中型坦克的初期型号上。

绰号"地狱猫"的 M18 坦克歼击车具有高速灵活的特性，它的发动机舱起初安装了大陆 R975-C1 型汽油发动机，后期换装为 400 马力的大陆 R975-C4 发动机，这对其机动性能又是一大提升。

"谢尔曼"坦克家族当中，M4A2 坦克安装了通用动力 GM-6046 柴油发动机（卡车发动机），M4A3 坦克安装福特 GAA 型汽油发动机（水冷航空发动机），M4A4 安装克莱斯勒 A57 汽油发动机（轿车发动机）。其中，福特 GAA V8 型汽油发动机的表现尤为突出，提供了可达 500 马力的强大动力支撑，加之故障少、可靠性好，一跃成为同期发动机当中的明星！

后来，M26"潘兴"中型坦克同样使用了福特 GAA 发动机。这款制造于第二次世界大战末期的坦克，某种意义上堪称战后美国坦克的先驱，这足见美国人对这款发动机的重视与喜爱了。

扩展知识

T-34

100 米

"虎"式

SU-85

800 米

M18

2000 米

"虎"式

200 米

M18

高速机动

△（无炮塔坦克歼击车）SU-85 通常位于己方坦克部队后方，对敌方坦克实施攻击。
而 M18 可以凭借高速机动能力，从远处到达战场，选择有利作战位置发动攻击。此外，该能力也有助于 M18 摆脱敌人追击。

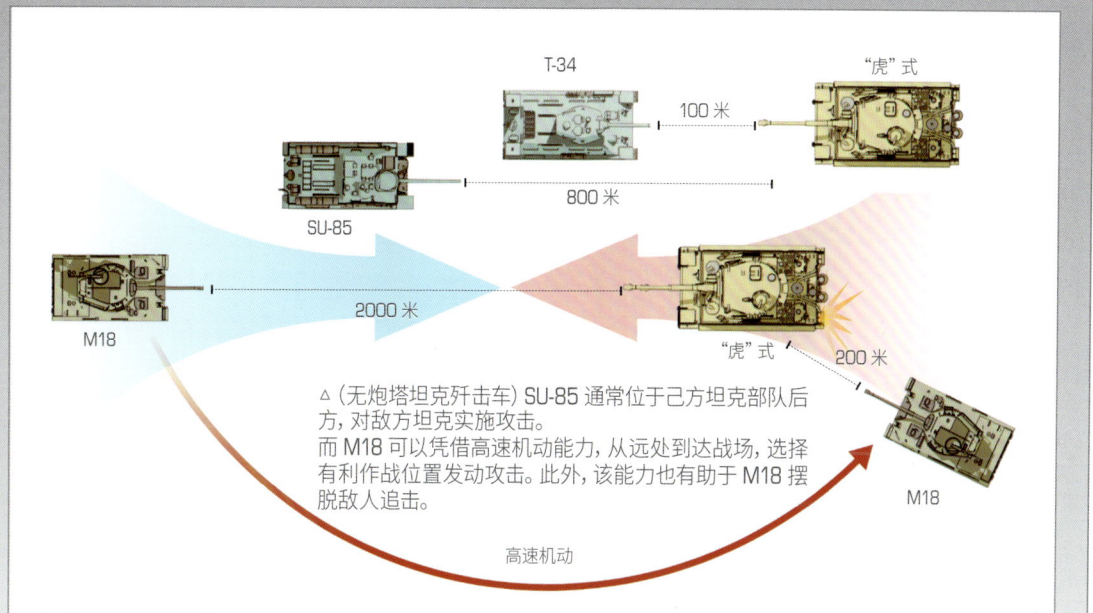

M18 的机动性能如何影响作战

无炮塔坦克歼击车通常布置于作战部队后方，对敌方坦克正面实施攻击。而 M18 扮演的角色更像预备队或消防队员，当某处出现敌情，它便利用速度优势赶往目的地，选择有利攻击位置，以攻击敌方坦克侧后方。

除此之外，高速机动能力也有利于 M18 实施撤退，以减少损失。

值得一提的是，由于整车装甲薄弱且炮塔转速慢，M18 的高速行驶性能在近距离作战中往往无法发挥作用，这也是该车常被使用者诟病的一点。

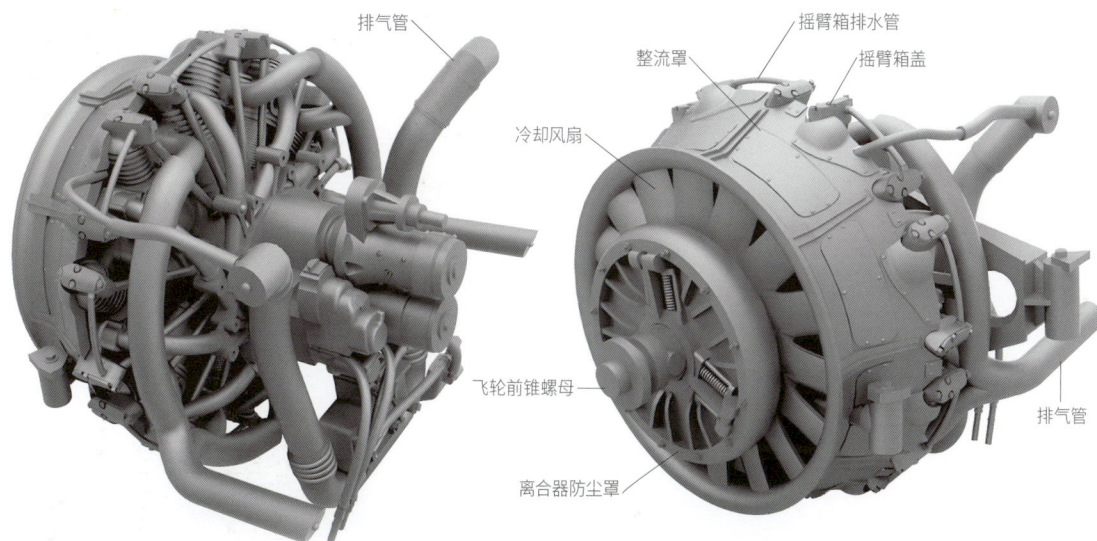

排气管

摇臂箱排水管

整流罩

摇臂箱盖

冷却风扇

飞轮前锥螺母

离合器防尘罩

排气管

△大陆 R975 星形风冷汽油发动机。

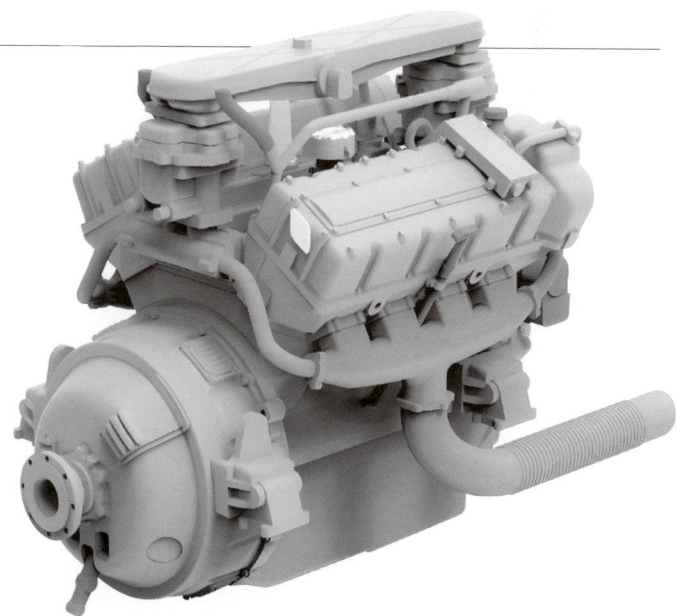

△福特 GAA V8 型汽油发动机。

美国坦克歼击车发展之路

欧洲战事开启后，美国人建立了反坦克部门（Tank Destroyer Department），其中"Tank Destroyer"指的是所有反坦克武器，而不仅仅是坦克歼击车。

当时人们曾争论装备牵引式反坦克炮还是坦克歼击车，最终选择了后者。但制造什么样的坦克歼击车，还是经历了一系列的探索才得以确定。

根据美方有关的作战设想，坦克歼击车只要能在确定敌方坦克位置后，快速赶到战位抢占有利地形，使用主炮将其击毁即可。在这个过程中，起主要作用的是火力（攻击敌方坦克）和机动（快速转移）性能，车辆自身的防御性能则没有得到过多重视。

那么，是否需要考虑设计无炮塔坦克歼击车呢？首先，这种车型本质上是一种以较低成本配置更强火力的作战平台，但美国具有雄厚的工业实力，不需要过多考虑生产成本。其次，以首先服役的 M10 坦克歼击车为例，由于选用的车体并不方便改造为无炮塔坦克歼击车，安装炮塔实际上也是一种妥协之举。最后，需要注意的是，在 M10 坦克歼击车的设计过程中，美国并没有口径更大且能够直接使用的直射火炮，因此不需要考虑承载能力更强（或者说可安装更大口径火炮）的无炮塔设计。

△ M39 装甲多用途车

M39 装甲多用途车是唯一批量装备军队的 M18 变形车，可用于运输人员、弹药等，也可牵引火炮，还有部分被改造为指挥车或侦察车。

△ T40 坦克歼击车

T24 坦克歼击车开发项目被取消后，美国人在其基础上重新设计了 T40。这种新的坦克歼击车降低了主炮的安装位置，被赋予"M9 GMC"的正式名称，但在 1942 年 8 月（因机动性能不足）被取消。

▷ M10 坦克歼击车

M10（76 毫米火炮）使用有所调整的 M4A2 中型坦克底盘（降低车高并减少装甲厚度）。该车常常与 M4"谢尔曼"协同作战，提供强大的穿甲火力。

◁▷ M3半履带式和M6轮式坦克歼击车

M3（左，75毫米主炮）和M6（右，37毫米主炮）都只是将火炮和半履带车（或轮式车辆）简单结合，属于缺乏合适装备而赶制的应急产品，并不是真正意义上的坦克歼击车。

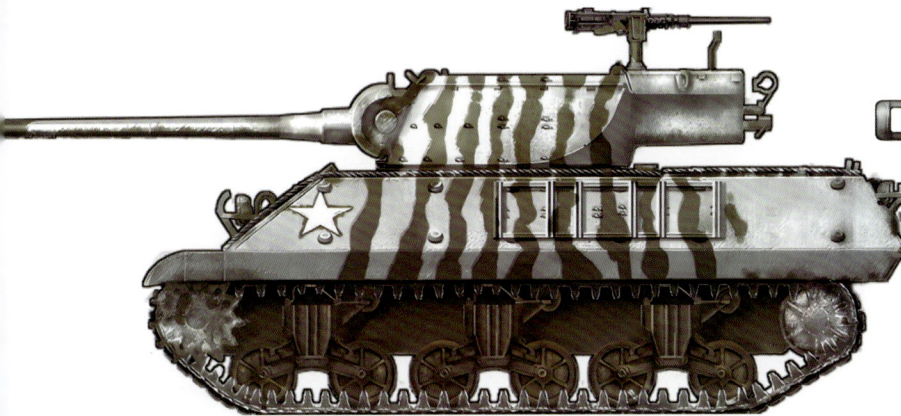

△ M36坦克歼击车

M36（M36B1除外）采用了M10（或M10A1）的车体，但前者重新设计了炮塔，以容纳90毫米主炮。因此，这两种坦克歼击车在外观和继承关系上都非常相近，M36甚至被称为"更换了炮塔的M10"。

△ M18坦克歼击车

美国方面也曾在M18的车体上安装M36的炮塔，从而配置90毫米主炮，但相关尝试在二战结束后取消。

机动式火炮平台"GMC"

前文提到，T40的正式名称是"M9 GMC"，其中"GMC"是"Gun Motor Carriage"的缩写，可简单译为"机动式火炮平台"，包括M10、M18及M36等坦克歼击车，均属于此类（如M10的正式名称是"M10 GMC"）。

但我们不能简单将"GMC"等同于"坦克歼击车"。事实上，M12、M40（火炮口径均为155毫米）两种自行火炮也被命名为"M12 GMC"和"M40 GMC"。自行火炮与坦克歼击车是两种不同的车辆类型。

△ M12自行火炮。

△ M40自行火炮。

M7 PRIEST
SELF-PROPELLED GUN
M7 "牧师"自行火炮

就结构而言，M7 自行火炮是一种将 M3（或 M4）中型坦克车体与 M2A1 型 105 毫米榴弹炮相结合的机动式火炮平台。与牵引式火炮相比，这种自行火炮能够依靠自身的动力行进，从而更快、更安全地进入或撤离发射阵地。和坦克主炮相比，M7 安装的是曲射火炮，通常实施远程间接火力打击。

关于本节内容的说明：尽管从严格的定义上讲，M7 "牧师" 自行火炮并不属于坦克，但该车是基于坦克车体改进而来的，能够承担以坦克作战行动对敌方阵地实施攻击。另外，该车展示了将远程曲射火炮与坦克车体相结合、打造机动化间接火力平台的理念。因此，"牧师" 自行火炮在装甲作战部门的发展历程中具有重要作用，对坦克、装甲车辆的技术发展也产生了相当深远的影响。基于以上原因，本书在附录中整理了该节内容，请读者注意甄别。

94

副炮手　　　其他炮组成员(共四人)

2.87 米

6.02 米

驾驶员　炮手　炮组长

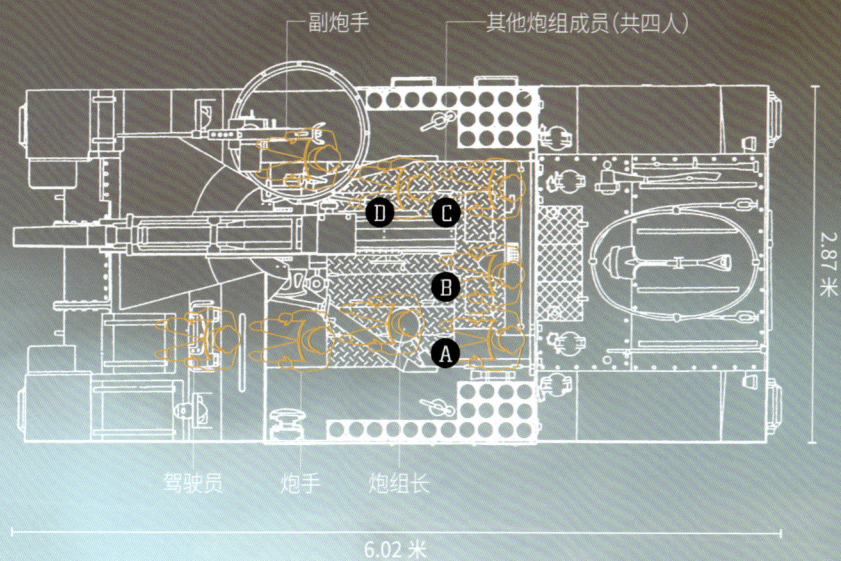

说明：炮组长有时会在车外协调射击和通信。
副炮手在车辆行驶时操作高射机枪。
在四名炮组成员中，A 负责装填炮弹；B 负责组装及设定引信；C 负责组装弹头和药筒，以及增减药包；D 负责传递车内的弹药，有时也在车外递送弹药。

M7 自行火炮数据简表

正式生产时间	1942 年 4 月
产量*	4315 辆
乘员数量	8 人
战斗全重	25.3 吨
车体尺寸	6.02 米 ×2.87 米 ×2.95米(含高射机枪)
主武器	105 毫米榴弹炮
副武器	12.7 毫米高射机枪
发动机型号	大陆 R975-C1 型汽油发动机
发动机功率	350 马力
功重比	13.8 马力/吨
最大速度	39 千米/小时
最大行程	193 千米

*：该自行火炮共有三个型号，产量分别为 3489 辆(M7)、826 辆(M7B1)、127 辆(M7B2)，但 M7B2 是由 M7B1 改造而来，并非单独制造，故未算入表格中的"产量"。

95

M7 PRIEST
SELF-PROPELLED GUN

M7 自行火炮结构一览

01. 主动轮
02. 悬挂转向架组件
03. 驾驶员位
04. 炮手位
05. 为弹药架提供防护的装甲板
06. 覆盖燃料注入口的装甲盖
07. 车体左侧油箱
08. 诱导轮
09. 放置在车体后部的各种工具
10. 发动机
11. 储物箱
12. 车载灭火器
13. 车体右侧的主炮炮弹和方格状弹药架
14. 12.7 毫米高射机枪
15. 105 毫米榴弹炮
16. 履带板存放处
17. 同步啮合式变速器

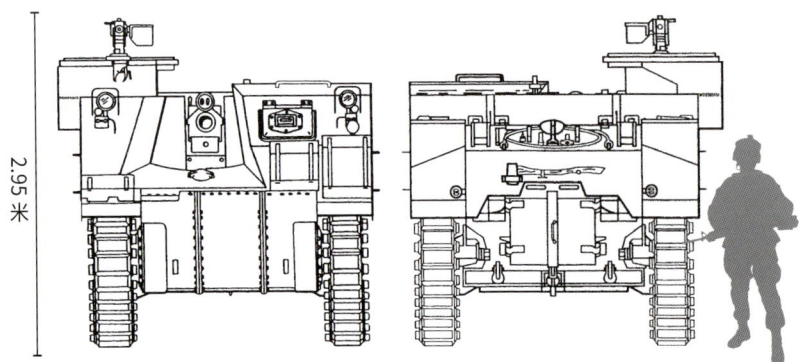

△ M7 自行火炮前后视图。

2.95 米

"牧师" 得名趣话

英国人将美制 M7 自行火炮命名为"牧师",但与"谢尔曼""斯图亚特"这类以名将之名来命名的方式不同,"牧师"属于另一套命名规则——英国人习惯以宗教人员的职位来命名自行火炮,譬如"主教""司事"等。至于 M7 为何偏偏是"牧师",则是因为 M7 战斗室右前方的高射机枪操作台形似讲坛,当有乘员位于此处时,像极了牧师在讲坛前布道,因此 M7 自行火炮被赋予了"牧师"的别称。

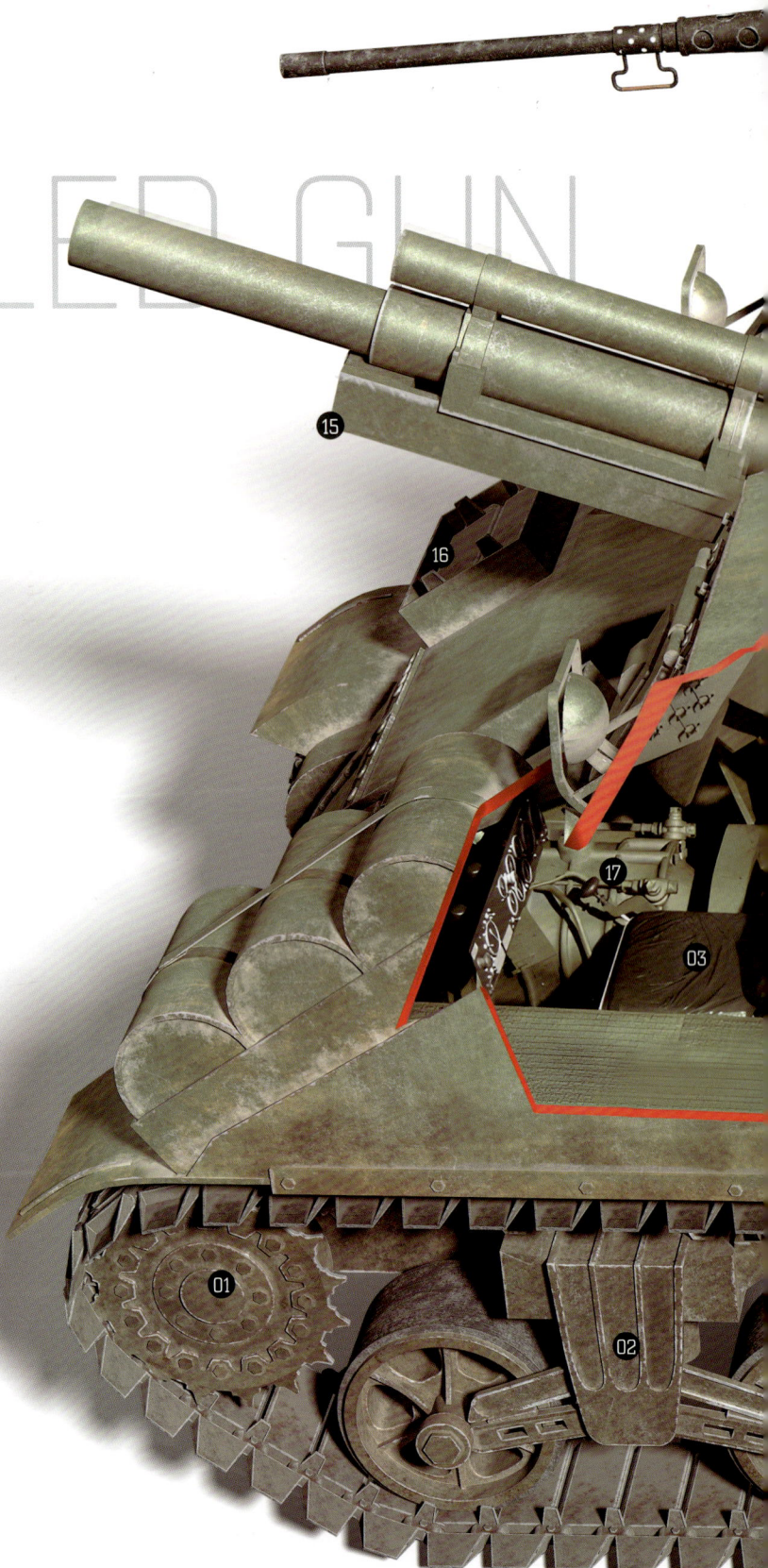

随着战争不断深入，摩托化牵引炮兵逐渐难以跟上装甲部队的作战节奏，于是美军将目光投向由现有火炮改装成的履带式自行火炮。1941年，美军将 M2A1 榴弹炮与 M3/M4A3 坦克的底盘相结合，制造了早期自行火炮的代表作——M7型"牧师"105毫米自行火炮。M7自行火炮于1942年开始装备部队，主要活跃于欧洲和北非战场。

火力

  M7自行火炮主要用以实施远程间接火力打击，即"曲射"。为实现这样的任务，它装备了一门 M2A1 型 105 毫米榴弹炮，火炮最大仰角为65°（为保持较低的车身高度，实际最大仰角为35°；M7B2通过抬高炮座位置，解除了这一限制）——而普通坦克主炮的仰角通常不超过20°。

  除此之外，该自行火炮仅装备一挺 M2 型 12.7 毫米高射机枪。

M2A1 型 105 毫米榴弹炮

M2A1（后改称 M101A1）是二战期间美军使用的标准 105 毫米榴弹炮，具有射击精度高、炮弹爆炸冲击力强等特点。这种火炮被用作 M7 "牧师" 的主炮，可发射榴弹、破甲弹、烟幕弹等，备弹 69 发。

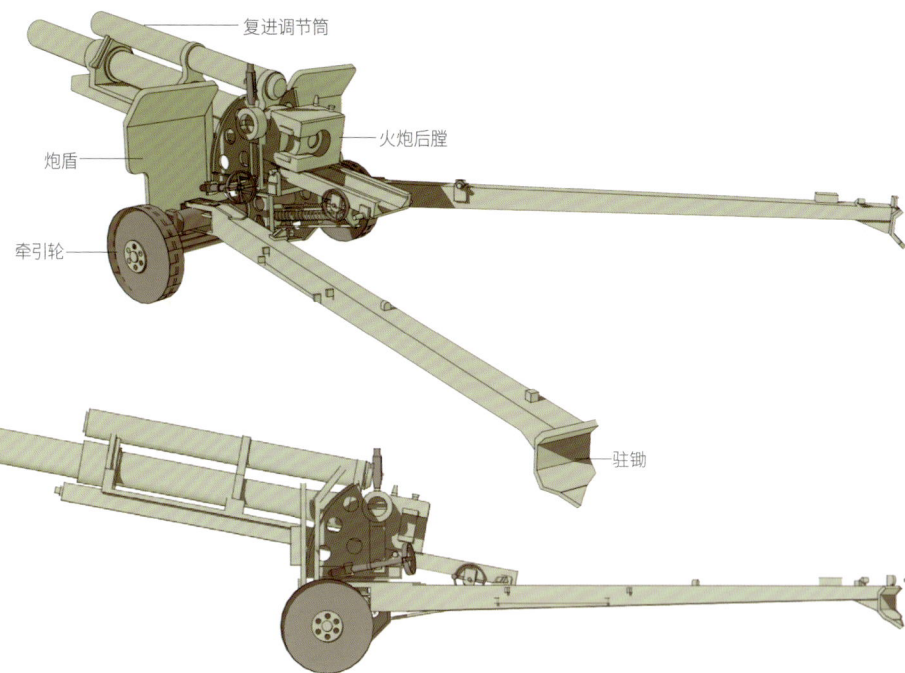

复进调节筒

火炮后膛

炮盾

牵引轮

驻锄

△ M2A1 型 105 毫米榴弹炮。

M2 型 12.7 毫米机枪

在 T32（即后来的 M7）自行火炮开发过程中，英国人提出须安装一挺机枪作为车辆的自卫武器。一番考量之后，设计人员在车辆的战斗室右前方设置了一处操作台，在这里安装了 M2 型 12.7 毫米高射 / 自卫机枪，备弹 300 发。恰是因为这处操作台，M7 获得了"牧师"的别称。

M7 自行火炮使用的炮弹

M7 自行火炮使用的几种炮弹，从左到右分别为 M1 型榴弹、M67 型破甲弹、M84 型烟幕弹。

榴弹

榴弹俗称"开花弹"，这种炸弹的杀伤范围主要通过爆炸产生的碎片、冲击波和火焰效果来实现，对敌方人员、车辆或设施造成伤害。它通常包含一个炸药填充物和一个引信系统，在接触目标时引爆。不同类型的榴弹有不同的作战用途，如高爆榴弹、烟幕榴弹、照明弹等，都在军事战略和战术中扮演着重要角色。

一般来说，小口径榴弹因装药量较少，偏重于杀伤作用；而大口径榴弹兼备杀伤和攻坚作用，尤其是大装药炮弹可以轰击加固工事或障碍。爆破原理为：弹丸被发射后，先利用其动能侵入土壤或障碍物中一定深度，接着引信再引爆炸药。爆炸除使弹体破裂形成碎片高速飞散外，还会产生高温高压气体和冲击波，猛烈冲击周围介质或目标本身，从而炸出一个大坑。

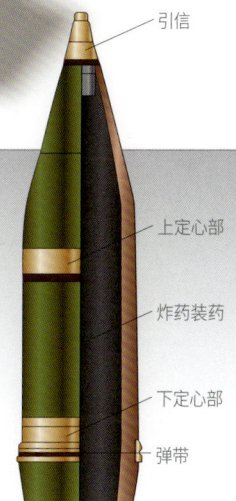

引信

上定心部

炸药装药

下定心部

弹带

敞开式结构

M7 自行榴弹炮为顶部敞开式结构，顶部的防护性差。

机动与防护

自行火炮往往在后方安全地域实施射击，所以实战对其机动性能并无过高要求，只要能够依靠自身动力进入 / 撤离射击阵地，并跟随己方装甲部队行进即可。因此，基于 M3"李"或 M4"谢尔曼"中型坦克车体制造而成的 M7，其机动性能已超期望，使 M7 能够在战场上及时机动并提供有效的火力支援。

防护方面同样所求不多。我们可以通过车辆顶部的开放式设计观察到，M7 自行火炮战斗室四个方向的装甲几乎都只有一层单薄的外壳，但因为使用了中型坦克的车体，"牧师"装甲最厚处可达到 60 毫米左右。其开放式的顶部设计也很少受人诟病，毕竟车辆身处后方，车内乘员不太容易遇到炮弹碎片、手榴弹、狙击手等威胁，仅偶尔受到雨雪或极端气温影响。

扩展知识

直射火力和曲射火力

所谓"直射"和"曲射"的说法并不完全准确：两种弹道都呈抛物线，但炮弹下坠的速度（或者说轨迹）不同。简单来说就是炮弹会根据主炮的初速呈现不同的下坠轨迹，高初速主炮（如"虎"式重型坦克）可以保持整体平直的弹道，炮弹有下坠轨迹但不明显；而低初速主炮（如 M7 自行火炮）很快就会呈现下坠的曲线，即明显的抛物线。

M7 主要使用榴弹，炮弹弹道下坠明显。尤其是进行高角度射击时，可以达到更大的射程，同时炮弹飞行轨迹呈大弧度曲线，因此也被称为曲射火力。

M7"曲射"弹道

"虎"式"直射"弹道

单薄的装甲

M7 自行火炮的战斗室,其四个方向的装甲都比较单薄。

弹药架

最早生产的"牧师"只有 24 发备用炮弹,但这样的弹药量很快就会消耗完,于是工程师们在战斗室的装甲上增加了额外的存储空间 (可放置 13 发),另外地板上也可放 33 发。

M7 自行火炮的衍生型号

△ "司事"自行火炮

"司事"自行火炮是一款特殊的"牧师"。起初,因英国军队在战争中使用的各种口径炮弹与美制 M7 的 105 毫米主炮并不兼容,英国方面便提出,希望美国另开发一款可安装英制 25 磅(87.6 毫米)榴弹炮的"牧师"。基于此项要求,美国开发出了 T51 自行火炮。然而 T51 并不成功,反而是加拿大开发的"司事"获得了认可。

"司事"在外观上与"牧师"大体相似,区别在于火炮炮口形状不同,以及无高射机枪操作台。值得一提的是,"司事"采用了"公羊"和"灰熊"1 巡洋坦克的车体,而后两者与美制 M3 和 M4 中型坦克存在密切联系。

△ 配置有 M8 装甲弹药拖车的 M7 自行火炮

▷ "袋鼠"装甲运兵车

由 M7 自行火炮改造而成的"袋鼠"装甲运兵车,其主炮已被拆除。

STURMGESCHÜTZ III

三号突击炮

三号突击炮（StuG III）是二战时期德军使用的一种既能为己方步兵提供近距离火力支援，也能在远距离上摧毁敌方装甲目标的机动式火炮平台。它同时实现了增强步兵近距离支援火力的机动性、以较低成本（无炮塔设计）为车辆安装大口径主炮、延长老旧型号坦克车体的使用寿命等目标，并且在支援步兵、反装甲两大方面都表现突出，因此得到了敌我双方的肯定：德方总共生产上万辆三号突击炮，并将其广泛投入西欧、苏联、北非等战场；苏联也根据这种德制突击炮，设计出了 SU-122 自行火炮等功能类似的车辆。

关于本节内容的说明：尽管从明确的定义上讲，三号突击炮并不属于坦克。但该车是基于坦克车体研制而成，能够作为坦克歼击车服役，在战斗中歼灭了敌方大量的装甲作战车辆，对德军的装甲作战起到了重要作用。到战争后期，该车甚至在很大程度上填补了德军坦克的不足。另外，该车也促使苏联等国的坦克设计师调整、优化本国坦克的设计。因此，三号突击炮不仅直接参与了装甲作战，甚至在一定程度上被用作坦克，还对坦克、装甲车辆的技术发展产生了重要影响。

基于以上原因，本节在附录中整理了该节内容，请读者注意甄别。

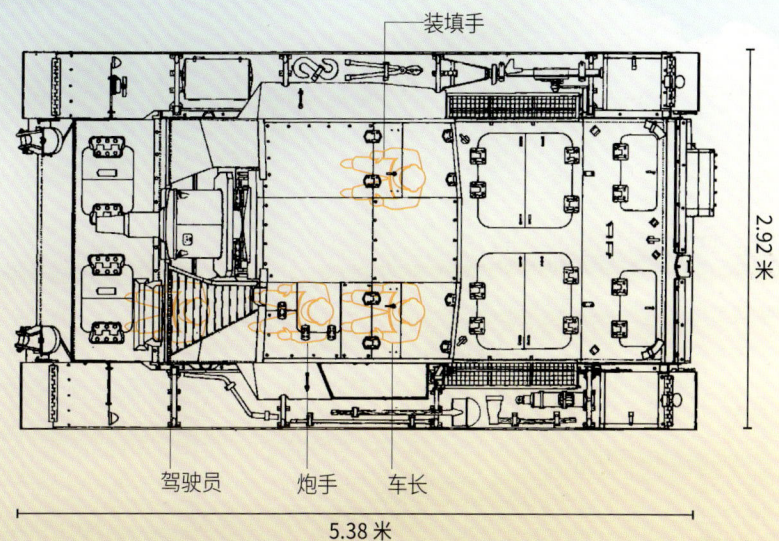

装填手

驾驶员　炮手　车长

2.92 米

5.38 米

三号突击炮 A 型与 G 型性能对比

	三号突击炮 A 型	三号突击炮 G 型
正式生产时间	1940 年	1942 年
战斗全重	19.6 吨	23.9 吨
车体尺寸	5.38 米 ×2.92 米 ×1.95 米	6.77 米 ×2.95 米 ×2.16 米
乘员数量	4 人	4 人
主武器	75 毫米 StuK 37 型火炮	75 毫米 StuK 40 型火炮
火炮倍径	24 倍	48 倍
副武器	无	1～2 挺 7.92 毫米 MG 34 型机枪
发动机型号	迈巴赫 HL 120 TR 型汽油发动机	迈巴赫 HL 120 TRM 型汽油发动机
发动机功率	300 马力	300 马力
功重比	15.3 马力／吨	12.6 马力／吨
最大速度（公路）	40 千米／小时	40 千米／小时
最大行程（公路）	160 千米	155 千米
装甲厚度	车体前／侧／后／顶部：50 毫米 /30 毫米 /30 毫米 /19 毫米	车体前／侧／后／顶部：80 毫米 /30 毫米 /50 毫米 /19 毫米

STURMGESCHÜTZ III

三号突击炮结构一览

01. 转向制动器检查舱口
02. 75 毫米主炮
03. 上层建筑的装甲
04. 炮盾
05. 炮架
06. 火炮方向机齿弧
07. 炮闩
08. 射击瞄准具
09. 火炮防危板
10. 废弃弹壳存储袋
11. 用于安装潜望镜的折叠支架
12. 装填手位
13. 信号枪使用的弹药
14. 供车长使用的潜望镜

15. 战斗室后部炮弹存放处(12 发)
16. 装填手用舱口
17. 从空气过滤器到化油器的风道
18. 燃油滤清器
19. 车体右侧进气口
20. 主油箱
21. 化油器
22. 车体左侧电机检查舱口
23. 发动机
24. 右侧散热器
25. 备用负重轮
26. 车体后部右侧检查舱口
27. 左侧散热器
28. 左侧检查舱口

29. 诱导轮
30. 车体左侧进气口
31. 蓄电池
32. 负重轮
33. 悬挂缓冲装置
34. 悬挂摆臂
35. 传动轴通道
36. 炮手位
37. 火炮高低机手轮
38. 火炮方向机手轮
39. 变速箱
40. 驾驶员位

41. 换挡器
42. 转向杆
43. 仪表盘 (大表盘是转速表)
44. 主传动装置
45. 主动轮
46. 检查转向制动器以及驾驶员使用的逃生舱口

△三号突击炮内舱布局。

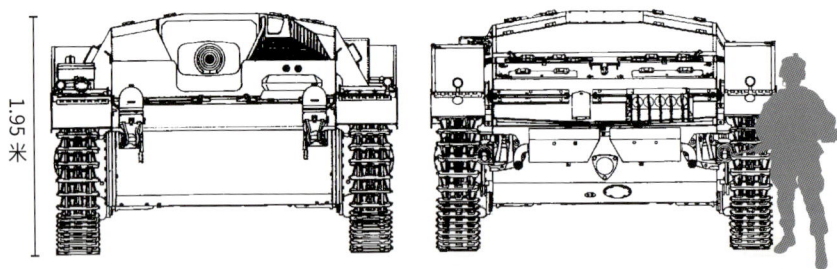

1.95 米

△三号突击炮前后视图。

三号突击炮将火炮直接安装在坦克底盘上，而不是采用传统的炮塔设计，这使得整体更加低矮、稳定，适合在城市环境进行战斗，同时减少了生产成本和复杂性，使之成为一种经济实惠且在战场上非常实用的武器。

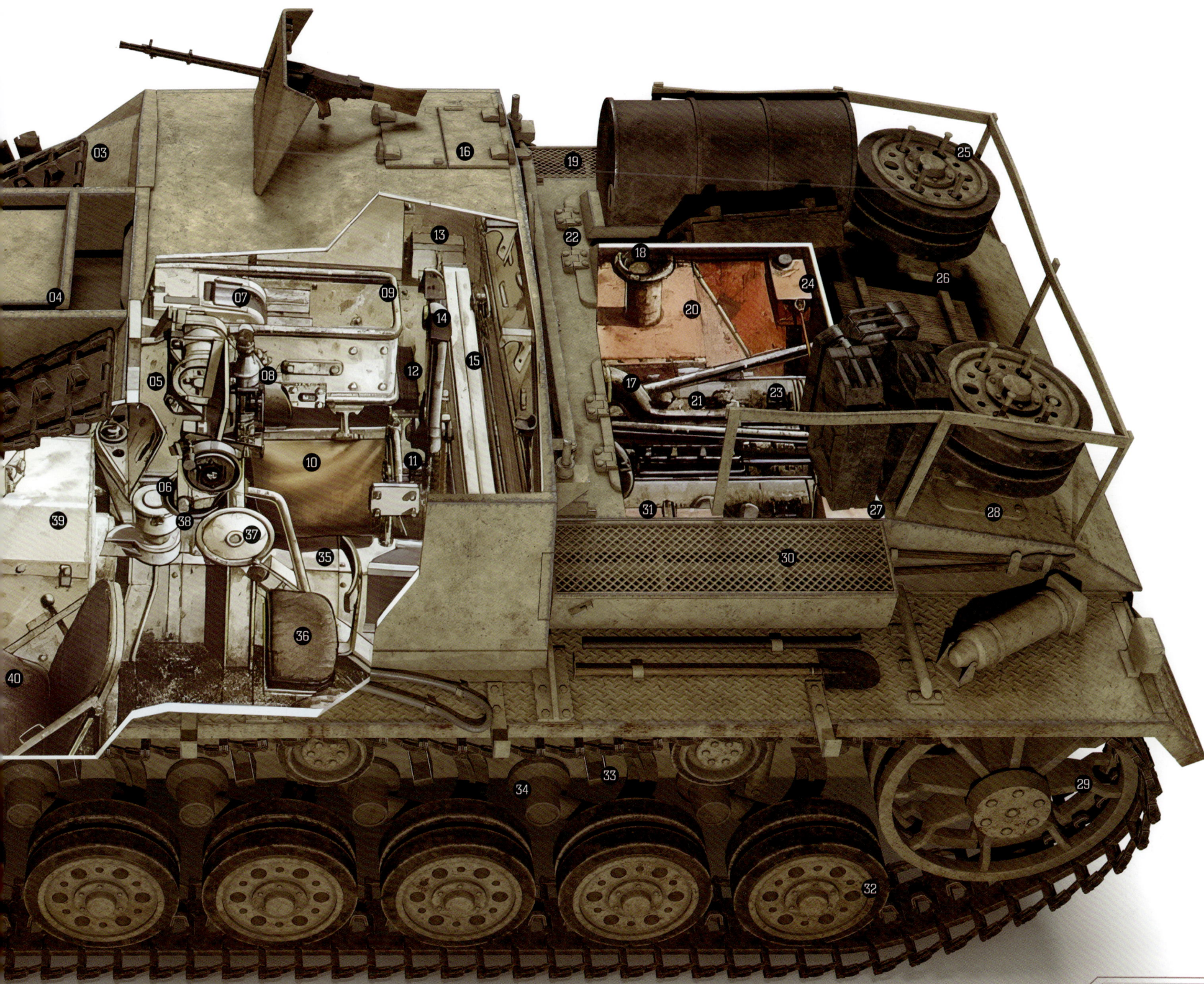

三号突击炮、StuH 42突击炮的不同主炮

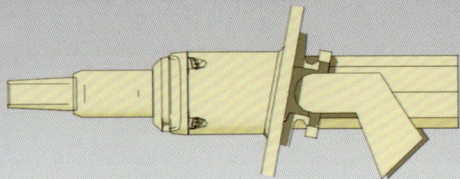

StuK 37型75毫米主炮

该炮整体短粗,无炮口制退器,装备的车辆型号包括三号突击炮原型车到E型。该炮与KwK 37型坦克炮(装备四号中型坦克)基于相同的设计基础,但(前两者)只是炮身相同,其他部位有所区别。

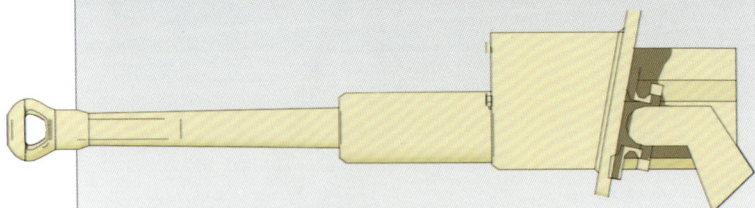

StuK 40型75毫米主炮

该炮整体细长,带有炮口制退器(48倍径版本和43倍径版本皆是如此,但前者更长;另外,本图展示的火炮是单气室制退器版本,属于应急产品)。它所装备的车辆型号包括三号突击炮F型、G型。

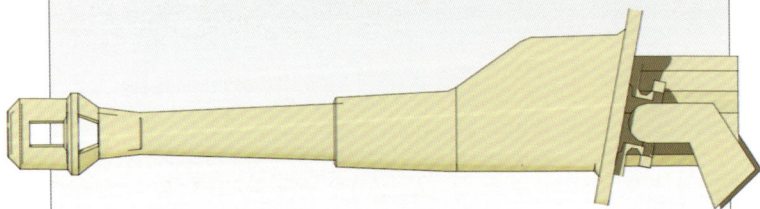

10.5厘米 Stu.H 42 (L/28)型火炮

该炮是leFH 18型105毫米榴弹炮的一种变体,相较StuK 37更长,因口径明显增加,该炮的炮管也显得比StuK 40更粗。这种火炮带有炮口制退器(后期生产版本时常取消该设计,值得一提的是,在此情况下发射强装药弹,车体也会受损),它用于装备StuH 42突击炮。

射击瞄准具

火炮防危板

火炮高低机手轮

炮手位置

炮架

△三号突击炮火炮布局。

StuK 40型75毫米炮

备弹54发,可发射穿甲弹、榴弹。

三号突击炮使用的炮弹

三号突击炮(安装StuK 40型火炮)使用的几种炮弹,从左到右分别为PzGr 39被帽风帽穿甲弹、PzGr 40高速穿甲弹、SprGr 34榴弹。

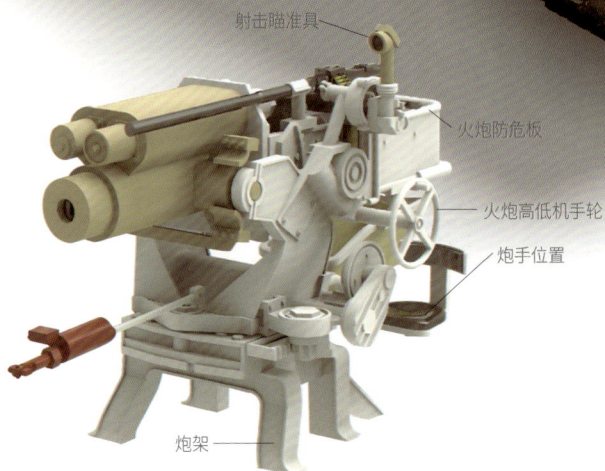

火力

三号突击炮先后安装过三种不同倍径的75毫米主炮，包括 StuK 37（短管，倍径为24）和 StuK 40（长管，倍径为43或48）。安装 StuK 37 的三号突击炮主要履行支援步兵的职能，也就是"具有自行推进能力的步兵炮"；换装 StuK 40 后，该车扮演的角色转变为坦克歼击车，对抗敌方步兵或野战工事的能力也有所降低。

值得一提的是，德军后来在三号突击炮的基础上，专门开发了一种 StuH 42 突击炮。这种突击炮安装一门105毫米榴弹炮，回归了支援步兵作战的职能。

三号突击炮在很长一段时间内都没有设置副武器，直到1942年部分型号（大致从 E 型开始）才为装填手配置了一挺 MG 34 型7.92毫米机枪。

MG 34 型 7.92 毫米机枪

三号突击炮的副武器为一挺带有护盾的 MG 34 型 7.92 毫米通用机枪，备弹 600 发，最大射程达 4700 米。
此外，从 1944 年 6 月起，三号突击炮还增设了一挺 MG 34 型并列机枪。

机动

　　机动方面，三号突击炮尽管没有什么突出特点，但从功能需求角度来说，其性能足矣——从本质上讲，该车就是一种结合了支援步兵用的火炮与三号中型坦克的机动式火力平台，只要能伴随步兵作战，能提供及时、准确的炮火支援即可。

　　此外，由于其车体来自三号中型坦克，所以三号突击炮安装 StuK 40 型火炮后执行反坦克任务，其机动性能也能满足使用需求。

发动机

主传动装置

主传动轮

传动轴承

△三号突击炮动力系统。

防护

由于需要在近距离上支援己方步兵，三号突击炮优先强化了车体正面的装甲防护，并在后期型号上继续加强这一点（从50毫米增厚至80毫米）。除此之外，该车采用封闭式战斗室设计，以免炮弹碎片、手榴弹等对乘员造成伤害。

由于没有旋转炮塔，三号突击炮的炮手需要调整整个车体以对准目标，过程中所面对的风险也更高。所以，三号突击炮在设计之初就强调了隐蔽性能，包括车辆高度受严格限制。低矮的车身有利于减少被发现的概率和中弹面积，也更方便布置伪装，从而提升车辆的生存率。更别提它还时常作为坦克歼击车，对装甲目标实施伏击，也对隐蔽性有不低的要求。

精简的车体

三号突击炮的结构简单，机动性较好，有一定防护力，车身低矮不易被击中，而且造价低廉，只有四号坦克的一半左右。

三号突击炮各型号及其变型

三号突击炮原型车

仅生产5辆，用于训练。

◁ 三号突击炮 A 型

在三号突击炮各型号中首次参战，即1940年法国战役。车体正面装甲增厚至50毫米。

◁ 三号突击炮 B 型

履带加宽，变速箱由10速改为6速，点火和润滑系统也有所改良等。

三号突击炮 C 型

战斗室前部布局有所优化，包括取消直瞄瞄准镜及正对战斗室正面的开口。

▷ 三号突击炮 D 型

增设了车载对讲机等设备。

CHAPTER 03
冷战期间的坦克

COLD

WAR

不同于两次世界大战，冷战的持续时间更长，但没有爆发过大规模热战争。尽管如此，两大阵营的军备竞赛和若干局部战争，仍然促进了坦克及其他车辆的发展。

具体来讲，传统的以重量作为划分标准的轻型／中型／重型坦克，逐渐被性能均衡的主战坦克取代，比如 T-64、T-72、M1、"挑战者"1 等。主战坦克已逐渐成为各军事强国陆军装备的主要坦克类别。

一些国家还根据自身情况，开发出了颇具特色的型号，比如采用摇摆炮塔设计、强调机动和火力性能而放弃装甲防护的 AMX 13 轻型坦克；以反坦克导弹为主要武器、专门猎杀敌装甲目标的 IT-1 导弹坦克；主战坦克中，"豹"1 忽视防护性能，Strv 103 则没有设置炮塔。

值得注意的是，冷战期间，苏联和美国分别开发了 PT-76 水陆坦克和 M551 空降坦克。这说明一些国家对传统装甲战之外的作战形式给予了相当的重视：水陆坦克和空降坦克在正面对抗中远不如主战坦克，但能在特定条件下起到出奇制胜的作用。

T-72

MAIN BATTLE TANK
T-72 主战坦克

T-72 主战坦克外形低矮，制造和维护成本低廉，于 20 世纪 70 年代列装苏联军队，并常年与 T-64 主战坦克高低搭配。

关于型号，比如 T-72 "乌拉尔"（Ural）指该坦克的初始生产型号，而 T-72A、T-72B 是两大改进型号；T-72M 为出口型号；"K"表示一种用途，意为"指挥"（Komandirskiy），如 T-72AK 是基于 T-72A 生产的指挥坦克。

T-72 数据简表

国别	苏联
定型生产时间	1973 年
产量	至少 25000 辆
重量	41～46 吨（受型号和装甲配置影响）
乘员数量	3 人
主要武器	125 毫米 2A26/2A46 滑膛炮
装甲类型（除均质钢装甲）	复合装甲 爆炸反应装甲
副武器	12.7 毫米高射机枪 7.62 毫米并列机枪
全车尺寸（以 T-72A 为例）	7.05 米（含炮管为9.73 米）×3.89 米 ×2.73 米（含车顶高射机枪）

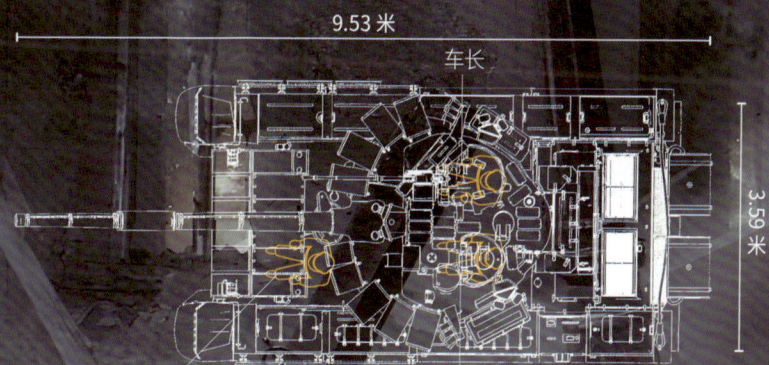

9.53 米

车长

3.59 米

驾驶员   炮手

2.23 米

6.95 米

115

PT-76

AMPHIBIOUS LIGHT TANK
PT-76 水陆轻型坦克

PT-76 是苏联在冷战时期研发的一种两栖轻型坦克。它可以不借助其他辅助手段，直接浮渡通过水域，主要用于对付敌方侦察部队和轻型装甲目标。PT-76 坦克于 1952 年开始服役，广泛应用于苏联及其盟友国家，直到苏联解体后逐渐淡出现役。

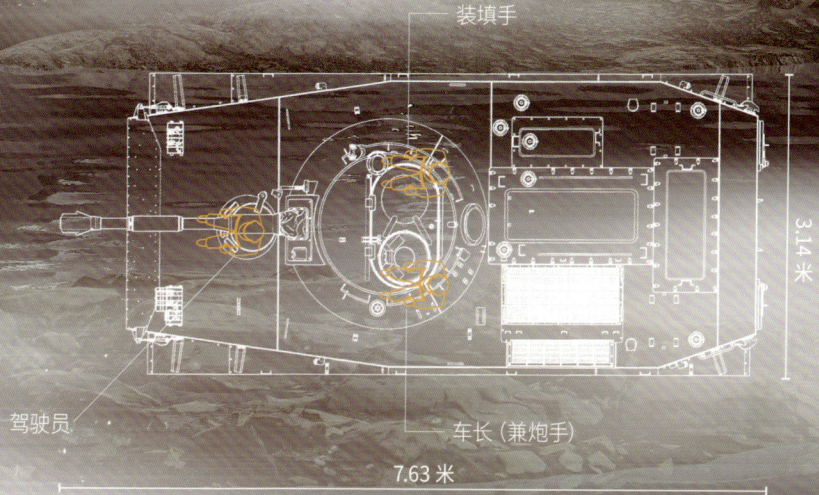

装填手

车长（兼炮手）

驾驶员

3.14 米

7.63 米

PT-76 坦克与 PT-76B 坦克性能对比

	PT-76	PT-76B
服役时间	1952 年	1958 年
乘员数量	3 人	
战斗全重	14.2 吨	14.6 吨
全车尺寸	7.63 米（含火炮）×3.14 米 ×2.33 米	7.63 米（含火炮）×3.14 米 ×2.26 米
主要武器	D-56T 型 76.2 毫米线膛炮	D-56TS 型 76.2 毫米线膛炮
副武器	7.62 毫米 SGMT 或 PKT 并列机枪	
发动机功率	240 马力	
最大速度	44 千米 / 小时（陆上）；10.2 千米 / 小时（水上）	
最大行程（陆上）	400 千米	480 千米
最大行程（水上）	100 千米	120 千米

PT-76 AMPHIBIOUS LIGHT

PT-76内部结构一览

01. 后部尾灯
02. 左侧喷水推进器桶体
03. 主动轮
04. 终传动
05. 排气管
06. 变速箱
07. 引射式散热外壳
08. 发动机散热器
09. 润滑油散热器
10. 冷却水散热器
11. 发动机进水保护机构阀体
12. 发动机
13. 加热器
14. 油箱
15. 空气滤清器
16. 车长位
17. 战斗室地板
18. 电气滑环
19. 76.2 毫米主炮弹药
20. 驾驶员位
21. 电池
22. 防浪板
23. 右前车灯
24. MK-4 型潜望镜
25. 炮塔舱盖
26. 防水布
27. 通风风扇

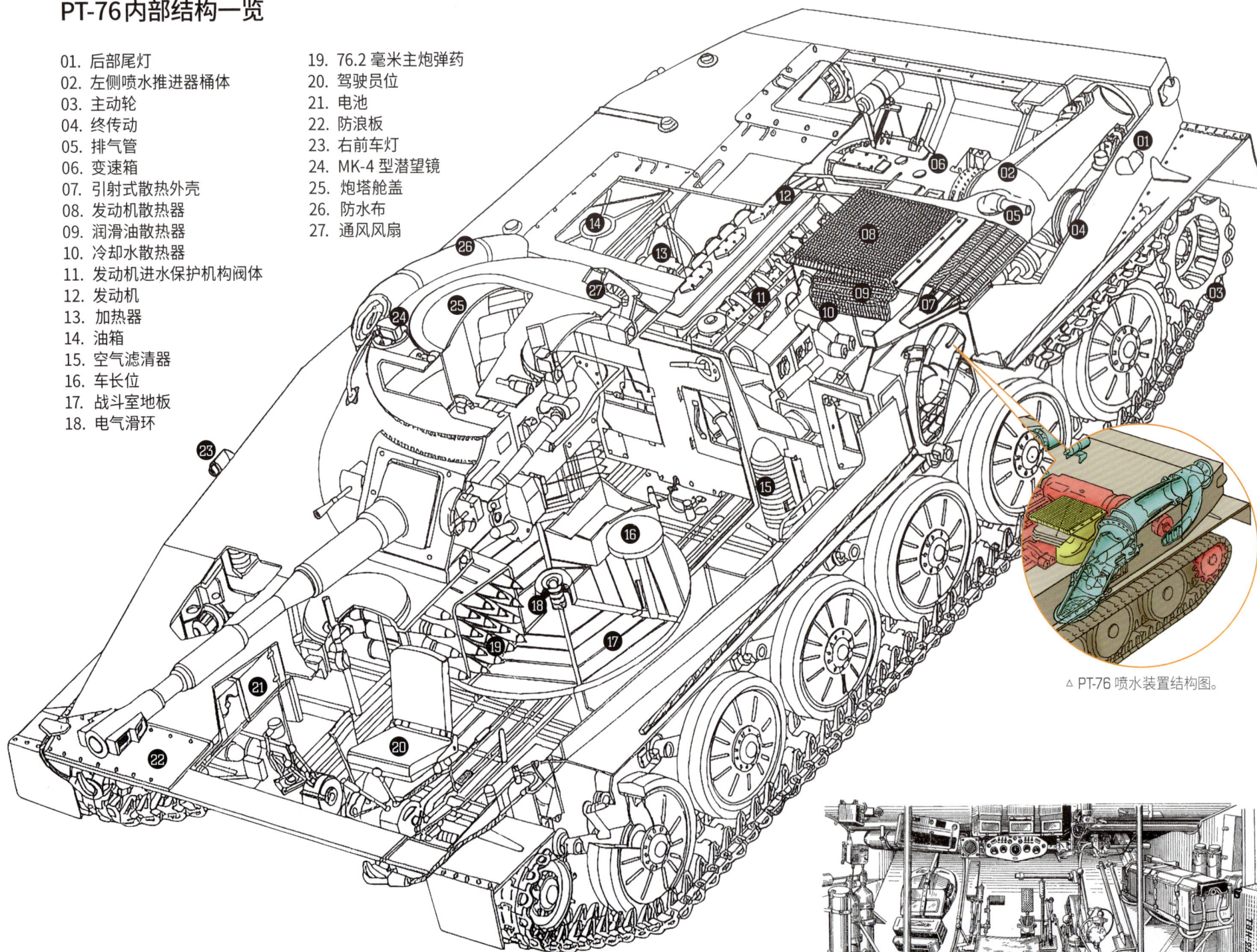

△ PT-76 喷水装置结构图。

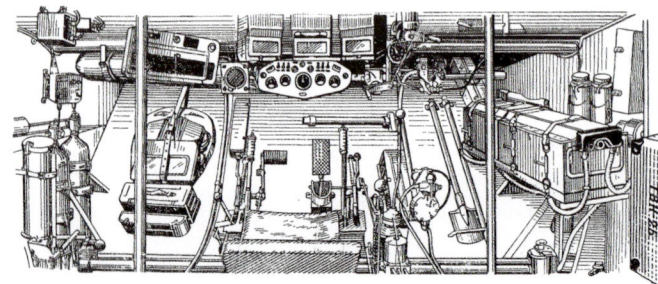

△ PT-76 操作台布局图。

ANK

PT-76

6.91 米

T-54

6.45 米

PT-76

2.33 米

3.14 米

T-54

2.4 米

3.27 米

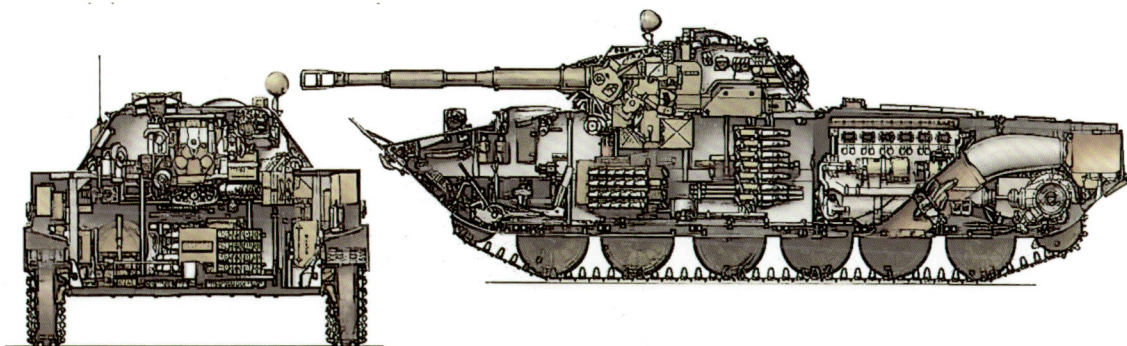

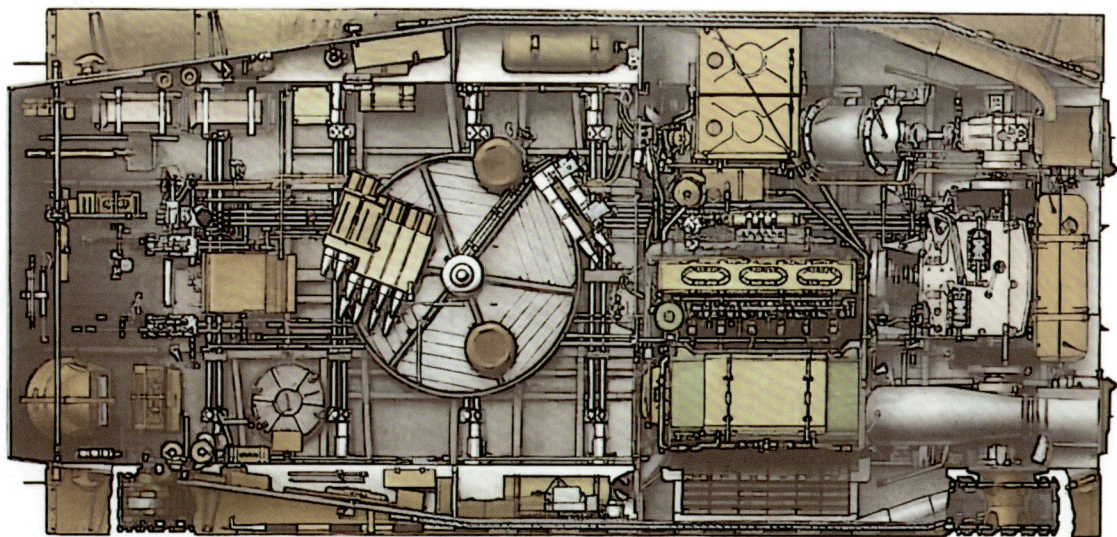

△ PT-76 内部结构剖面图。

PT-76坦克的船型车体设计

冷战时期，苏联军队对于渡河作战的需求很高，特别是在迅速穿越河流或沼泽地带时。但传统的重型坦克通常需要使用渡河设备或通过桥梁，这既浪费时间，又有将部队暴露在敌方火力下的风险。

PT-76的船型车体设计有效地解决了这个问题，它使得坦克能够快速地渡过浅水区，而无需搭桥或借助其他渡河设备，增强了其机动性和作战灵活性，使得坦克部队能够更快速地展开进攻或撤离。

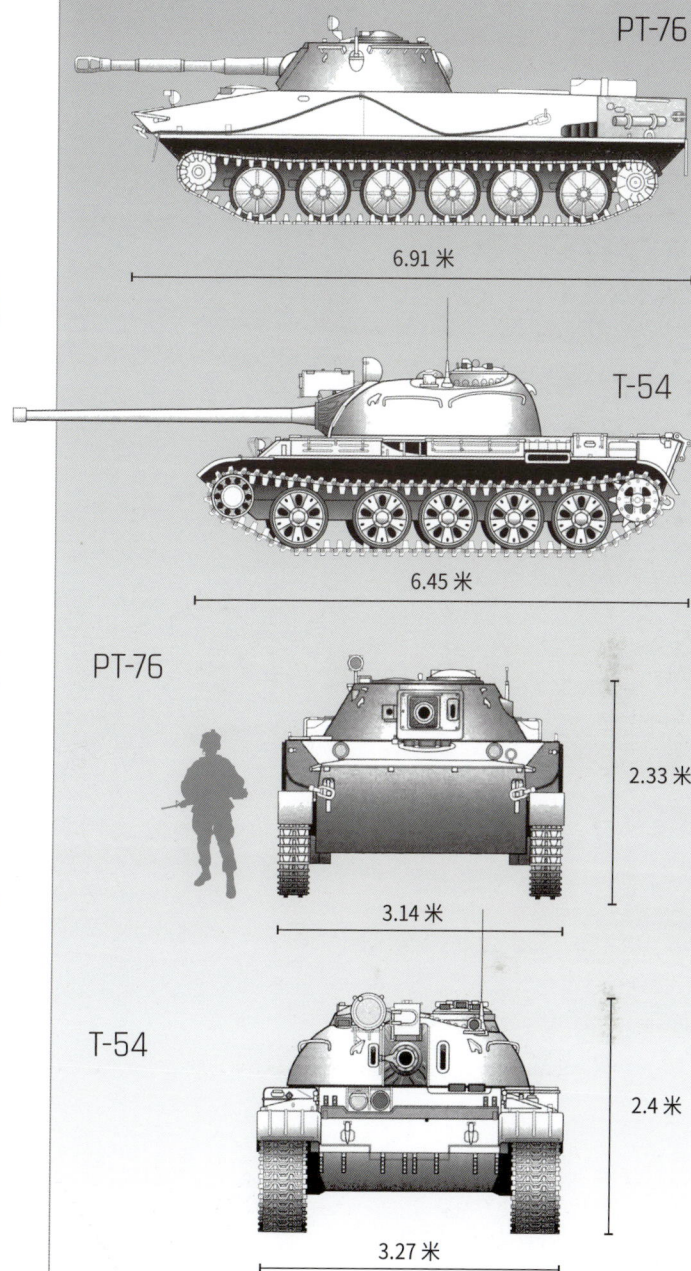

T-54与PT-76尺寸对比

PT-76与研发时间相近的 T-54坦克，两车整体尺寸（长度均不含火炮，高度均不含高射机枪）相近，但 T-54的战斗全重（36吨）是 PT-76（14.2吨）的两倍有余。PT-76堪称"虚胖"的车体尺寸有利有弊：虽然有利于水上行驶，但不利于自身防护。

扩展知识

坦克通过水域的不同方式

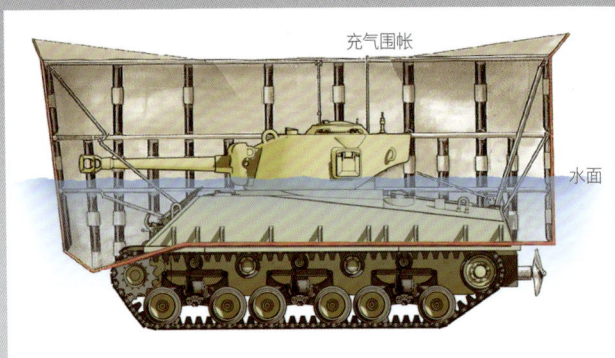

1. 安装围帐 + 浮渡

诺曼底登陆中，西线盟军使用了一种"谢尔曼"DD坦克：该型号在"谢尔曼"中型坦克的基础上，使用可充气围帐，封闭车体四周及炮塔（但车体上方是开放的），并通过车体后部的螺旋桨，实现水上行进。

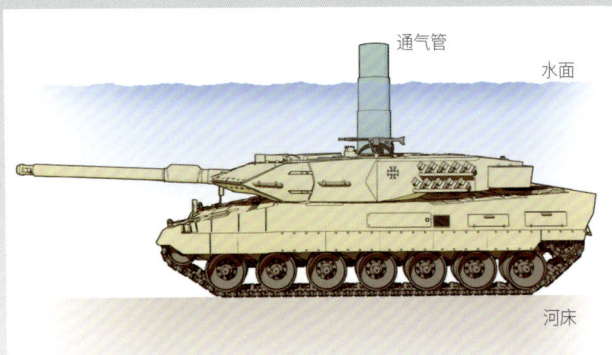

2. 通气管 + 深涉水

现代主战坦克大多拥有深涉水能力，但需要在进入水域之前架设好通气管。图中"豹"2A6主战坦克的通气管位于车长舱盖上方，整根通气管高度约为3米（加上坦克自身高度，总涉水深度大于3米，但不能让水淹没通气管）。

3. 直接浮渡

作为一种真正意义上的水陆坦克，PT-76不需要其他辅助设备，就可以驶入水中，以浮渡的方式通过水域。

火力

PT-76的主要武器是一门76.2毫米的D-56T主炮，配备7.62毫米并列机枪。由于坦克的设计重点在水上机动性上，战斗能力相对较弱，特别是在与重型坦克和强大敌方装甲部队的战斗中表现不佳。

76.2毫米主炮

口径为76.2毫米的D-56T系列线膛炮是PT-76及后续型号的主炮，其最大射程因炮弹类型不同而有所变化（如穿甲弹为3000米，榴弹为4000米），备弹40发，可攻击敌方轻型装甲车辆、人员等目标。

7.62 毫米并列机枪

起初除了主武器, PT-76 仅装备一挺 7.62 毫米 SGMT 并列机枪, 备弹 1000 发, 最大射程为 1500 米。1967 年之后, PT-76 也会安装 PKT 同口径并列机枪, 且备弹数量和最大射程相同。

△ PT-76 炮塔局部特写。

发动机
PT-76坦克采用6缸直列水冷柴油机，最大功率为176千瓦（240马力）。

侧喷水口

主喷水口
车后两个主喷水口往后喷水为车辆提供向前的动力。

机动

PT-76采用装甲钢焊接的浮船式底盘设计，使其能够在没有准备搭桥的情况下通过浅水区，实现水上行驶，具有很好的机动性。由于这种能力，PT-76坦克在陆军渡河作战和沿海地区防卫中发挥了重要作用。

防护

PT-76这种轻型装甲车辆为了向两栖功能让步，其车体不仅被设计成宽大的船型，也无法通过加厚装甲来增强自身防护。早期型PT-76的车体前部上方可免疫20毫米DM43型穿甲弹，下方可免疫12.7毫米M2型穿甲弹；炮塔前半周可免疫12.7毫米M2型穿甲弹，后半周能在超过200米的距离免疫相同弹药。

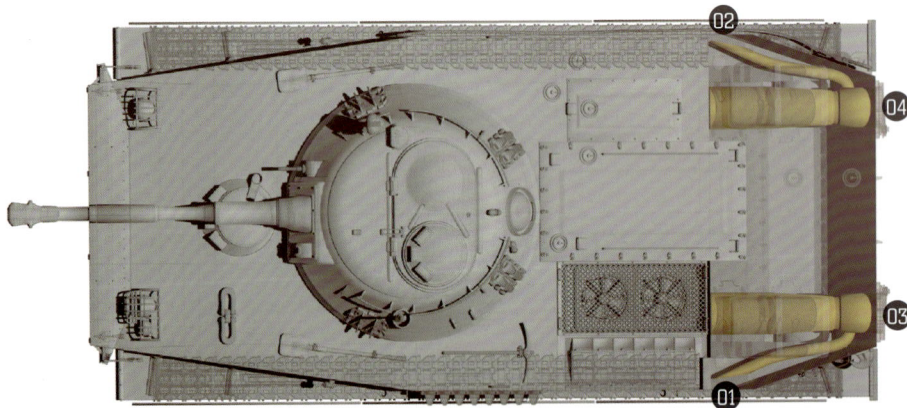

△ PT-76 喷水装置内部结构透视图。

01. 车身左侧喷水口
02. 车身右侧喷水口
03. 主喷水口（左）
04. 主喷水口（右）

扩展知识

PT-76在水中的移动

PT-76依靠位于车体后部的喷水装置和四处喷水口实现水上浮渡。

其中，两个主喷水口为车辆提供向前的动力。需要转向时，如往左转，则左边的主喷水口关闭，车身左侧喷水口开启；反之同理。需要后退时，两个主喷水口同时关闭，车身两侧的喷水口开启，为车辆提供向后的动力。

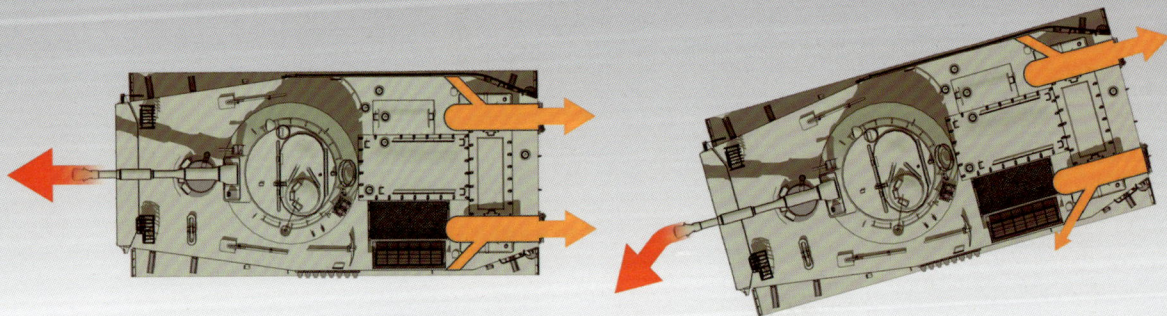

① 前进
关闭两个侧喷水口，两个主喷水口往后喷水为车辆提供向前的动力。

② 左转
关闭左侧主喷水口，开启车身左侧喷水口。

PT-76（初始型号）的装甲布置情况如下：

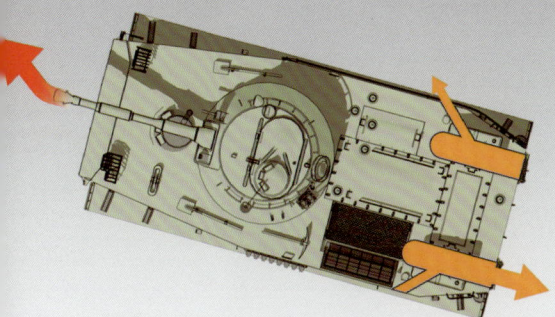

车体前部
（上方 10/80°；下方
13/45°）

炮塔前部
（15/35°）

炮塔侧面
（15/35°）

炮塔顶部
（6/0°）

炮塔后部
（10/35°）

车体顶部
（6/0°）

车体侧面
（上方 13/0°；下方 10/0°）

车体后部
（上方 6/0°；下方 6/45°）

关于图中数据的解释，以 10/80°为例：
10: 均质钢装甲厚度，单位为毫米
80°: 均质钢装甲倾斜角度

③ **右转**
关闭右侧主喷水口，开启车身右侧喷水口。

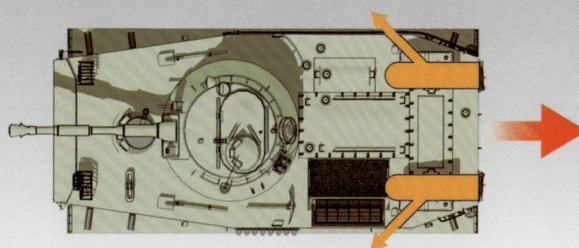

④ **后退**
两个主喷水口同时关闭，车身两侧的喷水口
开启为车辆提供向后的动力。

PT-76的各种变形车

除了一系列不断改良的轻型坦克,设计人员也利用 PT-76 的底盘发展出多种变形车,包括"石喀勒河"自行高炮、2K6"月神"战术火箭炮、914工程(步兵战车)、BTR-50两栖装甲运输车,以及 ASU-85 空降坦克歼击车。

▷ ZSU-23-4"石喀勒河"自行高炮

"石喀勒河"自行高炮是苏联于20世纪60年代研发的一种自行高炮,主武器为4门23毫米口径机炮,备弹2000发,主要为苏军坦克团、摩托化步兵团提供野战防空。

值得注意的是,由于车重增加且拆除了 PT-76 原有的水中推进系统,"石喀勒河"已经不具备浮渡能力。

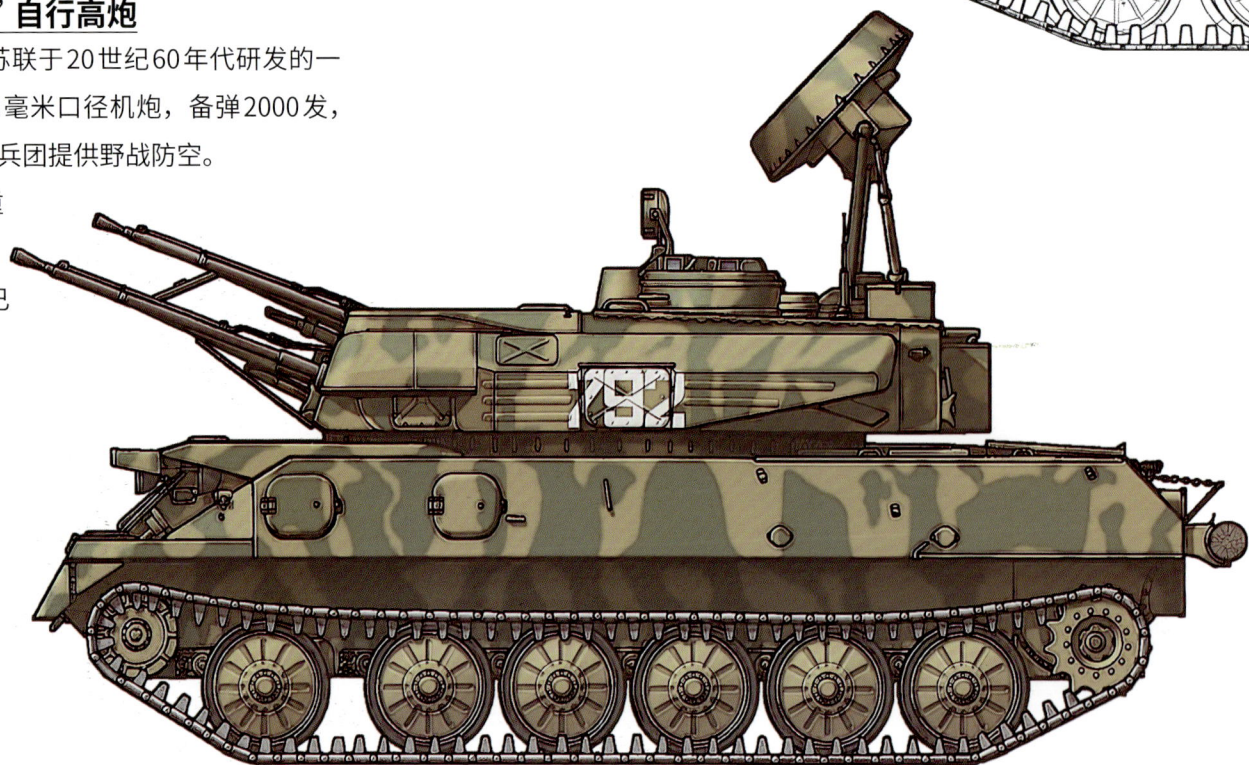

▷ 2K6"月神"战术火箭炮

"月神"战术火箭炮是一种核常兼备的火箭弹发射系统,其中的 SPU 2P16 发射车正是基于 PT-76 车体开发而成。图为发射车。

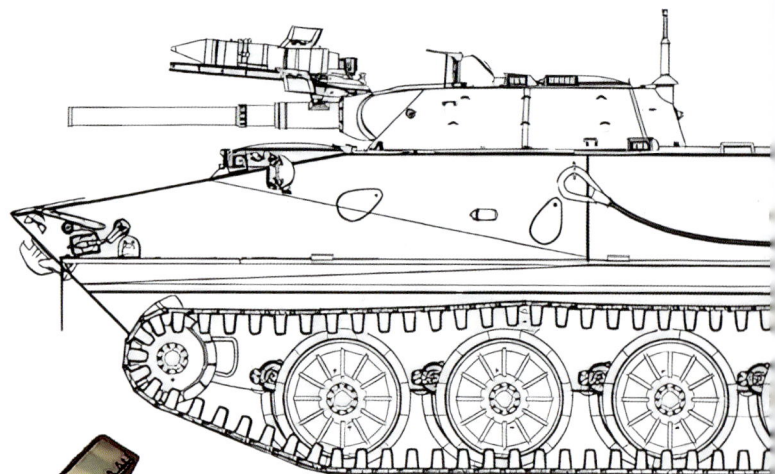

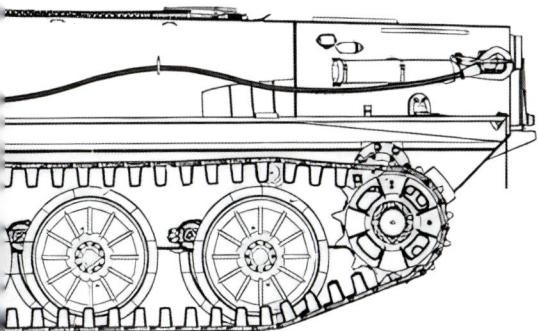

◁ 914工程

914工程是一种基于PT-76车体研制而成的步兵战车，可搭载2名车组乘员和8名步兵，并保留有两栖功能。尽管造出了原型车，但914工程的性能指标不符合要求，没有批量生产及服役。

"非洲小狐"轮式装甲侦察车的侦察设备及升降杆。

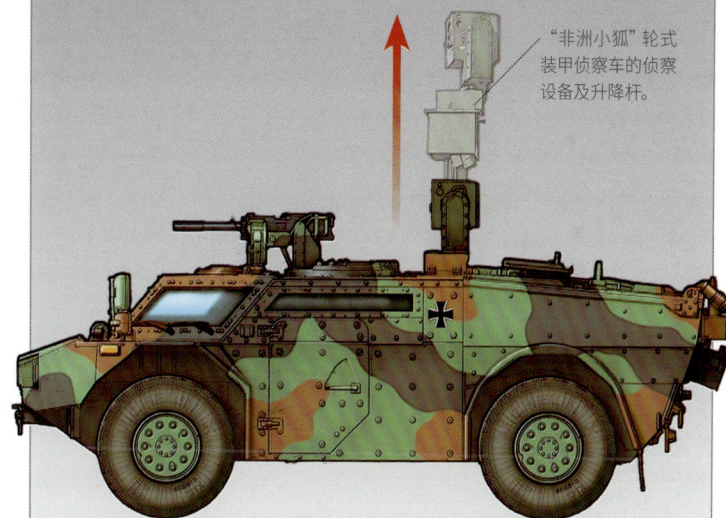

侦察车辆的可伸缩侦察设备

当代侦察车辆大多安装有专门的可伸缩侦察设备，在需要的时候升起设备，以便观察敌情；其他情况下降下设备，以便行驶和减少被发现的概率。

相比之下，PT-76虽然在设计之初就被要求执行侦察任务，但它并没有为此安装什么侦察设备，只能由坦克乘员通过肉眼或自己携带的其他设备观察敌情。

△ ASU-85空降坦克歼击车

ASU-85既可空降，也可空投，是空降部队重要的火力支援平台（但反坦克能力相对有限）。此外，这种空降坦克歼击车并不具备两栖能力。

△ BTR-50两栖装甲运输车

相较914工程这种步兵战车（2个车组乘员+8个步兵），BTR-50两栖装甲运输车能容纳更多人员（2个车组乘员+20个步兵）。与此同时，前者装备有73毫米滑膛炮、7.62毫米并列机枪、反坦克导弹，而后者没有配备武装（一些后续型号也只是搭载7.62毫米或14.5毫米机枪）。

此外，作为一种两栖车辆，BTR-50（在水上行进时）仍然采用喷水推进。

IT-1

MISSILE TANK
IT-1 导弹坦克

苏联在冷战时期研发的 IT-1 导弹坦克，也称火箭坦克，本质上是一种反坦克导弹发射车。它首次将反坦克导弹集成到坦克平台上，成为世界上第一款搭载导弹武器的坦克，大大提升了其对抗重型装甲目标的能力。该坦克基于 T-62 中型坦克的车体研制，曾在 20 世纪 60—70 年代小批量装备苏联军队，后因自身技术不成熟和炮射导弹出现而很快退役。

导弹操作员

3.33 米

SPECIFICATIONS

IT-1 数据简表

国别	苏联
定型生产时间	1968 年
产量	约 220 辆
重量	34.5 吨
乘员数量	3 人
主要武器	180 毫米（弹径）反坦克导弹
装甲厚度	最厚处约 200 毫米
副武器	7.62 毫米 PKT 并列机枪
最大速度	50 千米 / 小时
最大行程	650 千米（含附加油箱）
全车尺寸	6.63 米 ×3.33 米 ×2.2 米

驾驶员

车长

6.63 米

IT-1 MISSILE T

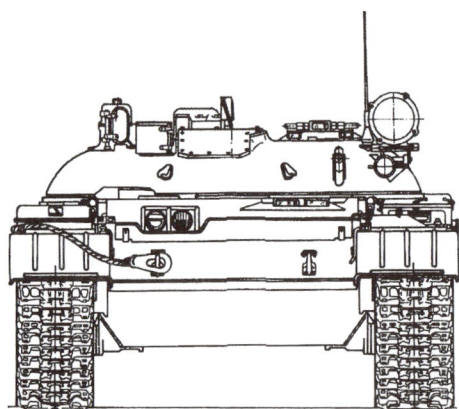

△ IT-1 前视图。

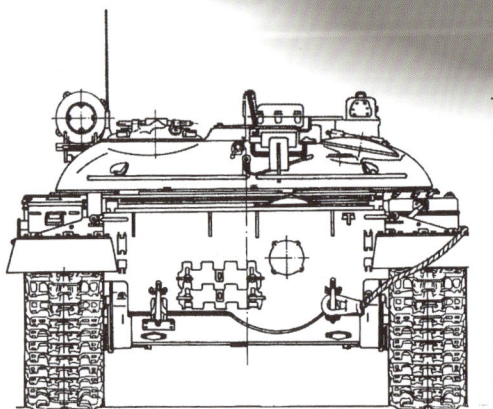

△ IT-1 后视图。

2.2 米

3M7 反坦克导弹

3M7 反坦克导弹为光学跟踪，半自动无线电指令制导，其制导方式同时设计有自动频率转换功能，使该导弹坦克能够在行进中同时发射多枚导弹打击不同的目标。

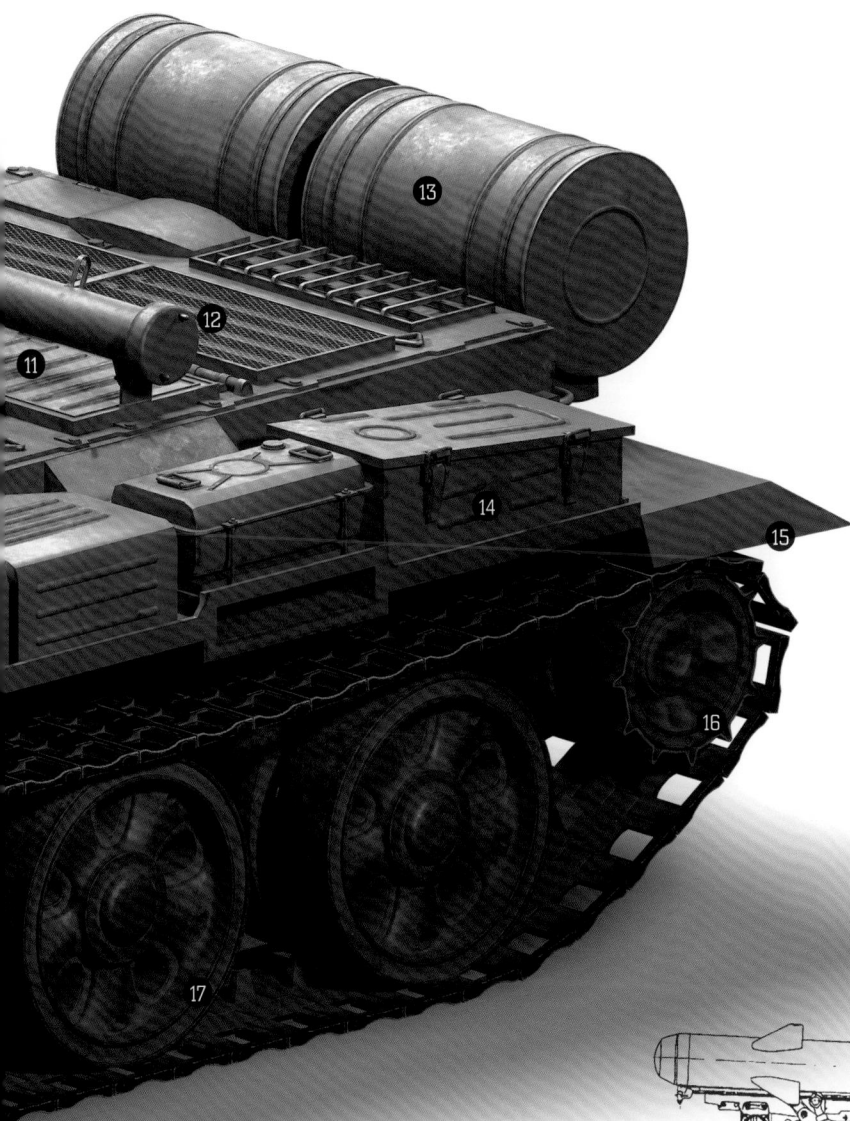

火力

　　IT-1的主要武器是位于炮塔右侧上方的3M7"龙"式反坦克导弹,这是一种光学跟踪、半自动无线电指令制导反坦克导弹系统,这种系统使得IT-1能够发射射程较远、可穿透厚重装甲的导弹,从而有效地打击敌方坦克和装甲目标。

　　除此之外,IT-1炮塔左侧设置有一挺并列机枪。

IT-1结构一览

01. 右翼子板上的长方形附加油箱(共3个,容量均为95升)
02. 驾驶员潜望镜
03. 驾驶员舱盖
04. 并列机枪
05. 观瞄设备
06. 导弹发射器
07. "龙"式反坦克导弹

08. 红外探照大灯
09. 车长潜望镜
10. 车长舱盖
11. 发动机舱
12. 发动机排气格栅
13. 车体后部的桶形附加油箱(共2个)
14. 工具箱

15. 挡泥板
16. 主动轮
17. 负重轮
18. 诱导轮
19. 牵引挂钩

驾乘与操控

乘员组有三人:一名驾驶员,一名导弹操作员和坦克车长。他们各自配备光学潜望镜或指挥瞄准系统。导弹系统位于炮塔中央,储弹箱左侧是车长座位,其座椅前方安装有:周视指挥潜望镜,接线控制盒,炮塔内机枪枪架,潜望镜清洗储液瓶。右侧为导弹操作员座位。

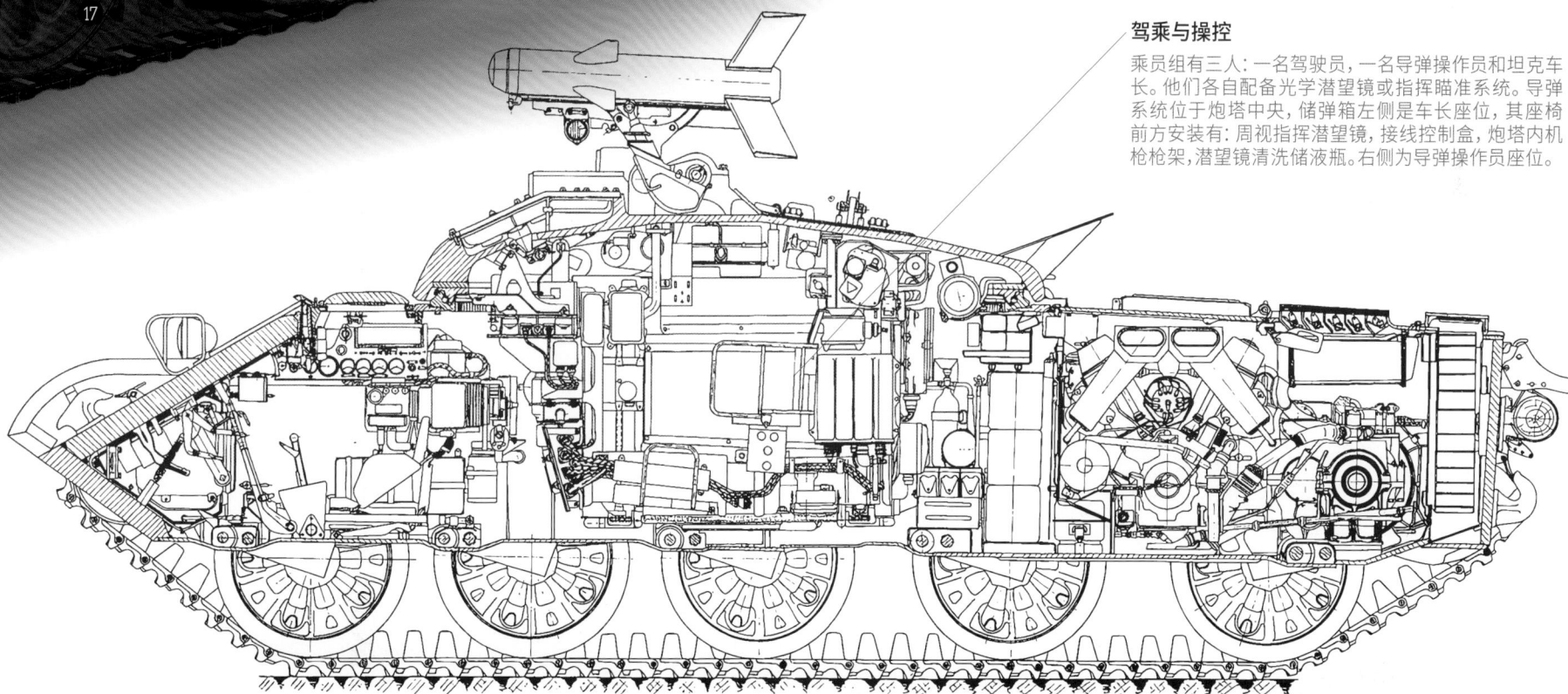

△ IT-1 侧面剖面图。

3M7 "龙"式反坦克导弹作战流程：

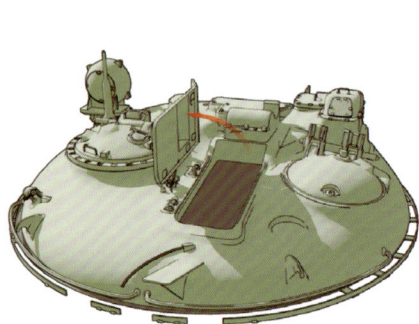

1 待发射
打开储弹舱舱盖，提取导弹。

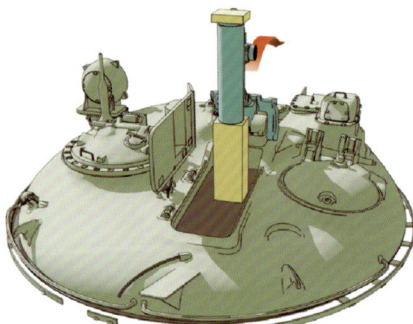

2 导弹提取
发射架上升，此时导弹仍位于储弹箱内。

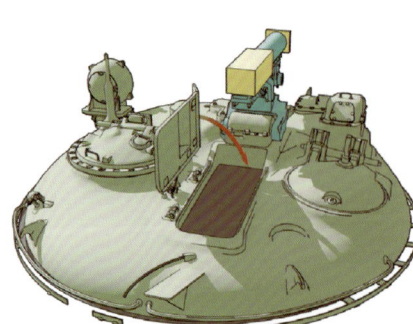

3 准备发射
导弹及储弹箱向前水平放倒，储弹舱舱盖准备关闭。

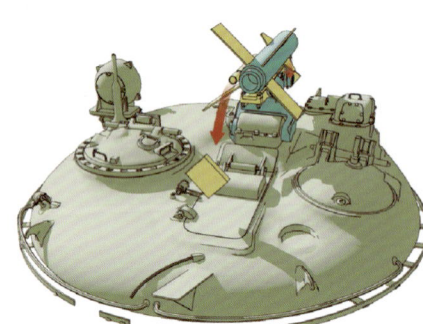

4 发射
储弹箱被抛掉，导弹展开前后弹翼，随后即可发射。

7.62 毫米 PKT 机枪
备弹 2000 发，储存在 8 个机枪弹链盒内。

△ IT-1 导弹坦克顶部视图。

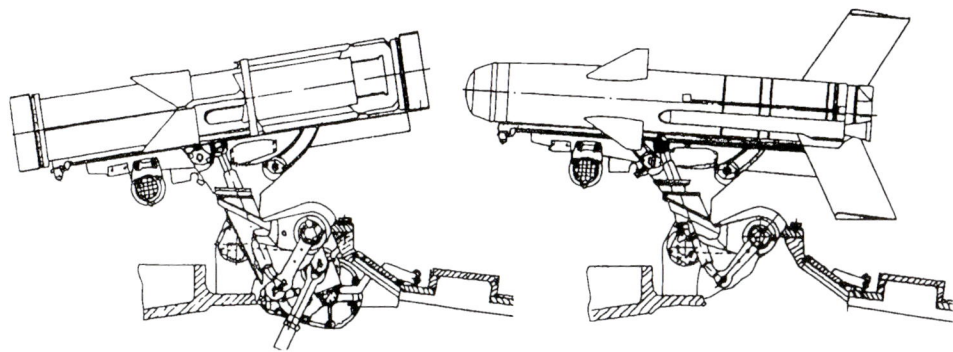

△ 导弹从储弹舱提取状态。　　　　△ 导弹待发射状态。

3M7 "龙" 式反坦克导弹

IT-1 总共携带 15 枚 3M7 "龙" 式反坦克导弹。其中 12 枚位于自动装弹机内，另外 3 枚位于炮塔后部。

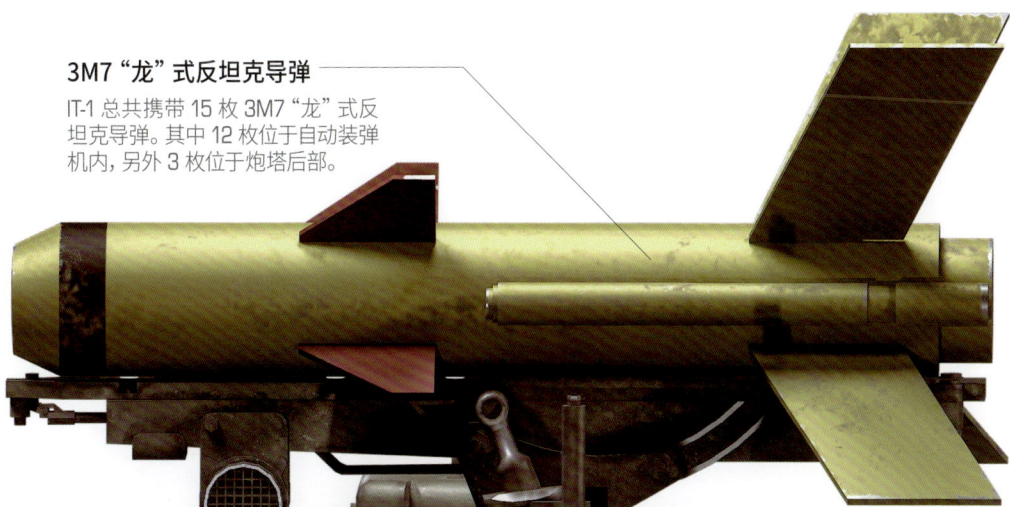

3M7 "龙" 式反坦克导弹系统

　　这是冷战时期苏联研制的一款单兵便携式反坦克导弹，主要用于中距离攻击坦克、步兵战车和其他装甲车辆，也可攻击野战工事等目标。它的聚能战斗部可以击穿以 30 度角安装的 250 毫米厚均质钢装甲板。

　　自动化的长方形导弹储弹箱被固定在能够升降的发射导轨装置上，发射装置将折叠的待发弹从炮塔内提出，并送入炮塔顶部的发射导轨，待发弹自动充电和自检，接着抛掉储弹箱，展开前后弹翼。

3M7 "龙" 式反坦克导弹数据简表

整弹重量	54 千克	作战模式	光学跟踪 + 半自动无线电指令制导
弹头重量	5.8 千克	导弹飞行速度	217 米 / 秒（平均）；224 米 / 秒（最大）
整弹长度	1.24 米	导弹射程	300 ～ 3500 米（昼间）；400 ～ 900 米（夜间）
翼展长度	0.86 米	导弹弹头类型及穿透效果	弹头为破甲弹，能击穿以 30 度倾斜角放置的 250 毫米厚均质钢装甲板
弹径	180 毫米		

△ IT-1 局部特写。

桶形附加油箱

车尾可携带 2 个 200 升容量的桶形附加油箱。使用车体油箱（包括内置主油箱和长方形附加油箱）的最大公路行驶里程达到 470 千米，若是算上桶形附加油箱可达 650 千米。

发动机

动力舱位于车体后部，安装一台 580 马力的 V-55A 柴油机，车体内置的四个主油箱总容量为 675 升。

车体

以 T-62 主战坦克为基础，车体基本无改动，仍为焊接轧制装甲，采用了全新设计的低矮的扁半球形铸造炮塔，无主炮，炮塔为电驱动 + 手动备份。

超压三防系统

为了确保在核条件下仍能够进行战斗，该车配备了超压三防系统，确保战斗室和车体密封并保持正压，可以利用离心增压系统对放射性尘埃和化学生物武器进行净化。使用潜渡设备，可以涉渡 5 米深、700 米长的河流。

炮塔正面装甲
半球形铸造炮塔正面装甲厚度，从120 至 220 毫米不等，其他部位根据受到战场威胁的程度，厚度从 60 至 165 毫米不等。

车体装甲防护
车体为轧制装甲焊接而成，不同部位的装甲厚度也有所不同，但与原型 T-62 坦克基本相同。

机动

由于直接采用 T-62 中型坦克的车体，IT-1 的机动数据与前者大致保持一致，比如（两者都）安装 V-55 型 12 缸 4 冲程水冷柴油机，单位功率为 15.5 马力 / 吨，最大速度为 50 千米 / 小时。

防护

由于采用相同的车体，IT-1 与 T-62 的车体防护性能也是一致的，比如车体前部装甲厚度为 100 毫米，侧面装甲厚度为 80 毫米。但 IT-1 去掉 T-62 原有的炮塔，安装了一座更低矮的炮塔，其正面装甲厚度为 220 毫米，侧面装甲厚度为 165 毫米。

同时代苏联发展的导弹坦克

在"导弹万能论"的影响下，除了IT-1，苏联在上世纪50—60年代还发展过另外三种导弹坦克，即775工程、287工程和757工程。

▷ 287工程

287工程采用432工程的车体研制而成。它没有布置IT-1那样的"炮塔"，而是安装了一个可旋转平台，其上可见两门73毫米2A28型滑膛炮、两挺7.62毫米PKT并列机枪，以及一枚9M15"台风"反坦克导弹。

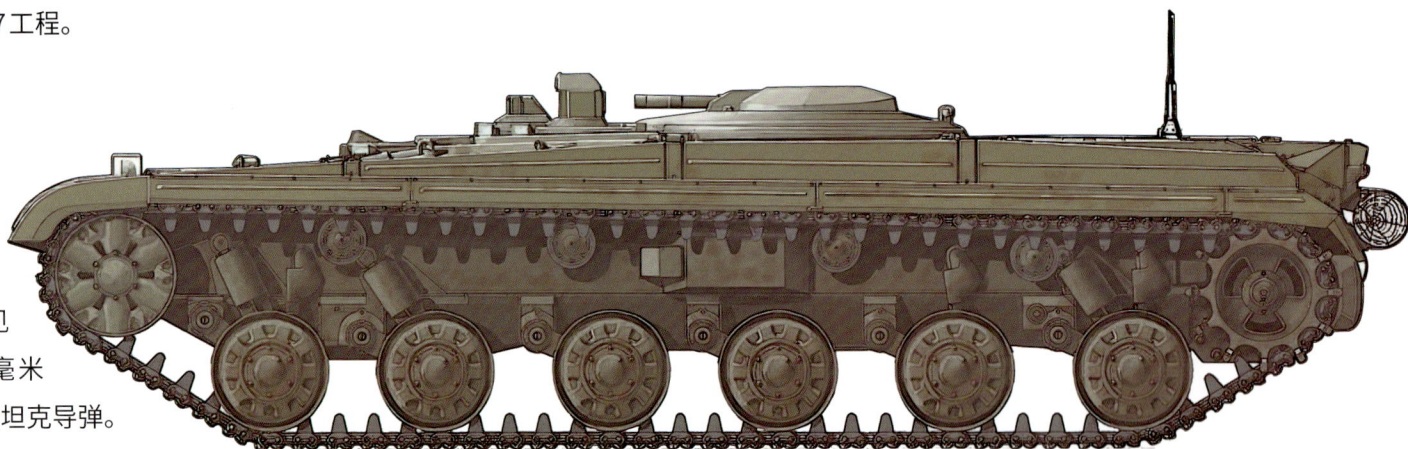

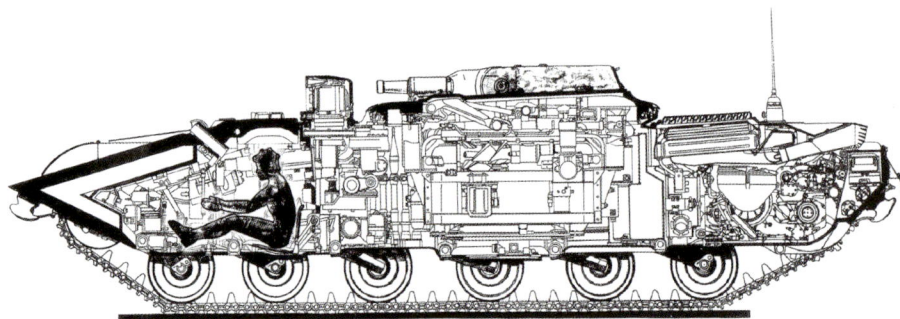

△ 287工程切面图。

扩展知识

反思："过于领先反成荒谬"的IT-1导弹坦克

IT-1并不是常规意义上的坦克，而是一种反坦克导弹发射平台。这种车辆之所以诞生，主要受两大因素推动：

1. "导弹万能论"，或者说这是一种"导弹优于常规炮弹"的说法；

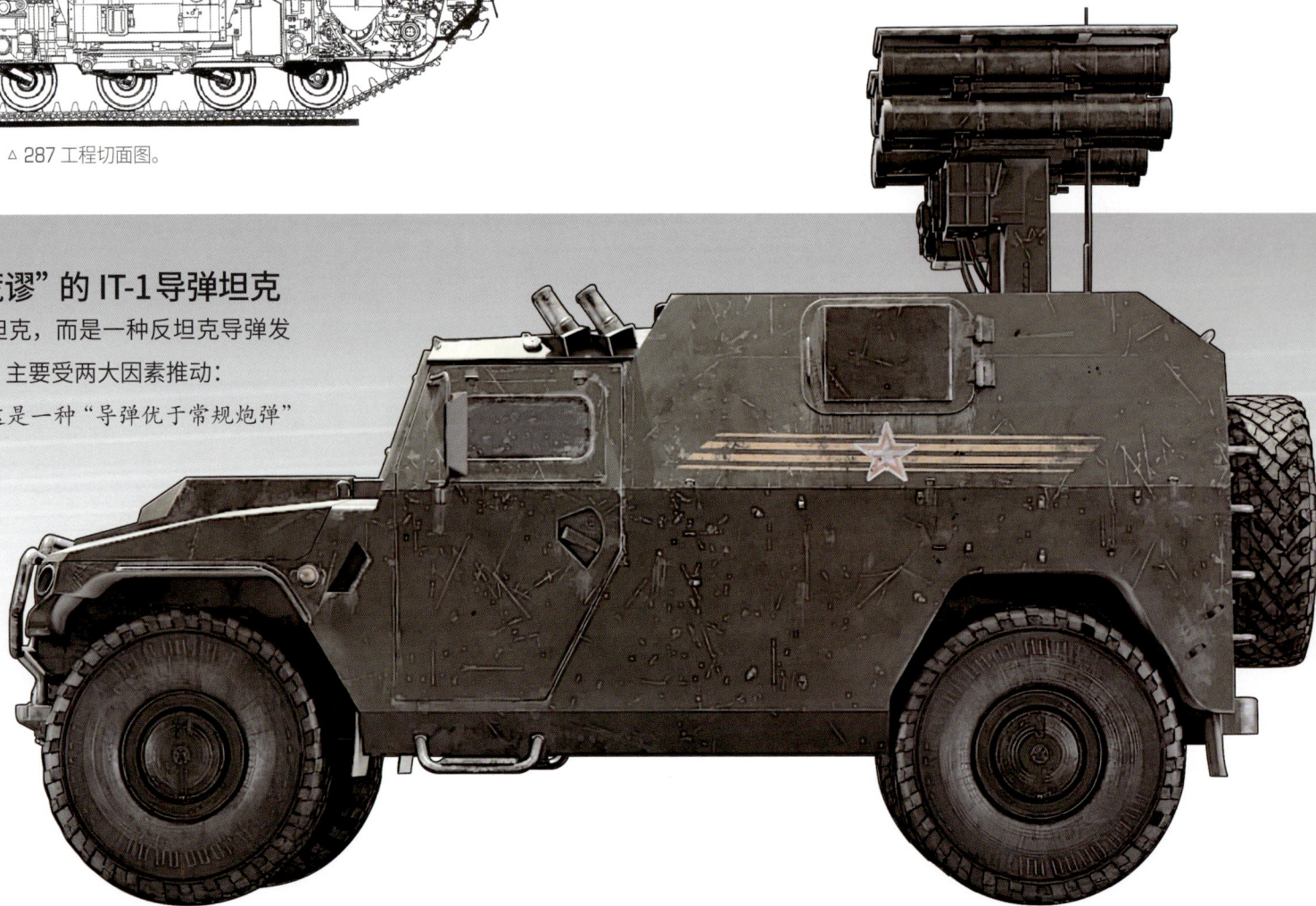

▽ 775工程

775工程外形低矮，仅配置有两名乘员，可通过125毫米线膛炮发射反坦克导弹。

◁ 757工程

757工程的车体来自 T-10M 重型坦克。这种导弹坦克的外观与常规坦克无异，但炮塔更扁平，125毫米火炮也较短。和775工程一样，757工程也是通过炮管发射反坦克导弹。

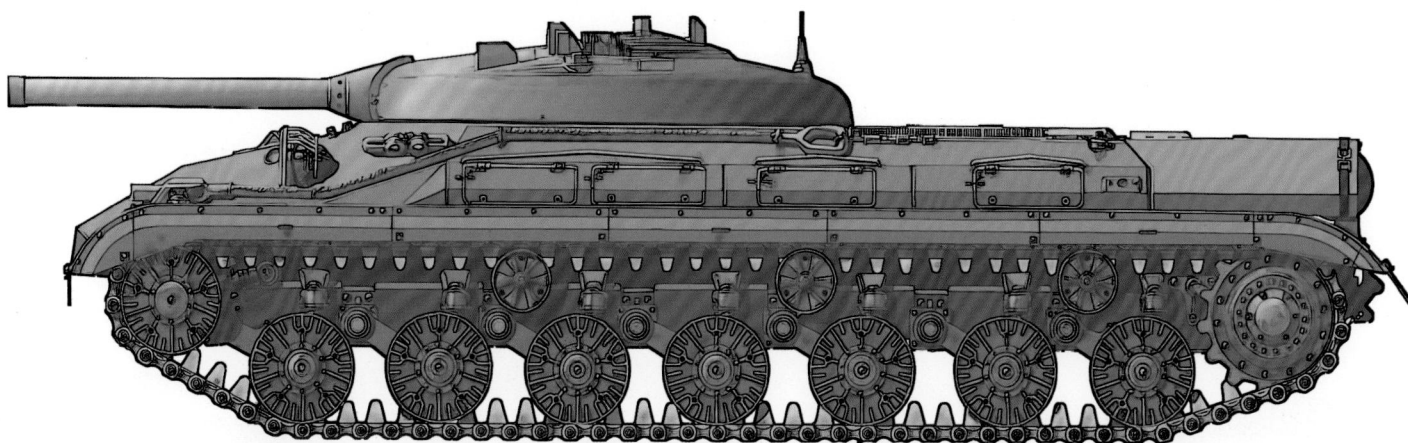

2. 欧美国家推出了新的坦克，苏联现有（常规）坦克的优势地位受到挑战。

然而 IT-1 应运而生，最终却被定义为一种"失败的武器"，这是为什么呢？

从作战理念上讲，IT-1 使用反坦克导弹攻击敌方坦克是可行的，但它却面临着如下诸多窘境：

1. 其装备的导弹性能尚不成熟；

2. 从数量和成本来看，（IT-1的）反坦克导弹相比常规坦克携带的炮弹也不占优势；

3. 其车辆使用、维护比较复杂；

4. 炮射导弹的出现将 IT-1 彻底衬为一种低效高耗的武器装备。

尽管如此，我们也应看到当代军事装备体系中，反坦克导弹发射车存在的合理性：

1. 在远距离上攻击消耗敌军装甲力量，减少己方装甲力量在作战中的损失；

2. 一车多能，导弹既能摧毁敌方坦克，也能攻击低空飞行目标、地面工事等；

3. 可利用老旧车辆改装，减少军事资源浪费。

20世纪60—70年代，反坦克导弹发射车的概念领先于当时的军事科技发展水平，导致难以发挥理想的作用。不过从昔日的 IT-1 到如今各种专门发射反坦克导弹的轮式 / 履带式平台，相关技术不断发展，这一概念到底经受住了历史的考验。

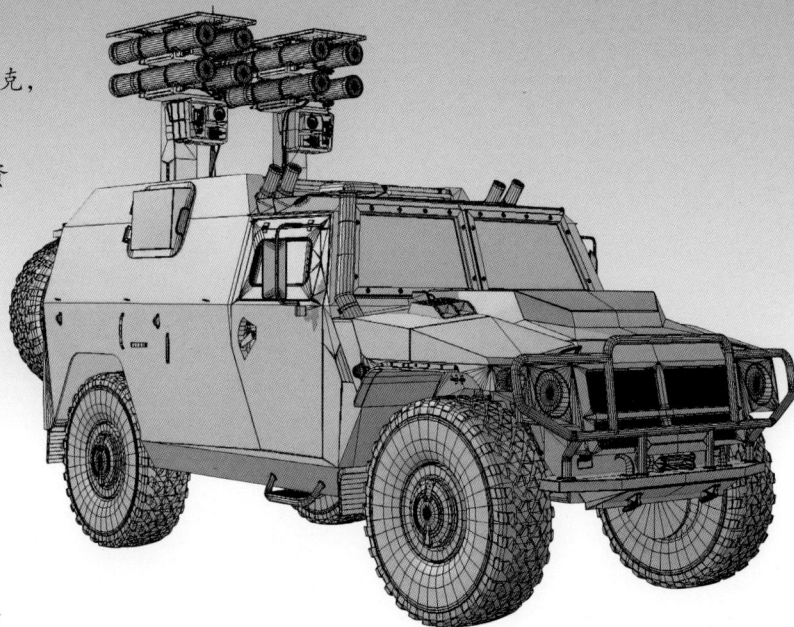

T-64

MAIN BATTLE TANK
T-64 主战坦克

T-64 是世界上首款第三代主战坦克，是苏联坦克设计的重要里程碑之一。它采用了大口径主炮、自动装弹机、复合装甲等先进设计，在冷战期间长期保持对于西方坦克的性能压制。和后来的 T-72 不同，T-64 的产量更少、战力更强，长期不允许出口，如今主要由俄乌两国使用。

该坦克于 1963 年年底定型生产，总产量在 1.2 万～1.5 万辆之间。由于采用自动装弹机，乘员减至三人。坦克的主副武器包括 125 毫米滑膛炮、12.7 毫米高射机枪（部分型号未装备）及 7.62 毫米并列机枪。

车长

3.539 米

驾驶员

炮手

9.225 米

T-64 MAIN BATTLE TANK

T-64内部结构一览

01. L-4A "Luna" 红外探照灯
02. 装甲侧裙
03. 爆炸反应装甲块
04. 1G42 炮手瞄准具
05. 炮手位
06. 自动装弹机转盘
07. 6EhTs40 自动装弹机
08. 发动机
09. 履带
10. 负重轮

11. 发动机空气净化器
12. 备用履带
13. 自救木
14. 5TDF 柴油发动机
15. 深水涉水管
16. 车长位
17. 车长昼 / 夜瞄准镜
18. 12.7 毫米机枪弹药箱
19. NSVT 型 12.7 毫米高射机枪

20. 主炮后膛
21. 油箱
22. 前灯
23. 125 毫米主炮
24. 榴弹发射器

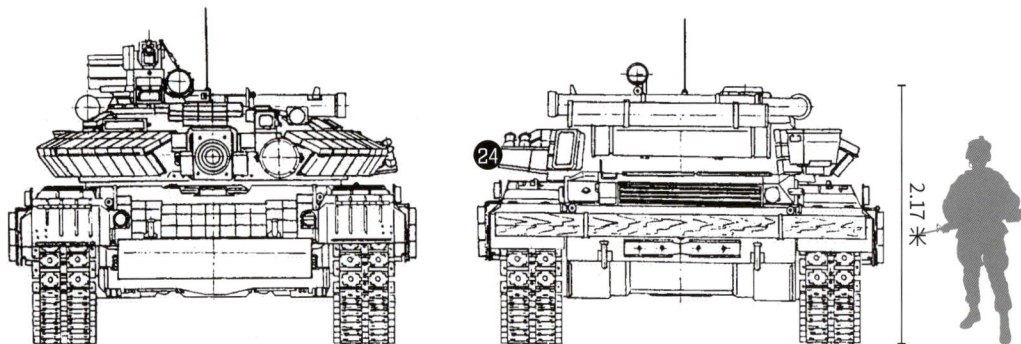

△ T-64 前后视图。

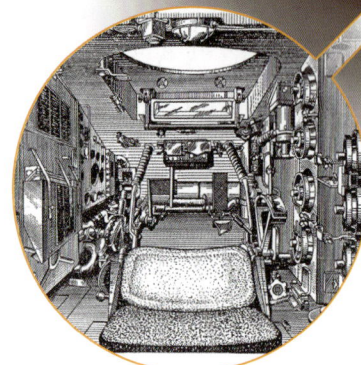

△ T-64 驾驶员位布局图。

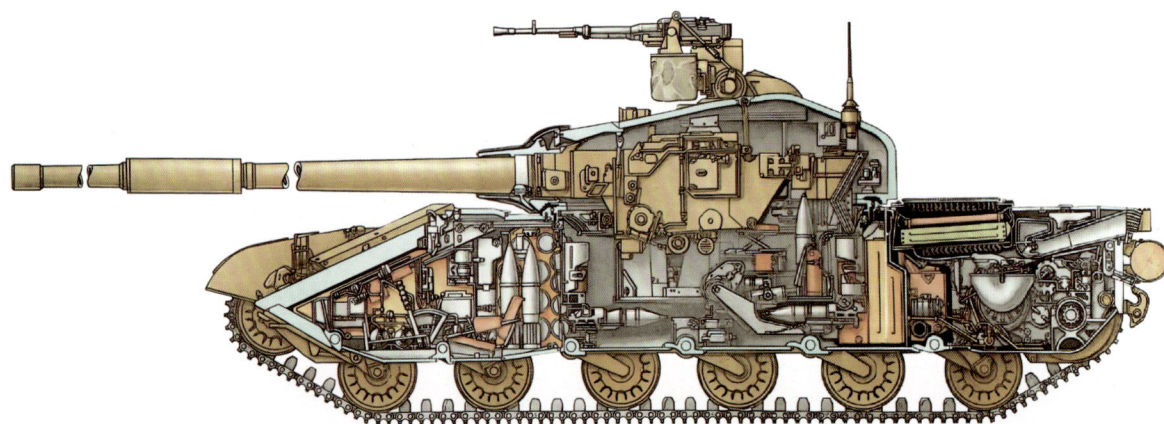

△ T-64 侧面剖面图。

2.17 米

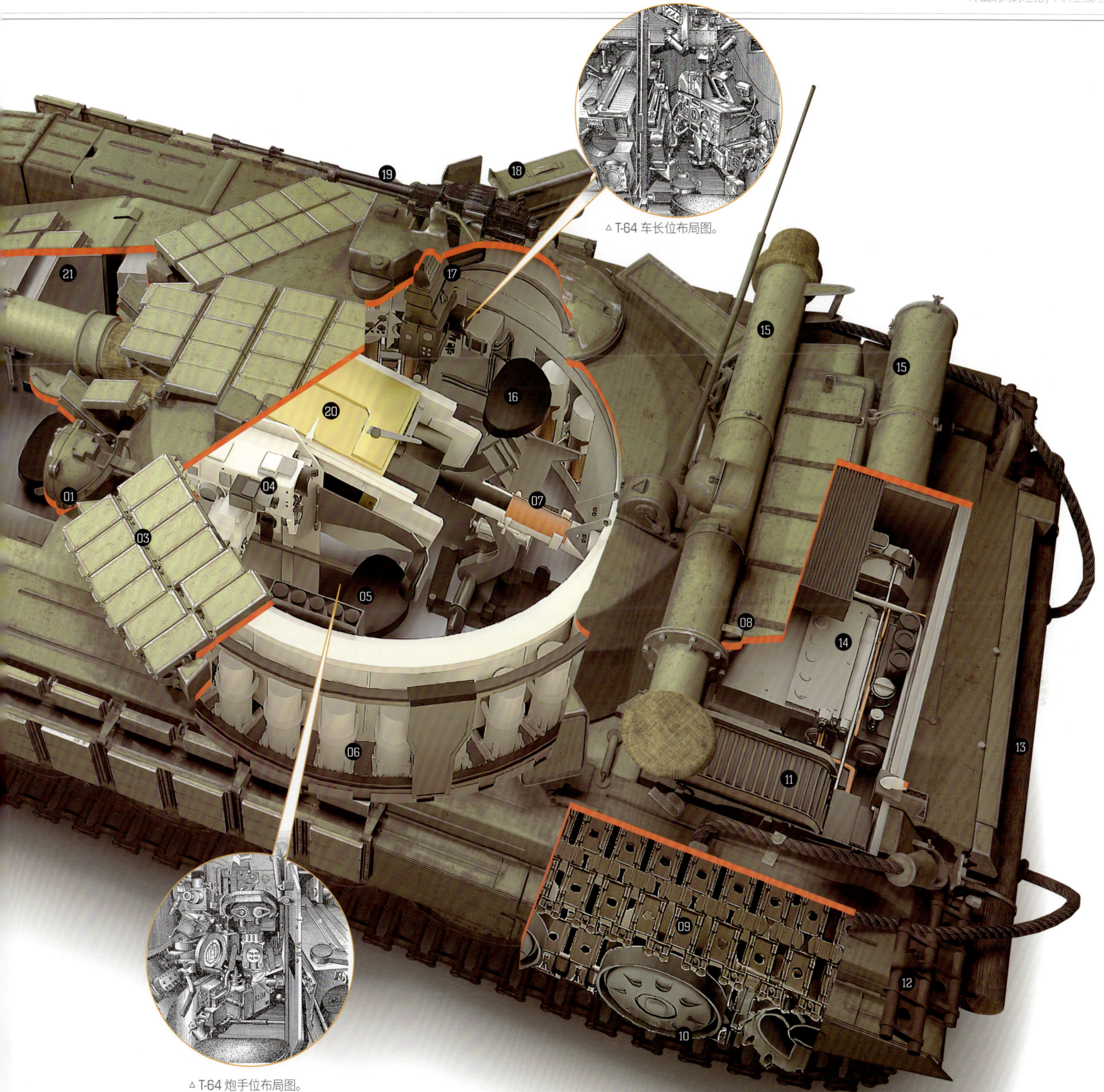

△ T-64 车长位布局图。

△ T-64 炮手位布局图。

PKT 型 7.62 毫米并列机枪

该型机枪由炮手负责操作。机枪的
有效射程为 1000 米。

125 毫米主炮

从基础型号算起，T-64 先后装备过
115 毫米(2A21)和 125 毫米(2A26、
2A46) 两种口径的主炮。本图所展
示的具体型号为 2A46M-1 型 125
毫米滑膛炮,配有自动装弹机,也可
发射 9K112A 型炮射导弹。

火力

作为苏联首款第三代主战坦克，T-64 基本确立了此后苏 / 俄主战坦克在火力方面的
标准：大口径主炮、自动装弹机、先进火控和观瞄设备，主炮可以发射炮射导弹（T-64B
起）。T-64 坦克125 毫米口径的主炮搭载在炮塔上，炮塔内部还设有炮手的瞄准设备和弹
药储存区。自动装填机制使得炮手可以快速地选择并发射不同类型的弹药。

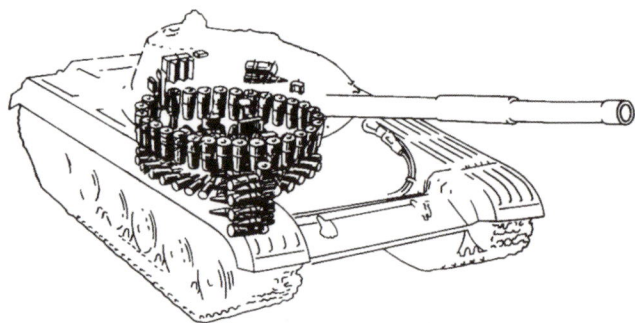

△ T-64A 坦克内部，有 28 枚炮弹位于 6EhTs10 液压机械式自动装弹
机中，另外 9 枚炮弹被放在战斗室其他位置。

△ T-64 坦克使用的 9K112 炮射导弹，上为飞
行状态，下为分离状态。

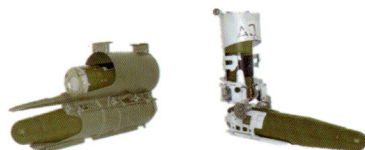

△ 位于不同坦克装弹机中的炮射导弹，左为
9K119 (T-72、T-90)，右为 9K112 (T-64、T-80)。

NSVT 型 12.7 毫米高射机枪

该型机枪位于炮塔顶部,由车长负责操作。机枪的对地最大标尺射程为 2000 米,对空最大标尺射程为 1500 米。

红外光探照灯

也称主动红外夜视仪,这种设备发射的红外光束照射到目标时,光束会被反射,并通过仪器形成可见光图像,从而允许坦克乘员在夜间观察周围环境。

火控系统

该坦克的火控系统包括多种设备,如液压稳定器、激光测距仪、主动红外夜视仪、弹道计算机等。

榴弹发射器

共 4 组、16 个发射单元,可发射防御性烟幕弹或杀伤性榴弹(针对敌方步兵)。

机动

T-64的许多设计观念在当时都具有革新意义。新型的发动机体积紧凑，可以轻松地安装于车体内；扭杆式悬挂系统更为轻巧，液压减震装置安装在第一、二、六对负重轮上；每侧6个小直径的负重轮，加上双橡胶插销履带，使其机动性能和越野性能更上一层楼。

但需要注意的是，除了产量不多的技术验证车，冷战期间T-64系列的量产型号（从初始型T-64到T-64BV）几乎没有升级过动力系统：仅T-64A调节过传动系统减速比，这导致坦克最大行驶速度从65千米/小时下降到60.5千米/小时，各挡位的速度也有所改变。

行动装置

该坦克采用液气式悬挂和扭杆弹簧。车体每侧有6个小直径双轮缘负重轮，有4个单轮缘托带轮，仅托住履带板的靠车体的半边。诱导轮位置在前部，其直径与T-72坦克相同，主动轮在后部，齿圈上有12个齿。在第一、二和六对负重轮位置处装有筒式液压减震器。

发动机

T-64坦克使用的是2冲程卧式5缸对置活塞水冷涡轮增压柴油机。该发动机输出功率为551千瓦（700马力）。

主动轮

负重轮

履带

履带采用串联开口式金属
铰链履带板。

诱导轮

扩展知识

坦克的悬挂系统

T-64引入了全新设计的悬挂系统，使坦克能够在不同地形下实现自动悬挂调整，不仅为乘员提供了更平稳的驾驶体验，还增强了坦克的机动性和越野性能。

典型的坦克悬挂系统通常拥有如下结构：

弹簧元件： 如液压弹簧、螺旋弹簧或扭力杆，用于支撑车辆的重量和吸收地形不平坦性引起的冲击。

阻尼器： 阻尼器或减震器用于控制弹簧的蠕动、阻尼冲击，使悬挂系统更稳定。液压减震器是最常见的类型，通过油液流动来控制冲击的传递。

悬挂装置： 悬挂系统通常由多个悬挂装置组成，每个悬挂装置连接车体和履带或轮子。这些装置的数量和排列方式因坦克类型而异。

总之，坦克悬挂系统旨在平衡车辆的稳定性、行驶舒适性和通过不平坦地形时的性能。不同型号和制造商的坦克可能会采用各种不同的悬挂技术，但它们都有类似的工作原理。

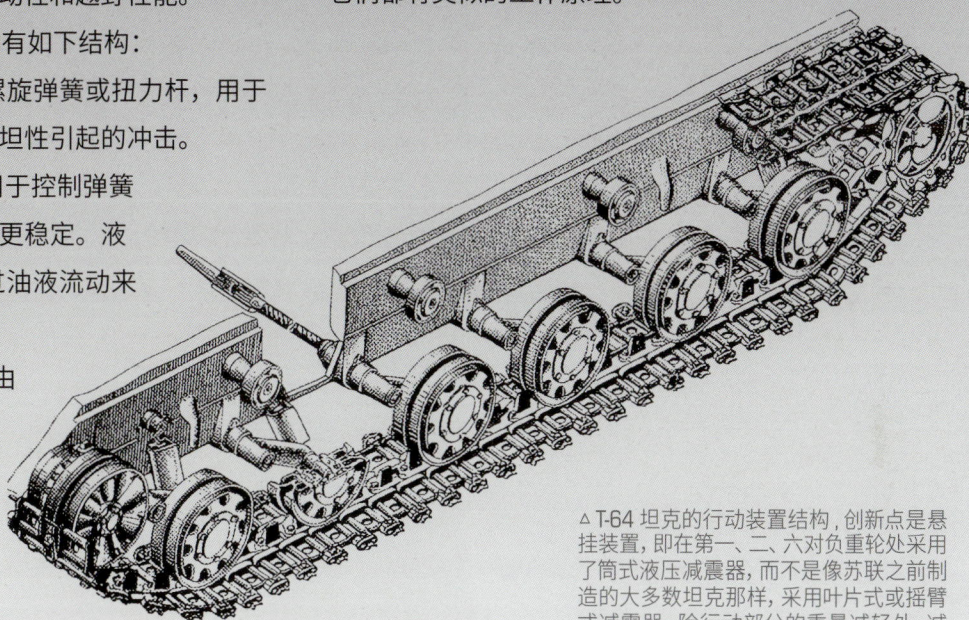

△T-64 坦克的行动装置结构，创新点是悬挂装置，即在第一、二、六对负重轮处采用了筒式液压减震器，而不是像苏联之前制造的大多数坦克那样，采用叶片式或摇臂式减震器。除行动部分的重量减轻外，减小负重轮的直径使其动行程增大成为可能。采取这些措施的优点是改善了坦克行驶的平稳性，提高了坦克在起伏地形上的平均行驶速度。

车体前部装甲

车体和炮塔前部均采用复合装甲，但安装方式有所不同：车体为焊接，炮塔为铸造。

爆炸反应装甲

除了采用新型复合装甲，T-64 后期型号（T-64BV 起）还在车体前上部位和侧裙板上，在炮塔的正面、侧面和顶部等部位，装有 111 块爆炸反应式装甲。

炮塔处的反应式装甲

炮塔处反应式装甲的安装方式为双层下倾式结构，上层有两排爆炸块，下层为一排爆炸块。

两侧外张式侧裙板

扩展知识

复合装甲面对不同类型的炮弹

破甲弹

碎甲弹

① 破甲弹（击打陶瓷复合装甲时）

破甲弹命中装甲后会产生高温金属射流，随后侵蚀装甲，达到击穿的效果（左）；而陶瓷复合装甲能够有效抵御这种侵蚀效果，高温金属射流破坏一部分装甲层后无法继续侵蚀（右）。

防护

　　T-64 创造性地使用了复合装甲，从而大幅提升坦克的防护性能（后期型号还加装了爆炸反应装甲）。以初始型号的 T-64（1967年服役，无爆炸反应装甲）为例，其车体首上的复合装甲可对抗450毫米穿深的破甲弹（HEAT），或是330毫米穿深的尾翼稳定脱壳穿甲弹（APFSDS）；炮塔前部的复合装甲可对抗450毫米穿深的 HEAT，或是400毫米穿深的 APFSDS。

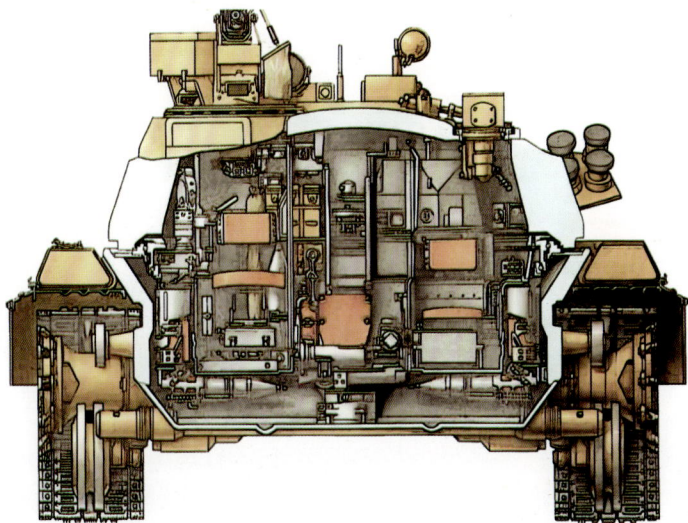

△从 T-64 正面剖面图可以看到各个部位的装甲厚度，顶装甲板厚度约为 40～80 毫米不等，炮塔侧面装甲厚 120 毫米，后部装甲厚 90 毫米。

扩展知识

复合装甲

　　很长一段时间以来，坦克都是依靠均质（钢）装甲抵御敌方攻击；为了追求更好的防护效果，装甲的厚度不断加厚。然而，单纯加厚装甲势必影响坦克整体的性能平衡，因此苏联创造性地采用了复合装甲技术。简单来说，就是将两种或以上不同材料结合起来，利用这些材料不同的特性，实现（较均质装甲）更好的防御效果。

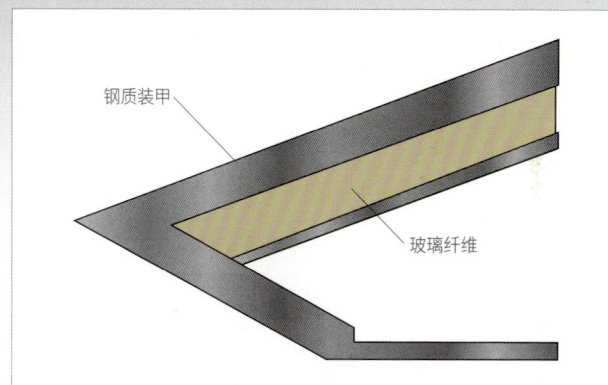

钢质装甲

玻璃纤维

△ T-64 所采用的复合装甲，简单理解，就是将一块钢质装甲的内部凿空，放入玻璃纤维。这种装甲能有效减重，且对抗破甲弹的效果较好，缺点是对抗穿甲弹时相对乏力。

② 碎甲弹

碎甲弹爆炸后产生的震荡波，会在装甲的内侧造成破坏，产生大量高速运动的金属碎片，对坦克及乘员造成伤害（左）；多层复合装甲则会吸收碎甲弹爆炸后产生的震荡波，不同材质的装甲层之间还能分散震荡波，使炮弹无法对装甲内侧造成破坏（右）。

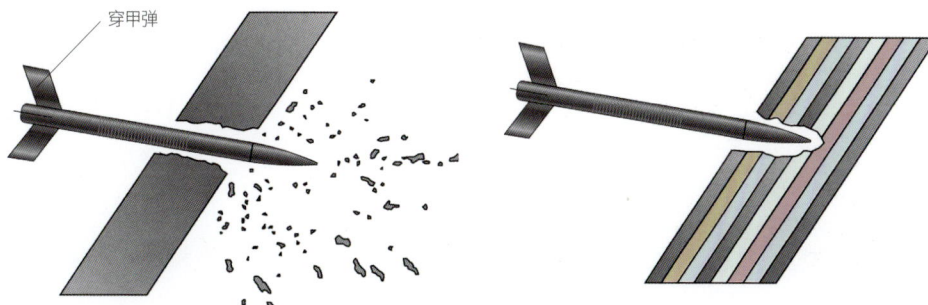

穿甲弹

③ 尾翼稳定脱壳穿甲弹

穿甲弹飞行速度快，主要利用弹头的动能击穿装甲（左）；但穿甲弹的动能会被复合装甲的不同材料层明显削弱，往往只能击穿外围的几层材料，而无法完全击穿（右）。

T-64各型号一览

▷ T-64（1968年）

T-64是世界上首款第三代主战坦克，尽管此时它正式列装部队不久，从外观上看仍与T-54、T-62等型号颇为相似。

▷ T-64A（1981年）

相较早期的T-64，T-64A换装了125毫米大口径主炮，在其他诸多方面也有明显改善（尤其是机动性能）。

△ T-64B1（20世纪80年代）

T-64B1是T-64B的简化版本，主要取消了发射炮射导弹的功能，但两者的绝大多数零件可以通用。

△ T-64BM（21世纪后）

该坦克是乌克兰在冷战结束后，主要以T-84主战坦克为参考对象，所开发的一个T-64现代化版本，在防护装甲、炮射导弹、火控设备、车辆动力等方面均有优化。

SPECIFICATIONS

各型号 T-64 坦克性能对比

	T-64	T-64A	T-64B	T-64BV
开始服役时间	1967 年	1969 年	1976 年	1985 年
全车尺寸：长（含主炮）×宽×高（至炮塔顶部）	8.95 米 ×3.415 米 ×2.15 米	9.225 米 ×3.415 米 ×2.17 米	9.225 米 ×3.415 米 ×2.17 米	9.225 米 ×3.539 米 ×2.17 米
战斗全重	36 吨	38 吨	39 吨	42.4 吨
发动机型号	5TDF	5TDF	5TDF	5TDF
发动机马力	700	700	700	700
坦克极速	65 千米 / 小时	60.5 千米 / 小时	60.5 千米 / 小时	60.5 千米 / 小时
最大行程（不含外置油箱）	650 千米	600 千米	600 千米	600 千米
最大行程（含外置油箱）	无数据	700 千米	700 千米	700 千米
倾斜装甲 * 厚度	80+105+20（毫米）	80+105+20（毫米）	80+105+20（毫米）	60+35+30+35+45（毫米）
倾斜装甲等效（对抗破甲弹）	450 毫米	450 毫米	450 毫米	900 毫米
倾斜装甲等效（对抗尾翼稳定脱壳穿甲弹）	330 毫米	330 毫米	330 毫米	410 毫米
炮塔装甲 ** 厚度	130+245+250（毫米）	130+160+160（毫米）	130+160+160（毫米）	130+160+160（毫米）
炮塔装甲等效（对抗破甲弹）	450 毫米	450 毫米	450 毫米	950 毫米
炮塔装甲等效（对抗尾翼稳定脱壳穿甲弹）	400 毫米	400 毫米	400 毫米	400 毫米
主炮口径	115 毫米	125 毫米	125 毫米	125 毫米
主炮型号	D-68（2A21）	D-81T（2A26）	D-81TM（2A46-2）	D-81TM（2A46M-1）
防空机枪	无	无	12.7 毫米 NSVT 型	12.7 毫米 NSVT 型
自动装弹机型号	6EhTs	6EhTs10	6EhTs40	6EhTs40
主炮炮弹数量	37 发	37 发	36 发	36 发
位于自动装弹机的炮弹数量	30 发	28 发	28 发	28 发

*：此处特指坦克车体的首上部位复合装甲，80+105+20 分别表示其中三层装甲的厚度。

**：即炮塔前部的复合装甲。

外传：始终神秘的 T-64

自二战起，苏联装甲部队就已经给人留下了"规模庞大"的印象，但这股作战力量真正让世界其他国家感到战栗，还是在冷战时期。采用115毫米滑膛炮、电动液压自动装弹机、复合装甲等先进设计的T-64一经问世，便奠定了苏 / 俄主战坦克的设计理念之基，在很长一段时间里被视作苏联"钢铁洪流"的代表。

在诸多先进设计——包括大口径坦克炮、自动装弹机、炮射导弹、复合装甲、爆炸反应装甲、大功率发动机——的加持下，T-64无疑是一款先进坦克，甚至在相当长一段时间内堪称"世界最先进坦克"。

列装部队后，T-64仍长期接受现代化改造，通过一系列对比，可以大致了解其性能水平：1976年T-80出现之前，T-64从整体上讲不逊色于任何苏制坦克（尤其苏联在冷战期间，本就保持着坦克领域的优势地位）；在"豹"2（1979年）和M1（1978年）出现之前，北约没有一种坦克能与T-64B（1976年）抗衡。

令人惊讶的是，T-64坦克还能成为苏联保密制度高效性的一桩力证：

该坦克正式定型生产是在1963年年底，而北约在1970年苏军演习的照片中才发现这款坦克，并且根本不知道具体型号。直到1976年，T-64被部署至东德，北约方面仍然无法确定其具体型号及性能数据。后来由于维克多·苏沃洛夫于1978年叛逃英国，北约才了解了T-64的大概情况，但此时距离这款坦克装备苏军已经超过10年。

当然，除了有效的保密制度，T-64从未在冷战期间出口，这也是其长期保持神秘的一个重要原因。

由于T-64长期处于保密状态，对世界的影响力不如T-72，但公平而言，后者的一部分设计还是来自于前者（更别说T-72有关项目的最初目标就是打造一款简化版T-64）。此外，T-80、T-84等现代化坦克都是以T-64为基础进行研发的。

△ **T-64BV（1985年）**

T-64B 是 T-64A 的升级型号，主要在装甲布置和火力上进行了改良。此外，安装有"接触 -1"爆炸反应装甲的 T-64B 便是 T-64BV。

▽ **乌克兰军队装备的 T-64（2014年）**

从外观上看，乌克兰军队装备的 T-64（2014年）和 T-64BV（1985年）相差不大，肉眼上看仅有涂装不同。

LEOPARD 1
MAIN BATTLE TANK
"豹" 1 主战坦克

　　"豹"系列坦克是德国在冷战期间开发的一系列主战坦克。作为主战坦克，"豹"1毫无疑问是"偏科"的：其车体侧面装甲仅被要求抵御20毫米口径机炮射击，但火力和机动性能优秀。自1965年起，"豹"1在十多个国家的陆军中成为主力坦克型号，至今也有相当数量在役。

　　值得一提的是，虽然都可以简称为"豹"，但德国在二战时期生产的五号中型坦克是"Panther"，一般译为"黑豹"；战后的两型主战坦克都是"Leopard"，即"美洲豹"，一般译为"豹"1、"豹"2。

SPECIFICATIONS

"豹"1主战坦克数据简表

产地	西德（今德国）	生产厂商	克劳斯-玛菲
生产时间	1965—1984年	服役时间	1965年至今
生产数量（坦克）	4744辆	生产数量（变形车）	1741辆
车体尺寸（炮管向前，含高射机枪）	9.54米×3.37米×2.7米	车体尺寸（炮管向后，不含高射机枪）	8.29米×3.37米×2.39米
乘员数量	4人	发动机型号	MTU MB 838 CaM 500多燃料发动机
发动机功率	830马力	功重比	19.6马力/吨
坦克极速	65千米/小时	战斗全重	42.2吨（后期型号）
悬挂	扭杆	最大行程（公路）	600千米
最大行程（越野）	450千米	装甲材质	均质钢
装甲厚度	10～70毫米	主武器	英制L7A3型105毫米线膛炮
副武器	MG3或FN MAG型7.62毫米机枪，共两挺		

LEOPARD 1 MAIN BATTLE

"豹"1主战坦克内部结构一览

TANK

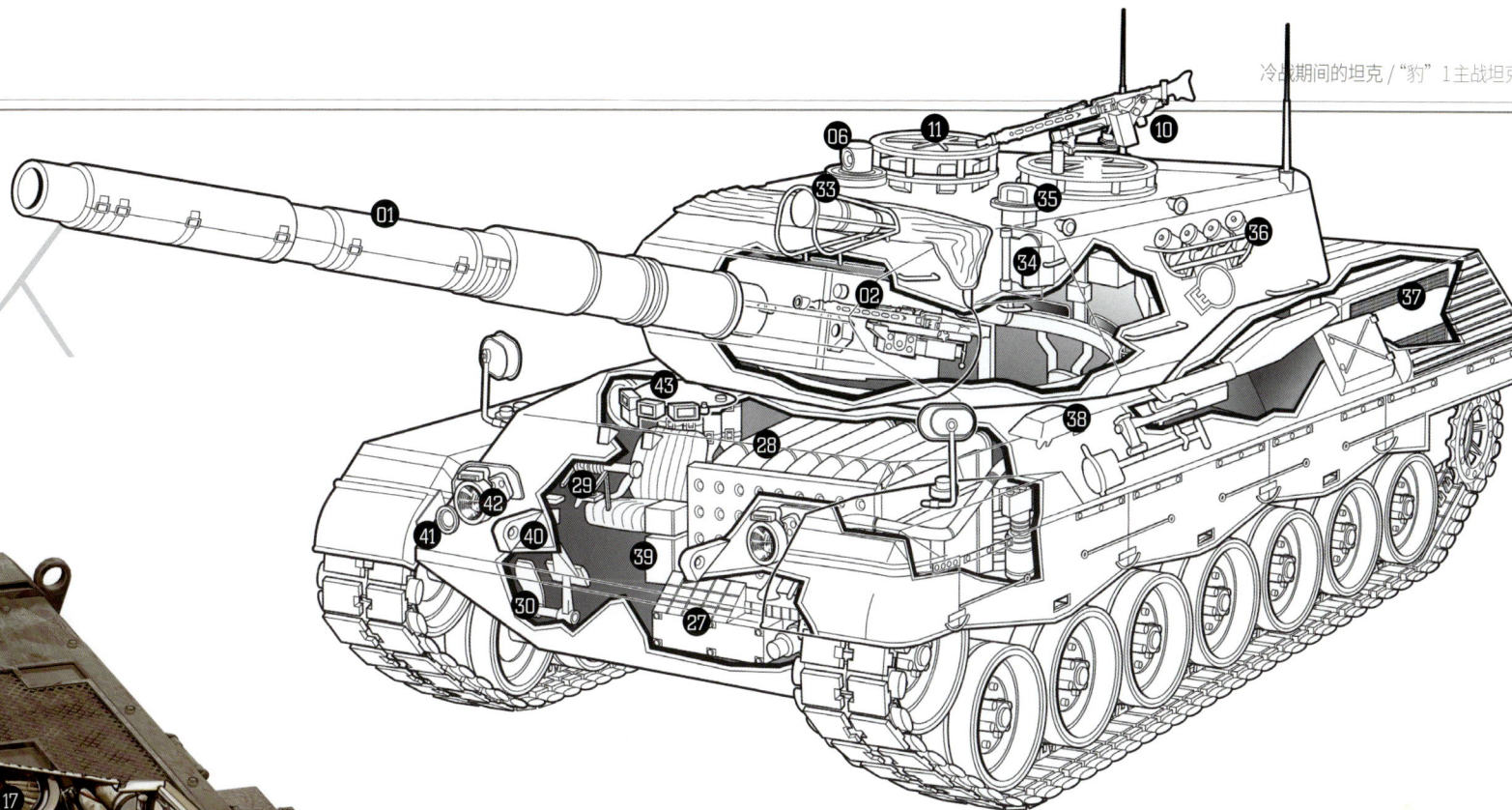

01. 105 毫米主炮	15. 发动机电源组	30. 油门和刹车
02. 7.62 毫米并列机枪	16. 冷却进气格栅	31. 换挡器
03. 光学测距仪	17. 冷却风扇组	32. 驾驶员位
04. 红外大灯控制盒	18. 工具箱	33. 微光电视摄像机
05. 105 毫米主炮炮尾	19. 左侧排气格栅	34. 光学测距仪的装甲窗口
06. 车长用周视镜	20. 冷却液储存器／散热器	35. 装填手用潜望镜
07. 车长用电气控制面板	21. 燃料注入口	36. 多管烟幕弹发射器
08. 炮尾防危板	22. 左侧油箱	37. 散热器
09. 车长位	23. 12 伏电池	38. 核生化武器防护系统进气口
10. 防空用 MG 3 机枪	24. 主炮弹壳收集袋	39. 仪表盘和保险丝盒
11. 周围分布 7 具潜望镜的车长舱盖	25. 装填手位	40. 牵引钩（共两处）
12. 无线电	26. 备用炮弹	41. 喇叭
13. 探照灯放置箱	27. 核生化武器防护系统	42. 照明灯
14. 火泡清洁工具放置箱	28. 储弹架	43. 驾驶员舱盖及潜望镜
	29. 驾驶员用操作杆	

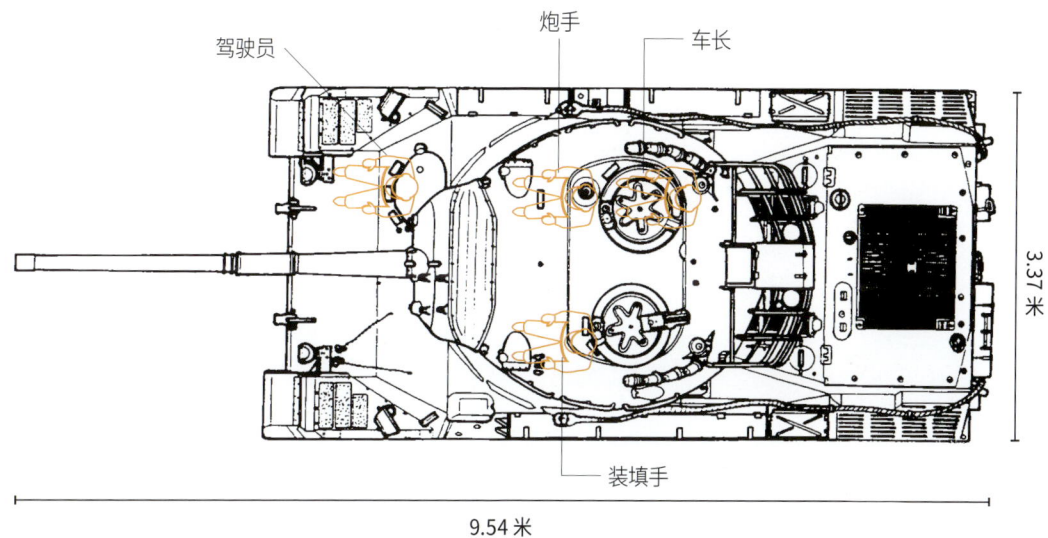

△ 豹"1 炮塔局部特写。

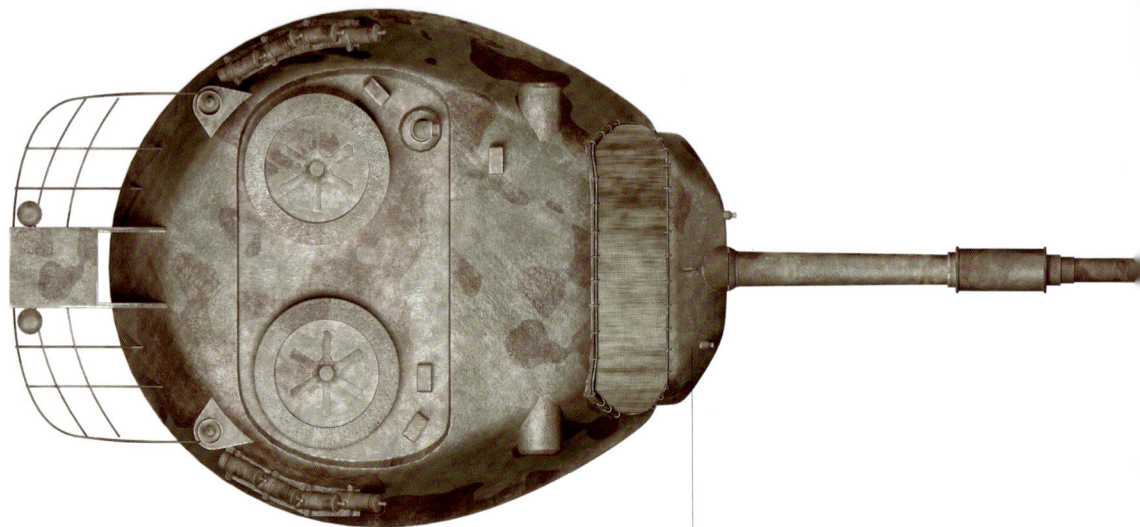

MG 3 或 FN MAG 型 7.62 毫米机枪

最大射程分别为 3000 和 3500 米；
两挺机枪共备弹 5500 发。

"豹" 1 主炮使用的炮弹

从左到右分别为曳光脱壳穿甲弹
（APDS）、破甲弹、碎甲弹（HEP/
HESH）。该坦克装有 60 发 105 毫
米炮弹，其中 18 发布置在炮塔内，
另外 42 发布置在车体里。不过，
"豹" 1A4 的情况有所不同，其炮
塔内的炮弹数为 13 发，炮弹总数
为 55 发。

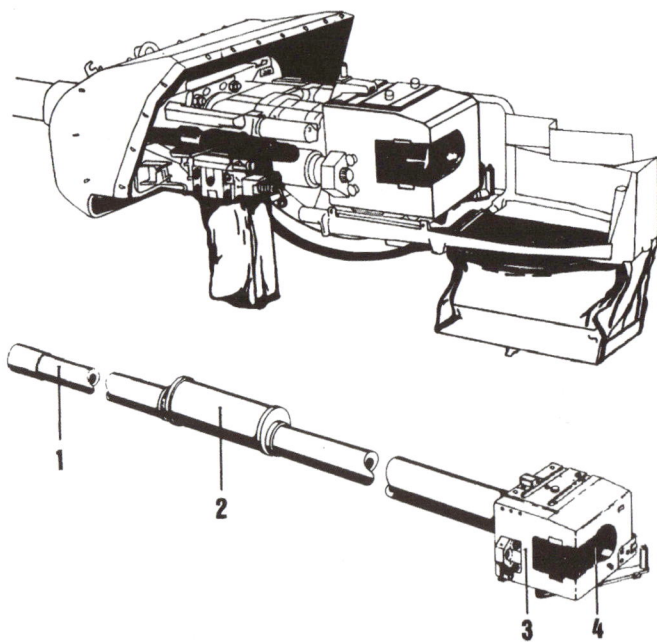

L7A3 型主炮内部构造

105 毫米 L7A3 主炮的后膛主要特点是：火炮抽烟装置（2）能够减少火炮发
射时进入战斗室的废气。该装置采用偏心设计（圆筒轴心与炮管轴心不重合），
位于炮管中部靠后处。炮管（1）内设有 28 条膛线，炮尾（3）顶部斜切，以保证
火炮俯角达到 - 9°，并配有横楔式炮闩（4）。

火力

作为一种主要实施伏击的坦克，"豹" 1 与 L7 型 105 毫米线膛炮的组合无疑是恰当且高效的。这种英制坦克炮诞生于 20 世纪 50 年代末，最初被用来取代 "百夫长" 安装的 QF 20 磅炮（84 毫米），后来远销他国，成为一代经典。

此外，"豹" 1 装备有一挺并列机枪和一挺高射机枪（均为 7.62 毫米，型号为 MG 3 或 FN MAG），另外共备有 55 发主炮炮弹，分别储存于炮塔（13 发）和车体处（42 发）。

高射机枪

高射机枪可以安装在车长舱盖上，也可以安装在装填手舱盖上，可以 360°旋转，高低射界为 - 15°～ +75°。

L7A3 型主炮

L7A3 型主炮是 L7 系列里由西德"豹"1 使用的改进型号。其主要改进之处是缩小炮尾上部的尺寸，这样火炮就能在（炮尾）不触碰炮塔顶部的情况下往下压，获得更大俯角。

机动

机动能力是"豹"1设计思想的灵魂，也是其遂行"高速机动＋伏击"作战思想的关键。因主动牺牲防护性能，这种坦克在极速、最大行程等方面均表现优异；得益于大推力发动机，40吨重的"豹"1（基本型号）甚至在机动性能上和36吨重的法制AMX 30持平。

此外，"豹"1可以越过1.15米高的垂直障碍或3米宽的壕沟；还可以在安装通气管的情况下，以潜渡形式通过4米深的水域。

发动机

该坦克采用了一台MB 838 CaM 500型4冲程12缸柴油机，外形呈矩形体，结构采用一缸一盖，并列连杆、推挺杆传动、联身箱体，因而便于拆装和系列化生产；采用机械增压和预燃室燃烧系统，总体布置紧凑。在2200转/分钟时，标定功率为610千瓦（830马力）。

冷却系统

冷却系统主要由风扇、散热器和水泵组成。在风扇作用下，冷空气从进气百叶窗吸入车内流经散热器，从排气窗排至车外。风扇转速调节器根据冷却水温对风扇转速进行调节，只有当水温超过规定温度时风扇才工作。

"豹"1坦克不同环境下的通过性

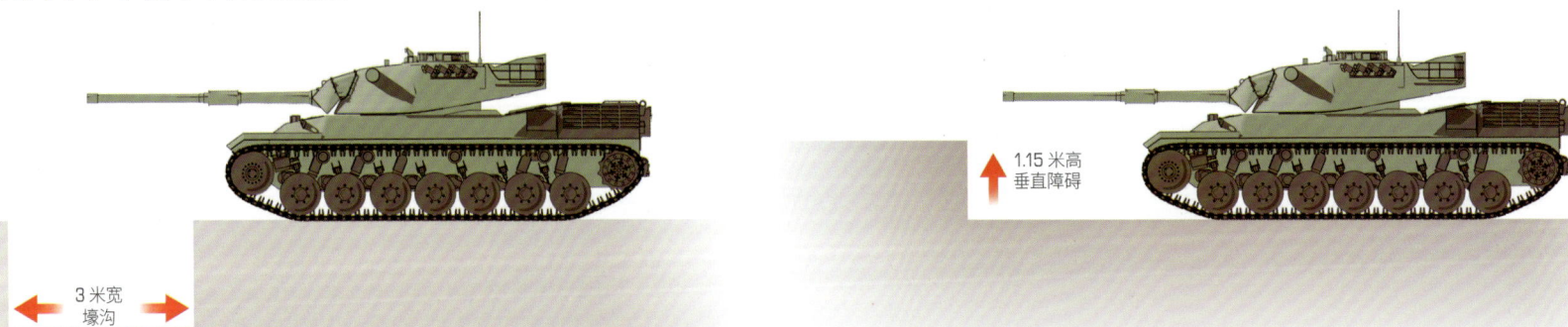

3米宽壕沟

1.15米高垂直障碍

负重轮

负重轮用轻金属材料制成，轮缘和轮毂用螺栓固定连接在一起，轮缘外挂有胶圈。在第一、二、三、六和七负重轮位置处装有液压减震器。

传动装置

该坦克采用联邦德国 ZF 公司的 4HP-250 型液压变速箱，操控省力，转向功率损失较少。

行走装置

该坦克行走装置包括每侧 7 个负重轮和 7 根扭杆弹簧、5 个液压减震器、4 个托带轮、1 个带履带调节器的前置诱导轮、1 个后置主动轮和 1 条履带。

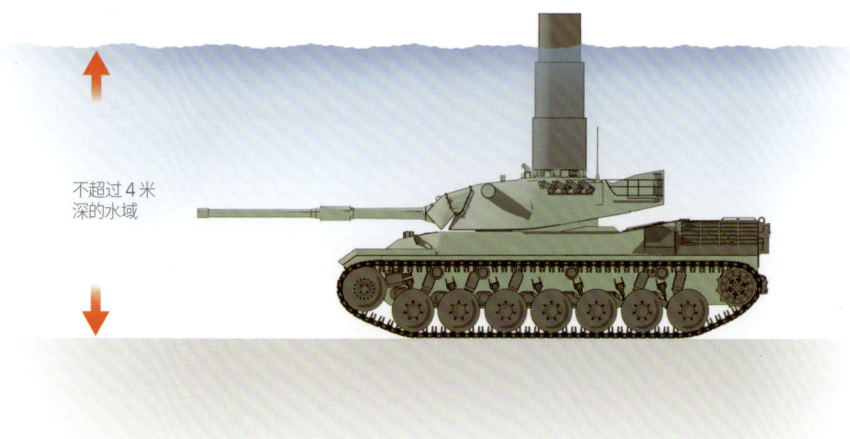

不超过 4 米深的水域

"豹"1坦克的 MB 838 CaM 500 涡轮增压发动机

"豹"1搭载了优秀的 MB 838 CaM 500 涡轮增压中冷柴油发动机（德国 MTU 公司生产），该发动机能为 40 吨的"豹"1 提供的最大功率为 830 马力（2200 转 / 分），最高时速可达 65 千米，续航能力达 600 千米，使得该坦克能进行快速远程机动，这在同时期坦克中是十分出色的。

与发动机相匹配的是 ZF 4HP-250 液压自动变速箱，前进 4 挡，倒挡 2 挡，使得操控该坦克方便省力，响应速度快、精度高。它与发动机组合成了一个整体动力包。

MB 838 CaM 500 发动机最早体现了军用车辆采用整体式动力装置的设计思想，发动机在装车之前就与传动装置和冷却系统预装成整体。该动力装置经质量检验合格后，整体吊装在坦克车内。采用这种整体结构，不仅有利于生产、安装和保证性能，还便于战场维修和更换，即使在野外也能用 20 分钟左右时间完成更换。

涡轮增压发动机的工作原理是：通过发动机排出的废气带动涡轮叶片转动，涡轮驱使与它同轴的压缩机叶轮转动，将压缩后的空气送入气缸，增加发动机的进气量，提高发动机单位时间内所做的功，从而带来更强劲的动力表现。

涡轮增压发动机一定要配备中冷器。空气被压缩后，密度变大，温度升高，会影响发动机的效率，同时过高的温度会造成发动机内部零件变形损坏，排放也不达标。中冷器就起到散热的作用，把高温气体控制到标准温度供给发动机使用。

△ MB 838 CaM 500 涡轮增压发动机。

防护

设计之初，因西德信奉"装甲无用论"，所以"豹"1的均质钢装甲最厚处仅为70毫米，车身侧面最多抵御20毫米机炮射击，牺牲其防护性能，换来优秀的机动和火力性能。设想中，"豹"1可以凭借高速优势赶往伏击地点和撤退，英制L7型105毫米线膛炮足够对敌方坦克产生威胁；尤其是自身配有优秀的火控设备，"豹"1可以做到先敌射击和先敌命中，即使防护性能偏弱也可以接受。

由此，"豹"1无力与同时代的其他主战坦克展开正面对抗。但它的正面投影相对低矮，方便布置伪装，从而间接地提升了生存能力。

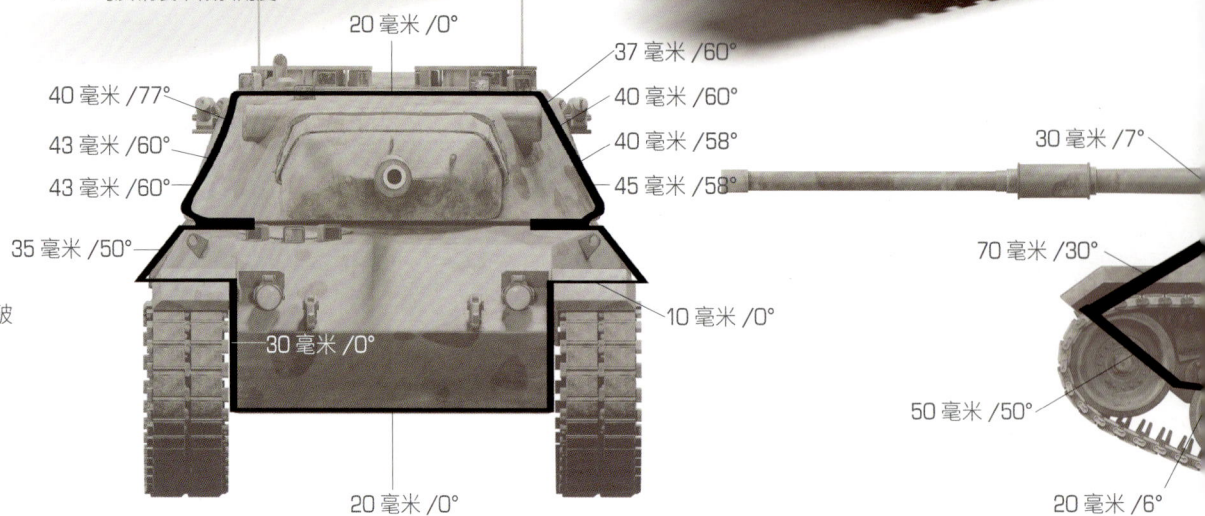

烟幕弹发射装置

在炮塔左右两侧上部各安装一组由4具发射器组成的烟幕弹发射装置。

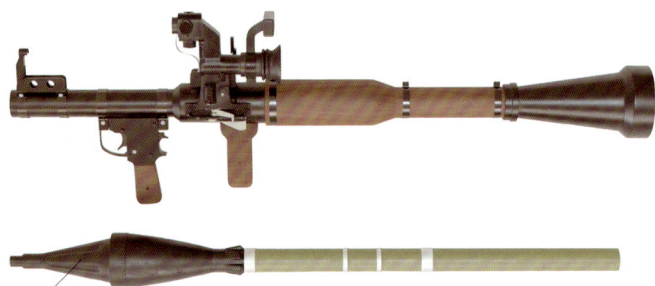

RPG-7 火箭推进榴弹发射器及弹药

不仅是坦克炮／反坦克炮，就连反坦克火箭筒等武器发射的弹药都可以携带破甲弹弹头，使步兵拥有反坦克能力。

"豹"1主战坦克的装甲布置情况

关于图中数据的解释，以40毫米/77°为例：
40毫米：均质钢装甲厚度
77°：均质钢装甲倾斜角度

20毫米/0°　37毫米/60°
40毫米/77°　40毫米/60°
43毫米/60°　40毫米/58°
43毫米/60°　45毫米/58°
35毫米/50°
30毫米/0°　10毫米/0°
20毫米/0°

30毫米/7°
70毫米/30°
50毫米/50°
20毫米/6°

扩展知识

"豹"1的部分改进型号一览

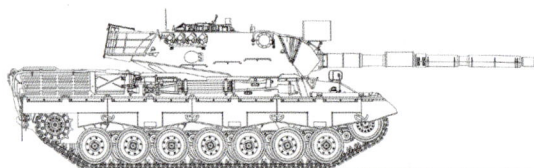 LEOPARD 1 A1
 LEOPARD 1 A2
 LEOPARD 1 A1A1
 LEOPARD 1 A3

"豹"1A1

相比基本型，"豹"1A1增设了装甲侧裙，并配置新的火炮稳定系统（明显提升坦克行进间射击的命中率）；此外，新更换的履带可以安装X形金属履带齿片，使坦克在雪地上行驶。

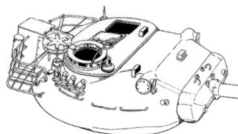

◁ 预生产型"豹"1的炮塔（1962年，该坦克共生产50辆），注意其左侧舱盖为方形。

"豹"1A2

"豹"1A2加强了坦克内部的装甲防护；增设空气过滤器、核生化武器防护系统。

"豹"1A1A1

"豹"1A1A1在"豹"1A1的基础上升级了装甲，从而（在防护性能上）达到与"豹"1A2、"豹"1A3相近的水平。

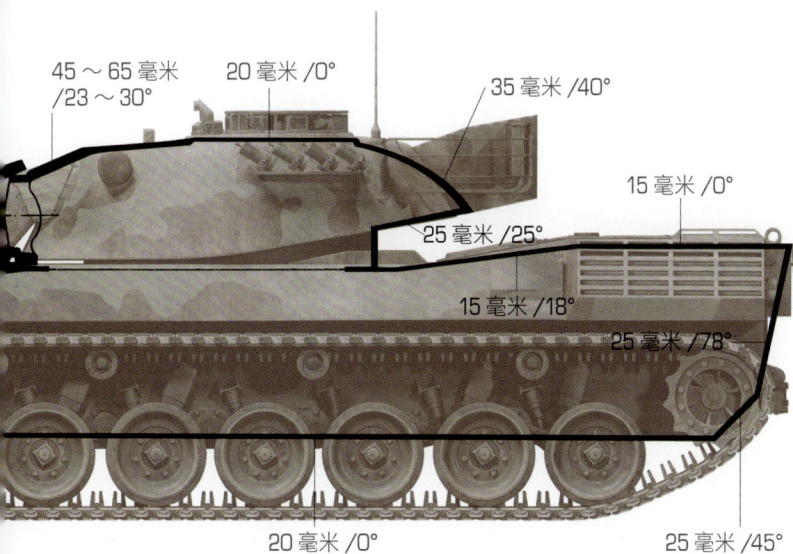

45～65 毫米 /23～30°   20 毫米 /0°

35 毫米 /40°

25 毫米 /25°

15 毫米 /0°

15 毫米 /18°

25 毫米 /78°

20 毫米 /0°

25 毫米 /45°

扩展知识

破甲弹如何影响坦克设计

作为一种主要的反坦克弹种，破甲弹（High-Explosive Anti-Tank，缩写为 HEAT）在二战期间就已出现。这种炮弹利用了门罗效应，在爆炸时形成集中于一点的高速金属射流，从而穿透钢质装甲。

什么是门罗效应呢？据观察发现，炸弹爆炸以后，爆炸产物在高温高压下基本沿着炸药表面的法线向外飞散，于是我们可以设计一个凹槽，使得炸弹在引爆以后，在凹槽的轴线上凝聚起一股速度和压强极高的爆炸金属射流，以此穿透非常厚的物体，这就是门罗效应，也可称作聚能效应。

△ 美国 M830A1 HEAT-MP 破甲弹剖面示意图。

到20世纪50年代，破甲弹已在与坦克均质钢装甲的对抗中逐渐占优，这就导致坦克不能再单纯依靠增加钢板厚度来实现有效防护。为此，苏联、英国、美国开发复合装甲，而西德、法国则设计强调机动但忽视防护的坦克。"豹"1便是基于后一种设计思路所研制出来的坦克。其整体特点是机动优先，火力稍次，防护则被大幅弱化。对于一般意义上的主战坦克来说，"豹"1的设计思路确实显得荒谬；但如果从不对称作战的角度出发，就会发现这样的思路同样有可取之处。

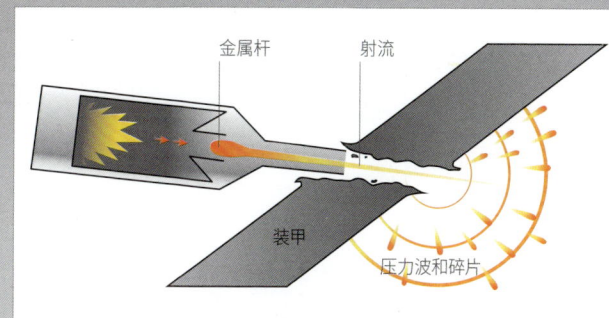

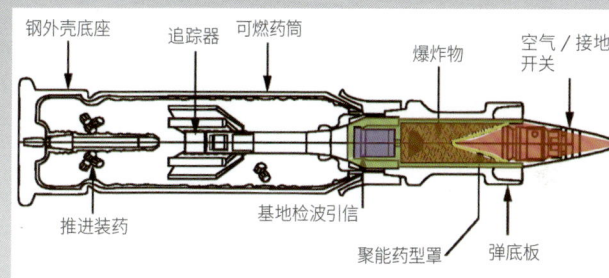

LEOPARD 1 A4   LEOPARD 1 A5   LEOPARD 1 A6

"豹"1A3
"豹"1A3 配置的是间隔装甲，炮塔侧面设有双层钢板；原先炮塔后方的杂物篮，也改为带有装甲保护的储物箱。

"豹"1A4
"豹"1A4 采用焊接炮塔；配置了新的计算机火控系统和瞄准系统。

"豹"1A5
"豹"1A5 在"豹"1A1A1 的基础上，配备了现代化的火控系统和改进型夜视装备。

"豹"1A6
"豹"1A6 以"豹"1A5 为基础，在炮塔外围挂装防护性能更好的复合装甲，并安装了威力更大的 120 毫米滑膛炮。

"豹"1的部分变形车一览

◁ SP70

SP70采用改良后的"豹"1主战坦克底盘,并安装了一门155毫米榴弹炮及炮塔。这种机动性能优良的自行火炮由西德、英国、意大利合作开发,但后来受资金、技术、进度等方面的影响而被取消。

△ 装甲抢修车

采用"豹"1底盘研制的装甲抢修车,装有推土铲、起重设备等,车体侧面还固定有一些工具。

◁ "猎豹"自行防空炮

在"豹"1主战坦克的变形车中,"猎豹"应该是名气最大者。这种自行防空炮装备瑞士制造的厄利孔双管35毫米高射炮,具有全天候作战能力,能有效针对轻型装甲车辆、直升机、低空飞行的固定翼飞机等目标。

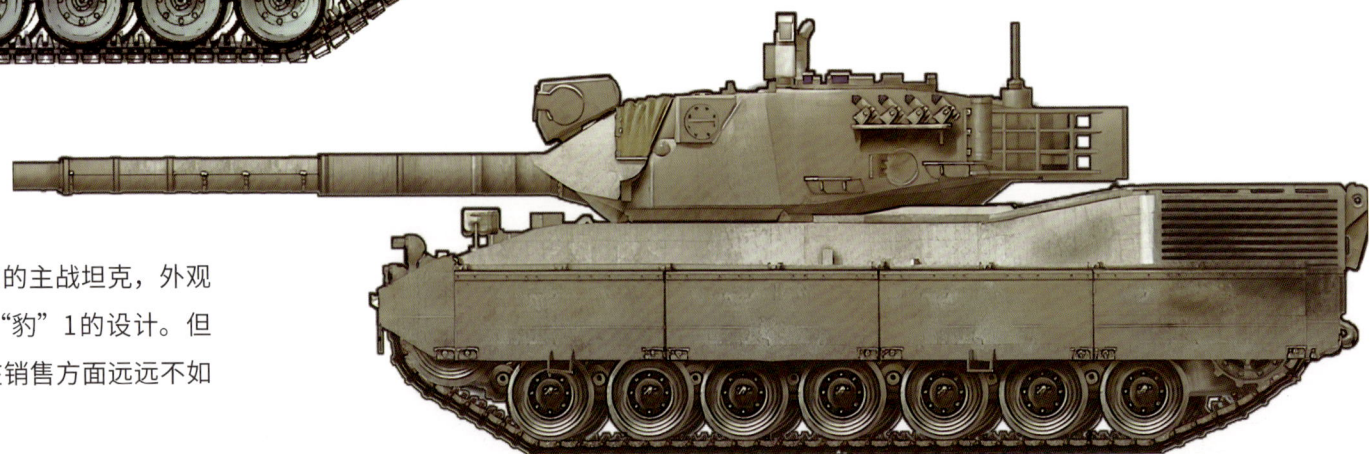

▷ OF-40主战坦克

OF-40是一款意大利开发的用于出口的主战坦克,外观及内部结构都在很大程度上参考了西德"豹"1的设计。但这种专门面向他国客户的意大利坦克,在销售方面远远不如"豹"1。

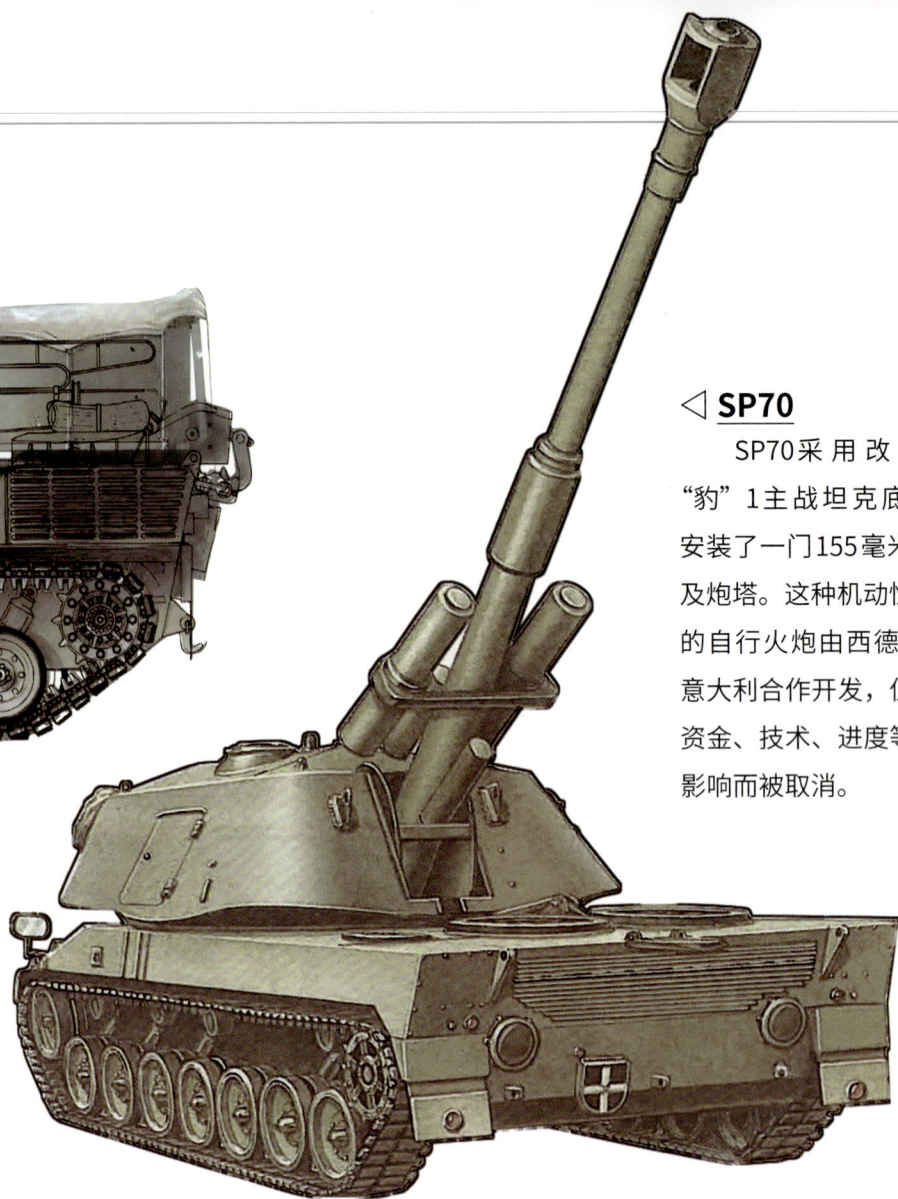

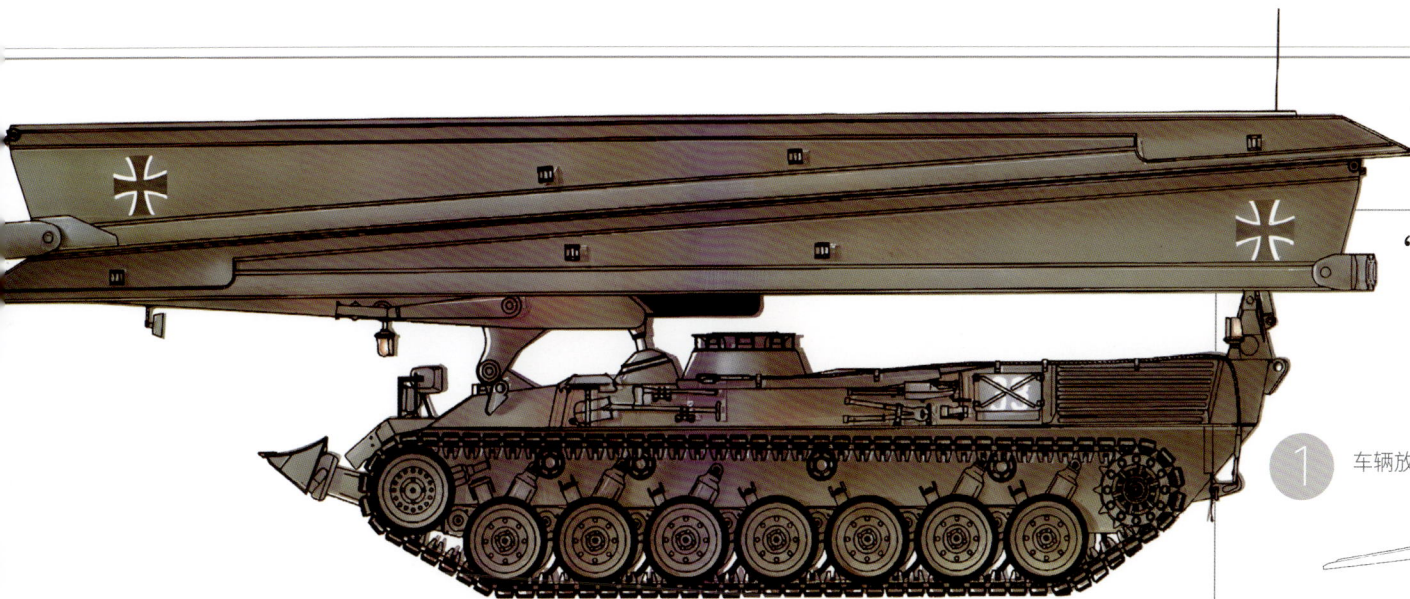

"海狸"装甲架桥车

△ "海狸"装甲架桥车

"海狸"装甲架桥车是采用"豹"1底盘开发的另一种后勤车辆。它装备有总长度达22米的铝合金桥体，将其铺设成桥后，可允许50吨重（极端情况为60吨）的车辆通过。

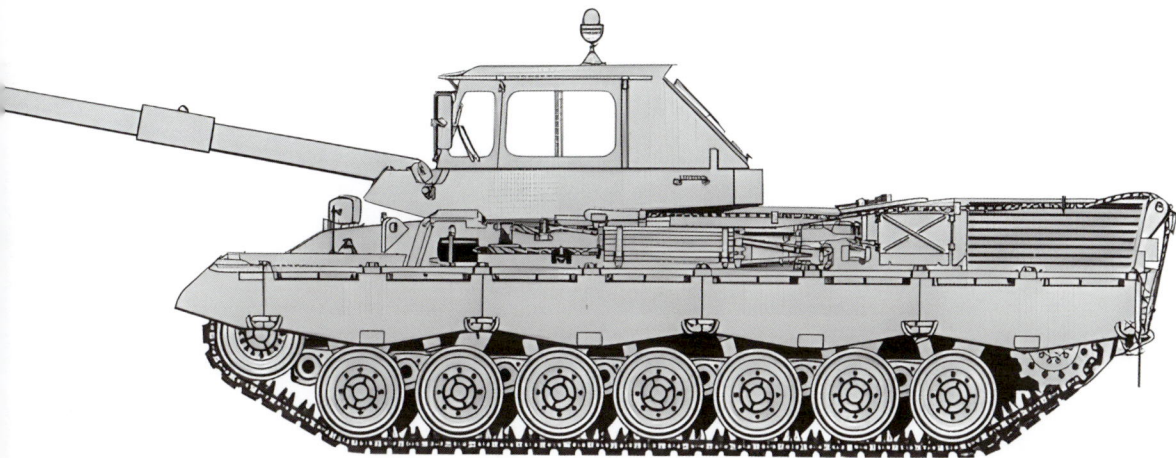

△ 驾驶训练坦克

为了培训"豹"1的驾驶员，设计人员还开发了一种驾驶训练坦克。这种车辆去掉"豹"1原先的主炮和炮塔，在车体上放置了玻璃舱室及无法开火的训练用炮管。

"海狸"装甲架桥车作业流程：

后段（上）

前段（下）

1 车辆放下车体前部的驻锄，准备架桥。

2 原先处于折叠状态的前段开始向前延伸。

3 前段完成延伸动作，并与后段连接、固定，形成桥梁。

A端   B端

4 桥梁A端往目标方向延伸。

5 到达对岸后，架桥车将桥梁B端放下。

6 架桥车收起驻锄，架桥作业完成。

◁ TAM 中型坦克

和意大利 OF-40 主战坦克不同，阿根廷生产的 TAM（Tanque Argentino Mediano，意为阿根廷中型坦克）同时采用了西德产"黄鼠狼"1步兵战车（车体），以及"豹"1主战坦克（炮塔、火炮、火控）的技术。

CHALLENGER 1

MAIN BATTLE TANK
"挑战者" 1 主战坦克

　　"挑战者" 1 是 20 世纪 80 年代初期英国皇家装甲兵采用的主战坦克，曾经在英国陆军中服役。其设计和发展始于 20 世纪 70 年代末期。"挑战者" 1（它本名为"挑战者"，后来为了与新型号区分才改称"挑战者" 1）及后续的"挑战者" 2 主战坦克相当注重防护，甚至在一定程度上牺牲了机动性能。这也在后来形成一种有趣的反差："挑战者" 1 在坦克竞赛中的表现令人沮丧，但在实际战争中，它却成功挽回了声誉。

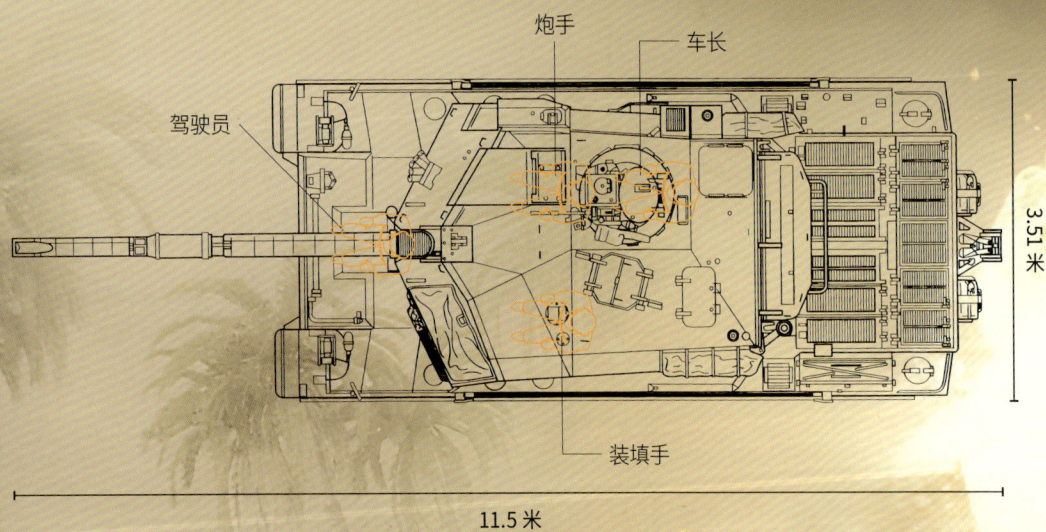

炮手

车长

驾驶员

3.51 米

装填手

11.5 米

"挑战者" 1 主战坦克数据简表

服役时间	1983 年
产量	420 辆
乘员数量	4 人
重量	62 吨（安装附加装甲为 70 吨）
尺寸	11.5 米（含火炮）×3.51 米 ×2.95 米
主武器	L11A5 型 120 毫米线膛炮
副武器	L8A2 型 7.62 毫米并列机枪；L37A2 型 7.62 毫米高射机枪
发动机型号	帕金斯 CV12 水冷式柴油发动机
发动机功率	1200 马力
悬挂	液压气动
最大速度	56 千米/小时
最大行程	公路条件下 450 千米

CHALLENGER 1
MAIN BATTLE TANK

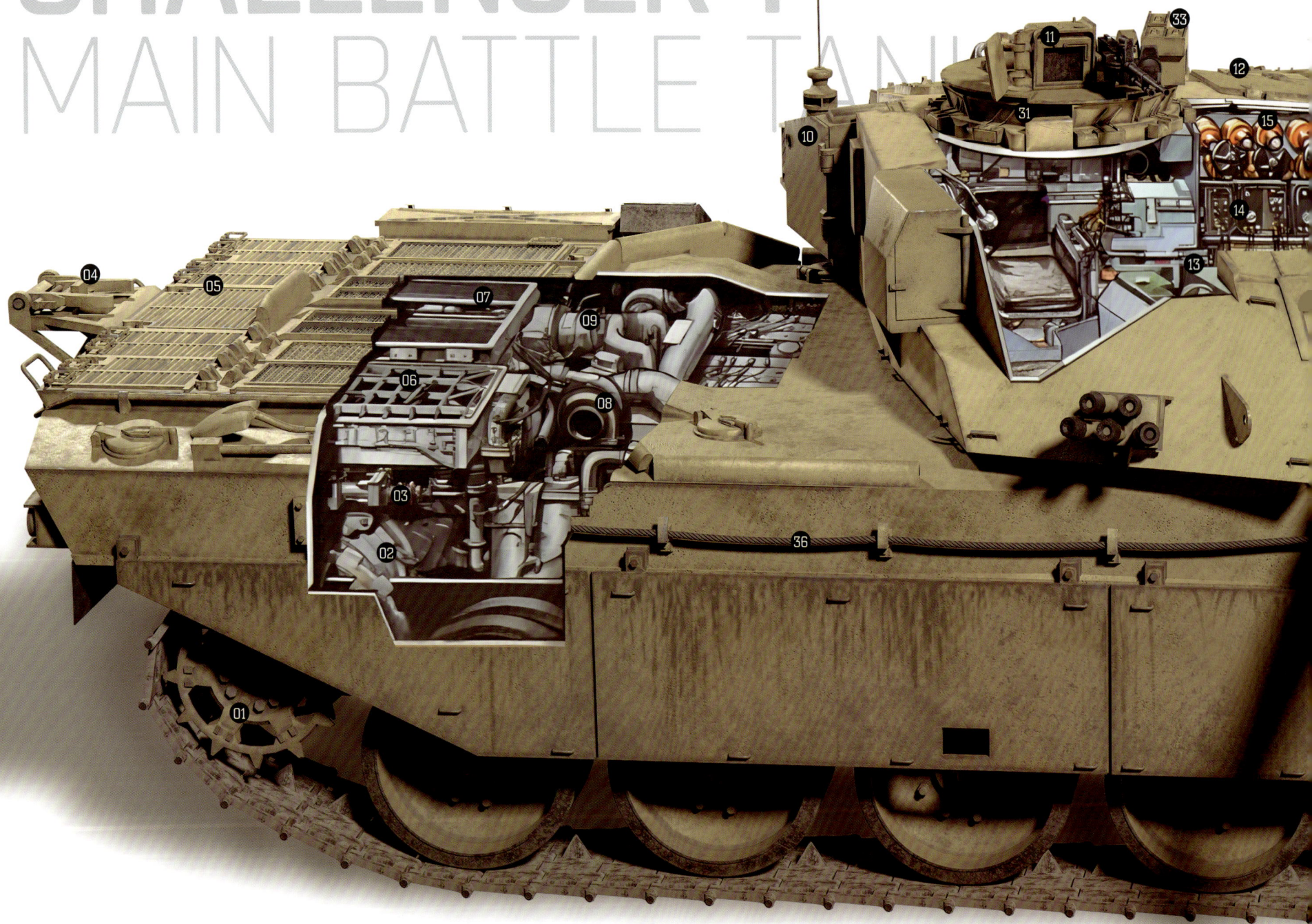

"我并不相信坦克在人为设置的比赛环境中的表现——比如最近的加拿大陆军杯——能够准确体现这种坦克的战争能力。"

——伊恩·斯图尔特
时任英国国防部国务大臣

"挑战者" 1主战坦克内部结构一览

01. 主动轮
02. 主减速器
03. 主要制动电源
04. 火炮身管托架
05. 变速箱盖
06. 散热器
07. 空气增压传动油冷却器
08. 涡轮增压器
09. 感应式加热器
10. 信号收发设备
11. 车长用观察仪
12. 抛出废弃弹壳的舱门
13. 120毫米主炮炮尾
14. 无线电设备
15. 主炮炮弹存放处
16. 三防系统控制面板
17. 7.62毫米并列机枪
18. 烟幕弹发射器
19. 车内灭火设备
20. 转向拉杆

21. 手动刹车装置
22. 喇叭
23. 驾驶员位
24. 挡位选择器
25. 炮口校准参考系统
26. 炮膛抽气装置
27. 120毫米主炮
28. "乔巴姆"装甲侧裙
29. 炮手观察孔
30. 炮手用激光瞄准器
31. 车长用潜望镜
32. 聚光灯
33. 7.62毫米机枪弹药盒
34. 储物箱
35. 驾驶员用工具箱
36. 拖绳
37. 车头灯
38. 吊环
39. 驾驶员用潜望镜
40. 拖缆桩

2.95米

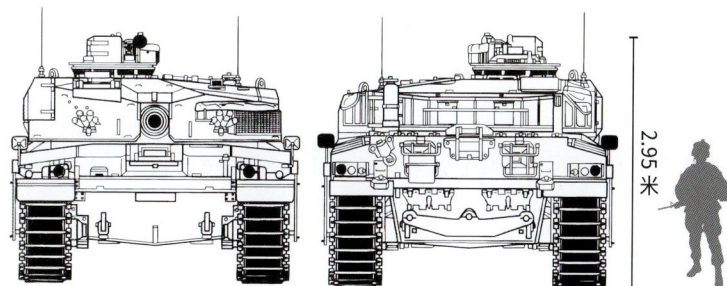

△ "挑战者" 1前后视图。

机动

比起同时代的主战坦克，62吨的"挑战者"1自重惊人。受限于此，它的机动性能算不上优异。但该车采用了液压气动式悬挂，负载能力优秀，使之挽回了不少得分：

1. 不占用车体内部空间；

2. 由于路轮可以根据道路的起伏程度，进行一定范围的摆动，坦克的越野性能和乘员的舒适性都有所提升；

3. 尽管发动机马力不如美国 M1 和德国"豹"2，但"挑战者"1借助液压气动式悬挂，能达到48千米/小时的越野速度。

扩展知识

液压气动式悬挂系统的工作原理

在这个悬挂体系中，每个路轮会与两个球状储罐相连。这两个球状储罐主要装载液压油，但右侧储罐的上部含有高压氮气，以柔性膜将之与液压油相隔开。

左侧球状储罐下方有一个输送泵，它能够对液压油进行加压；此外路轮在处于负载状态时，也会对液压油施加额外的压力。高压氮气因此被压缩，从而起到弹簧的作用。

液压油储罐

处于高压状态的氮气

柔性膜

液压油

输送泵

固定在车体上的轴枢

摆动臂

路轮

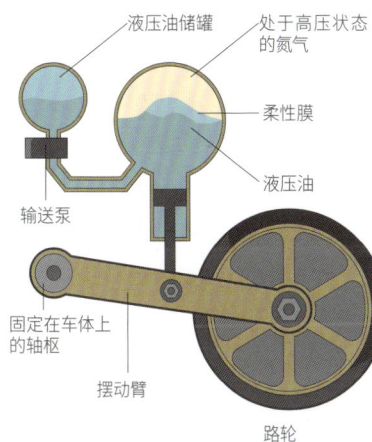

前传："挑战者"1的前世今生

20世纪70年代中后期，英国尚在列装"酋长"主战坦克时，已经未雨绸缪地着手开发性能更强的坦克了。在这之前，伊朗曾向英国购买"酋长"，并要求英方以该坦克为基础，开发"希尔"（也称"狮"式）主战坦克，后伊朗方面因故取消了订单。不过英国并未完全舍弃"希尔"，而是在该坦克的基础上继续修改，最终开发出"挑战者"1。

加拿大陆军杯（CAT）是一项由北约国家装甲部队参与的坦克射击竞赛，赛事成绩在很大程度上也能反映各国坦克及军队的实力。

但英国陆军分别在1985年使用"酋长"，在1987年使用"挑战者"1参赛时，取得的成绩均不理想，最后英国人在1987年12月宣布无限期退出比赛。

然而，赛场上失败算什么，一切都能在战场上赢回来！海湾战争期间，装备"挑战者"1的英军第1装甲师在97小时内推进约350千米，击败敌方1个机械化旅、1个装甲旅，以及至少3个步兵师，并缴获约300辆坦克和大量其他车辆。

尤其值得一提的是，"挑战者"1曾在海湾战争期间多次远距离狙杀敌方车辆，具体车辆类型及距离如下：

· 坦克（T-55），3600米；

· 加油车，4700米；

· 坦克，5100米。

正如时任英军第1装甲师第7装甲旅旅长帕特里克·科丁利所说的那样："这是一种为战斗，而不是比赛制造的坦克。"

△ "酋长"主战坦克

它体现了英国人将"征服者"的重型火力，与"百夫长"的机动、通用优势相结合的坦克设计思路。"挑战者"1在许多设计上继承了"酋长"的特征，如同系列主炮、车身设计、行走装置等。

▽ "希尔"1与"希尔"2主战坦克

英国为伊朗开发的新式主战坦克共有三辆原型车，分别是FV4030/1、FV4030/2（"希尔"1）、FV4030/3（"希尔"2）。"挑战者"1主要参考"希尔"2的设计，同时采用了"希尔"1的行走装置。

△ "希尔"1主战坦克。

△ "希尔"2主战坦克。

火力

　　"挑战者" 1 之所以能多次实现远距离狙杀,在很大程度上得益于其装备的超长倍径的 L11A5 型 120 毫米线膛炮:该炮拥有很强的穿甲能力。"挑战者" 系列主战坦克是现代唯一采用线膛炮的第三代主战坦克。英军坚持使用这种线膛炮而非滑膛炮,其中一个重要考量便是:线膛炮能发射碎甲弹(HESH)。

　　除此之外,"挑战者" 1 还装备有 1 挺 L8A2 型 7.62 毫米并列机枪,以及 1 挺车长用 L37A2 型 7.62 毫米高射机枪。

L11A5 型线膛炮

L11A5 型线膛炮是 L11 系列火炮的主要生产型号,它是"酋长"所用主炮的升级版本,精准度极高,备弹 64 发。它是世界上现役主战坦克中身管最长的坦克炮,身管长度达到了 6.86 米。

扩展知识

滑膛炮与线膛炮的区别

　　滑膛炮与线膛炮最直观的区别在于炮管内壁是否刻有膛线。

　　滑膛炮: 内壁无膛线,生产工艺相对简单,维护成本低。虽然在射程、射速、精度等方面不如线膛炮,但得益于技术进步,滑膛炮因为能发射尾翼脱壳稳定穿甲弹,具有膛压高、动能大、炮弹初速高且弹道平稳等特点,所以普遍用于各型主战坦克中。

　　线膛炮: 内壁分布有若干条膛线,炮弹出膛时因之产生旋转,从而获得更高的精度和更远的射程。但这种火炮生产工艺复杂,维护成本高(发射炮弹时其炮管内壁磨损更严重),目前只有少数主战坦克将其用作主炮。

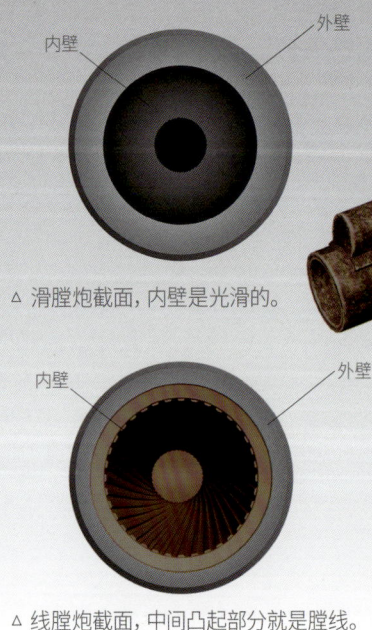

△ 滑膛炮截面,内壁是光滑的。

△ 线膛炮截面,中间凸起部分就是膛线。

L31A1 碎甲弹

L31 系列碎甲弹是英国人专为 L11 系列 120 毫米线膛炮开发的弹药。可以说,英国人正是为了继续使用碎甲弹,才为"挑战者"1 主战坦克安装线膛炮。L31 系列碎甲弹非常适合打击敌方建筑物、防御工事、轻装甲车辆、人员,但很难对装有间隔装甲、爆炸反应装甲或非爆炸反应装甲的主战坦克造成致命破坏。

7.62 毫米 L8A2 式并列机枪

L37A2 式高射机枪

安装在车长指挥塔上的 7.62 毫米 L37A2 式高射机枪。L8A2 和 L37A2 实际上都是比利时 FN MAG 通用机枪的英国改进版本。两种机枪总共备弹 4000 发，最大射程为 3500 米。

装甲防护

"挑战者"1车体和炮塔使用的"乔巴姆"装甲被视为第二次世界大战以来坦克设计和防护方面取得的最显著成就,与等重量钢质装甲相比,大大提高了抗破甲弹和碎甲弹的能力,但体积和重量增加不多。

防二次效应措施

"挑战者"1的所有装药均储存在炮塔座圈以下的特制容器内,容器壁内的液体可减少起火危险。在后期生产的车型上,装药容器还加有装甲保护层。

"挑战者"系列的变形车

▷"挑战者"1装甲抢修车和"挑战者"2装甲抢修车

这两种抢修车并无本质上的区别:一种是采用"挑战者"1主战坦克车体研制而成的装甲抢修车,另一种是在前一种基础上更换了"挑战者"2主战坦克的动力系统,包括发动机和变速箱。某些资料甚至直接将两种车辆笼统称为"挑战者"装甲抢修车(Challenger Armoured Repair and Recovery Vehicle,缩写为CRARRV)。

这两种装甲抢修车均配置有绞盘、起重机、推土铲、回收和维修设备,能够在战场上执行多种任务,并修理或回收同名的两型主战坦克。

△ "挑战者"1装甲抢修车。

防护

提到"挑战者"1主战坦克的防护性能,就不能不提及"乔巴姆"复合装甲。这种装甲在坦克的车体和炮塔都有分布,能够有效防护动能和化学能弹药的攻击。其成分包括铝、橡胶、钢板(组成三明治结构),中弹后橡胶部分会膨胀,起到防护作用。

整个"沙漠风暴"行动期间,没有一辆"挑战者"1被击毁,这使得"乔巴姆"装甲在世界享有不菲的声誉。英国曾向伊朗、西德、美国展示"乔巴姆"装甲,该装甲的第一代技术也获得了广泛传播(但后续发展至今保密)。

△ "挑战者"1的复合装甲构型及其厚度示意。

烟幕弹发射装置

在炮塔正面两侧各安装1组由5具发射器构成的电击发烟幕弹发射装置,每组发射装置可覆盖100°的区域。

△ "挑战者"2装甲抢修车。

M551

SHERIDAN LIGHT TANK
M551 "谢里登" 轻型坦克

M551 "谢里登" 坦克是美国军队在 20 世纪 60 年代研制和使用的一款轻型坦克，以美国内战时期的军队将领菲利普·谢里登命名。从功能上讲，它也可以被称为空降坦克、侦察坦克、导弹坦克或两栖坦克。这种轻型坦克最显著的外观特征包括一门短粗的 152 毫米主炮，以及轻薄的车体。

SPECIFICATIONS

XM551、M551、M551A1（TTS）坦克性能对比 *

	XM551	M551	M551A1（TTS）
乘员数量	4 人	4 人	4 人
战斗全重	15.08 吨	15.18 吨	15.24 吨
主武器	M81 型 152 毫米火炮 / 导弹发射器（按照具体型号有所不同）		
并列机枪	XM121**（12.7 毫米）或 M73（7.62 毫米）	M73 或 M219（均为 7.62 毫米）	M240（7.62 毫米）
高射机枪	M2（12.7 毫米）；另外，XM551 中的部分车辆未安装高射机枪		
车体尺寸	6.6 米 ×2.8 米 ×2.7 米	6.3 米 ×2.8 米 ×2.9 米	6.3 米 ×2.8 米 ×2.9 米
坦克极速	56 千米 / 小时	69 千米 / 小时	69 千米 / 小时
最大行程	480 千米	560 千米	560 千米
涉水方式	浮渡	浮渡	浮渡
最大越壕宽度	1.5 米	2.4 米	2.4 米
最大垂直越障高度	0.5 米	0.8 米	0.8 米
发动机马力	285（2800 转 / 分钟）	300（2800 转 / 分钟）	300（2800 转 / 分钟）
车体材质	铝合金		
炮塔材质	均质钢		

*: XM551、M551、M551A1(TTS)分别为"谢里登"轻型坦克的原型、正式生产型、改进型。TTS 即 Tank Thermal Sight 的首字母缩写，意为坦克热视仪。

**: XM121 实际为一种测距机枪，在一些坦克上被用作主炮的瞄准辅助设备，后被激光测距仪代替。

M551"谢里登"轻型坦克和 PT-76坦克有一大相似之处，便是堪称"虚胖"的车体。事实上，就连前者的诞生也在很大程度上受了后者的影响，因为在美军看来，苏制 PT-76能下水，那么美国的轻型坦克也必须能！

M551
SHERIDAN LIGHT TANK

"谢里登" 空降坦克内部结构一览

01. 位于车体前部左侧的弹药架
02. 驾驶员位
03. 防浪板上的透明观察窗口
04. 驾驶员用转向装置
05. 驾驶员换挡杆、水平转向杆和手动油门控制设备
06. 炮塔顶部通风口
07. 炮射导弹的红外制导器
08. 152 毫米火炮炮尾
09. 12.7 毫米重机枪
10. 车长舱盖
11. 方位指示器
12. 炮手用防护屏
13. 车载无线电设备
14. 车长位
15. 储物架
16. 发动机排气口
17. 内嵌式步兵电话
18. 浮动围帐放置槽 (被封闭)
19. 主动轮
20. 灭火器
21. 装填手位
22. 炮塔部位的火炮炮弹
23. 导弹分系统信号数据转换箱
24. 浮动围帐
25. 负重轮
26. 灭火器 (此处仅能看到操作手柄)
27. 诱导轮
28. 防浪板 (合拢状态)

炮手
车长
驾驶员
装填手

2.8 米

6.3 米

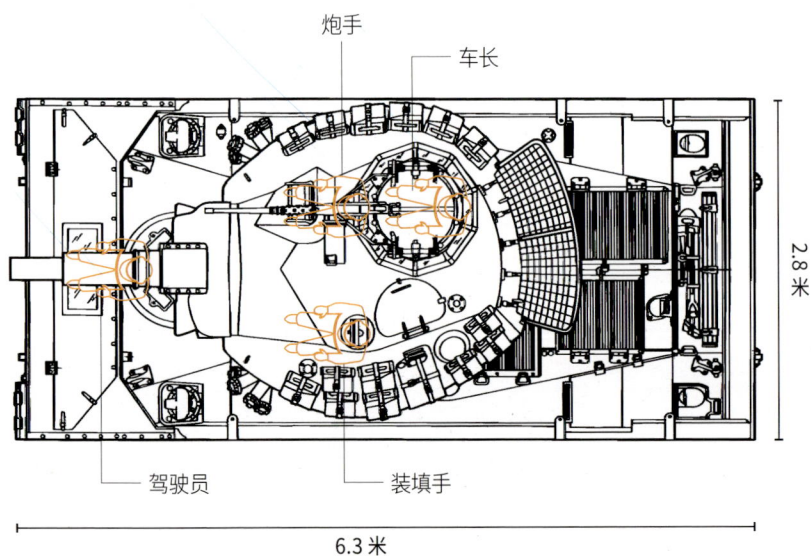

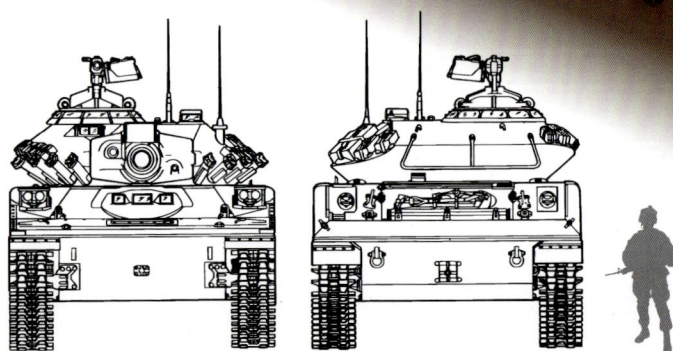

△ M551 空降坦克前后视图。

测距机枪

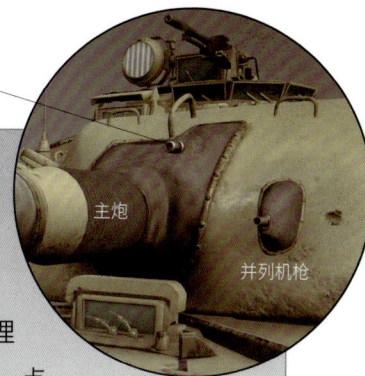

测距机枪

主炮

并列机枪

测距机枪这一设计最初是出现在英国 "百夫长" "酋长" 坦克身上的，美国 "谢里登" 坦克也有应用。其工作原理是：利用测距机枪的弹道和主炮相同这一点，坦克在使用主炮攻击目标之前，先用测距机枪进行试射。机枪使用了曳光弹，因而能观察到弹着点。若击中目标，坦克就可以按照同样的数据（方位、距离等）使用主炮攻击目标。

但使用机枪测距存在两大缺陷，其一是容易先暴露自己，反而被对方准确捕获；其二是先枪后炮的操作流程，在关键时刻很可能贻误战机。所以，测距机枪渐渐被激光测距仪取代。

火力

　　就火力性能而言，M551轻型坦克既称得上标新立异，也可以说是"小车扛大炮"。它装备了一门152毫米线膛炮——这同时也是一部导弹发射器，可发射 MGM-51"橡树棍"（Shillelagh）反坦克导弹。除此之外，M551还装备有一挺7.62毫米并列机枪和一挺12.7毫米高射机枪。

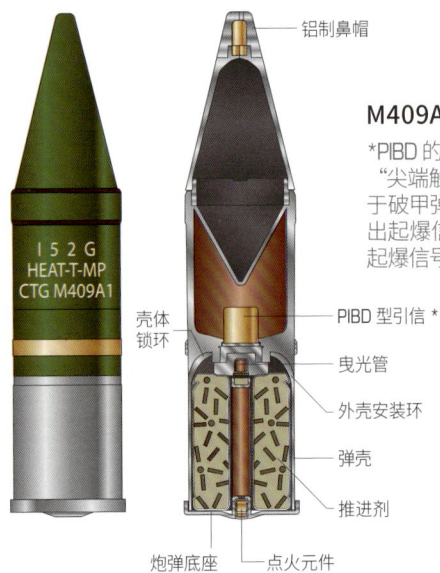

铝制鼻帽

M409A1 多用途破甲弹及其内部剖视图

*PIBD 的英文全称为 Point Initiating Base-Detonating，意为"尖端触发，底端起爆"，是一种引信的配置形式，常用于破甲弹。炮弹尖端是引信的触发机构，撞击目标时发出起爆信号。破甲装药底端是引信的起爆机构，接收到起爆信号时引爆装药。前后两部分之间有导线连接。

152 G
HEAT-T-MP
CTG M409A1

壳体锁环

PIBD 型引信 *

曳光管

外壳安装环

弹壳

推进剂

炮弹底座　点火元件

M2 "勃朗宁" 12.7 毫米高射机枪

最大射程为 7400 米备弹 1000 发。

M73/M219 型 7.62 毫米并列机枪

M219 型（曾被称为 M73A1，）是 M73 型的改进型号，两者最大射程约为 3660 米，备弹 3000 发。后来被同口径的 M240C 型机枪取代。

"橡树棍" 反坦克导弹

M551 "谢里登" 坦克的 M81 主炮可以发射 "橡树棍" 导弹，这是一种反坦克制导导弹，也是美国陆军地面部队部署的第一种炮射导弹。这种导弹可以通过瞄准目标并在飞行过程中进行调整，从而精确打击敌人的装甲目标，提高了击中概率和杀伤力。

除 M551 "谢里登" 坦克外，"橡树棍" 导弹还应用在 M60A2 坦克上。为坦克引入制导导弹，这是当时的一项技术创新，它增强了坦克的反坦克能力和战斗效力。

"橡树棍" 导弹依靠展开的弹翼稳定飞行，并受燃气反作用控制装置的控制，其 6.8 千克重空心装药弹头在撞击时引爆，打击原理仍然为破甲方式。后来由于发射制导平台的老化，以及自身可靠性不佳，"橡树棍" 导弹很快退出了历史舞台。

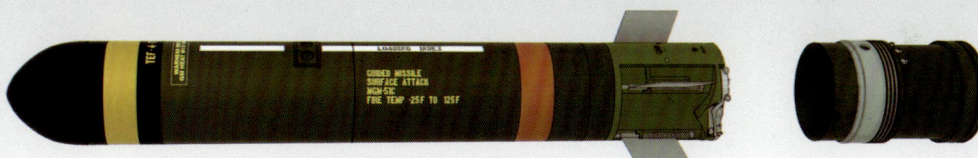

△ 导弹前后分离的 "橡树棍" 导弹。

"谢里登" 坦克为何选择 M81 型 152 毫米火炮?

1. 该系列火炮重量轻（这对一辆需要严格控制车重的轻型坦克来说显然很关键）；

2. 针对装甲目标，既可发射常规炮弹，也可发射反坦克导弹；

3. 能有效对付人员、建筑等 "软目标"。

至于 "谢里登" 为何不选择其他口径火炮：

1. 口径过小的火炮，无法满足为己方步兵提供火力支援的需要，如 76 毫米或 90 毫米火炮；

2. 长身管的较大口径主炮，又不符合尽可能减重的需求，如前文所述的 M68 系列 105 毫米线膛炮。

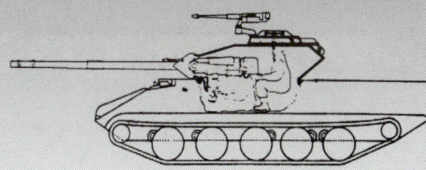

△ XM551 装备 76 毫米炮。

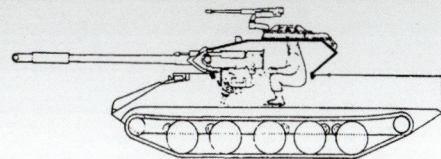

△ "谢里登" 安装 90 毫米炮。

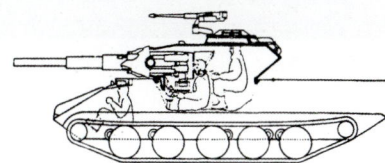

△ "谢里登" 安装 105 毫米炮。

M81 型 152 毫米主炮 / 导弹发射器

M81 是一种大口径、低炮弹初速火炮，可发射大口径榴弹，在对付敌方工事、建筑、人员等 "软目标" 时能发挥较大作用。不同于可以发射动能穿甲弹的长身管主炮（如 M1 主战坦克装备的 M68A1 线膛炮），短粗的 M81 一般发射破甲弹（如 M409）来摧毁目标；当然，进行中远距离交战时，破甲弹存在飞行速度慢的弊端，此时就可以发射 "橡树棍" 反坦克导弹。一般情况下，车内会携带 20 发常规炮弹、9 发反坦克导弹。

扩展知识

M551"谢里登"坦克的两种空投方式

执行空投作战时,"谢里登"可根据情况,在两种投放模式中选择其一:

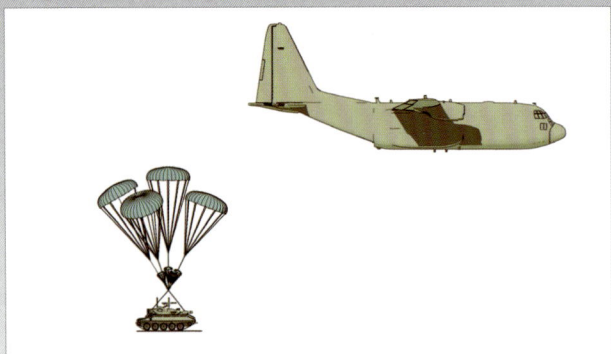

1. 高空投放

坦克被固定在一块空投垫板上,总共携带 8 顶大型投物伞和 1 顶小型拖曳伞。位于高空的飞机打开尾部舱门,拖曳伞先被放出,并在风力拉动下带着坦克离开运输机;之后降落伞打开,坦克逐渐降落至地面。

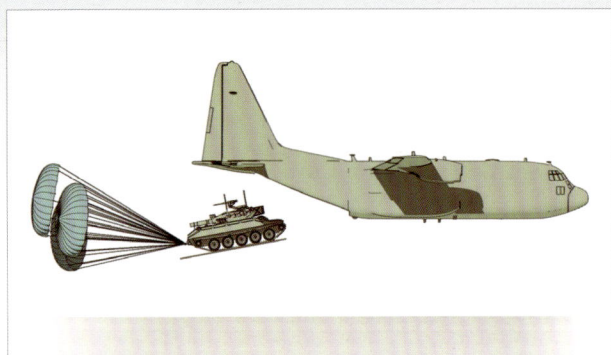

2. 低空拖曳投放

坦克同样位于一块空投垫板上,但此时只携带 3 顶拖曳伞。飞机在超低空(高度约为 3 米)飞行,打开尾部舱门,坦克在拖曳伞的拉动下离开飞机,并在不久后到达地面。

机动

M551"谢里登"坦克的机动性可以用"全面发展"来形容。作为轻型坦克,它在陆上能达到将近 70 千米的时速;同时具有空运和空投能力,这意味着它能很快出现在友军需要的地方;还能在水上进行浮渡。

不过,就浮渡性能而言,"谢里登"不如 PT-76:前者需要提前竖起围帐(位于车体边缘,平时会被折叠起来),然后进入水域;而后者可以直接进行浮渡。此外,前者最初准备安装喷水器,但后来实际采用的仍是(用履带)划水推进方式。

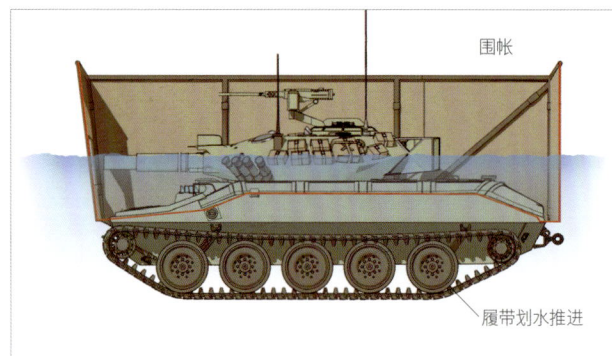

围帐

履带划水推进

△ 浮渡状态的"谢里登",其水上航速为 5.8 千米 / 小时。

行走装置

坦克行走装置有 5 对负重轮,主动轮后置,有 11 个齿。诱导轮前置,无托带轮。负重轮直径较大,且为中空结构,以增加浮力。第一、五负重轮处安装了液压减震器。

传动装置

坦克的传动装置为阿里逊公司的 XTG-250 液力机械变速箱,并配有带闭锁的液力变矩器。变速箱体由铝 - 镁合金材料制成,有 4 个前进挡和 2 个倒挡。转向时,第二、三、四挡是固定半径转向(转向半径不会随挡位高低发生变化),第一挡和倒挡可实现原地转向。

履带

坦克悬挂装置为扭杆式。采用 T-138 型销耳挂胶的铸钢履带板,每条履带由 102 块履带板组成,履带的宽度大,车辆的压强仅 48.1 千帕,车底距地高 482 毫米,且履带前端超出车首,使坦克具有较好的越野能力。

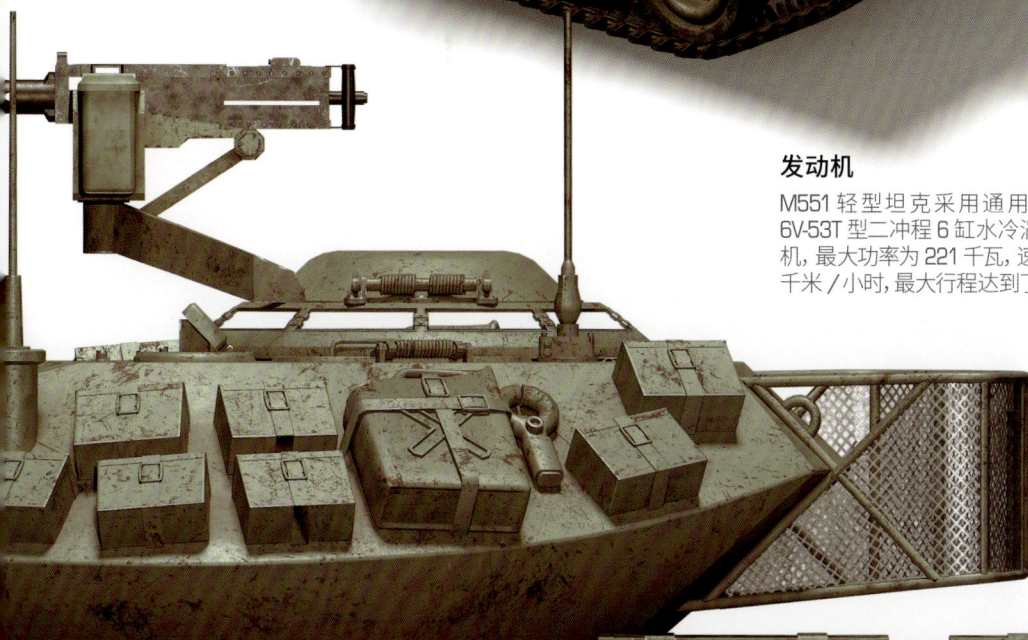

发动机

M551 轻型坦克采用通用汽车公司的 6V-53T 型二冲程 6 缸水冷涡轮增压柴油机, 最大功率为 221 千瓦, 速度达到 69.2 千米/小时, 最大行程达到了 563 千米。

空降作战中的 "人车分离" 和 "人车一体"

所谓 "人车分离" 和 "人车一体", 指的是空降作战中, 载具 (空降战车、步兵战车或装甲人员输送车等) 和人员 (包括乘员和载员) 进行空投时采用的两种不同方式。

1. "人车分离"

即人员和载具分别降落, 落地后人员前往载具处集结, 然后执行作战任务。这种方式 "不把鸡蛋放在一个篮子里", 能有效避免一旦出现意外, 人车皆失的情况; 但人员因此需要时间寻找载具, 故而战力形成相对较慢, 同时载具无法在降落过程中为人员提供保护。

2. "人车一体"

则是人员待在载具内, 两者一起降落。这种方式能在尽可能短的时间里形成战斗力 (尽管落地后同样需要处理伞具等装置), 人员在降落过程中相对安全; 但方式本身 (在技术方面) 存在较大的危险性, 或者遭遇敌防空火力阻拦, 就可能导致载具和人员同时损失。

防护

因为必须同时满足空降和浮渡的需求，"谢里登"的防护水平注定难以让人满意：坦克车体和炮塔的主要材质分别为铝合金和均质钢，且都不厚，比如车体仅能防护12.7毫米机枪射击；由于152毫米炮弹采用无壳设计，一旦被敌火力命中，就很可能发生爆炸并摧毁整辆坦克。

不过，设计人员也考虑过在不影响坦克性能的前提下，如何为乘员提供更多防护。比如后期型号的"谢里登"在高射机枪处设置了防盾，车体前部也增设了一层装甲。

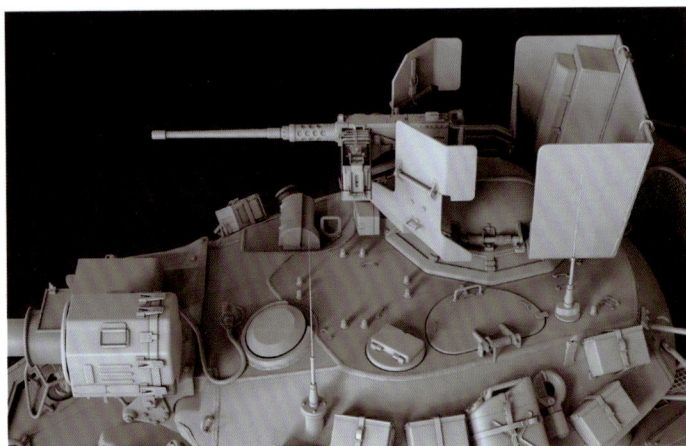

▷ 早期型号与后期型号的M551"谢里登"坦克对比。可以看出，后期型号多出了高射机枪处的防盾；防盾分为前后两个部分，可以为操作高射机枪的车长提供相应方向的防护。

△ M551"谢里登"坦克高射机枪防盾局部特写。

▷ M41"沃克猛犬"轻型坦克。

▷ 实验型空降坦克 T71 坦克。

上天入水的多功能坦克 M551"谢里登"

20世纪60年代，随着美国陆军最后一个重型坦克营的M103重型坦克退役，美国开始摒弃确立于本世纪50年代的坦克分类方法（以主炮口径大小区分轻型/中型/重型坦克），而是接受了"主战坦克"（MBT）这一概念，即"使用单一种类坦克，完成以往需要投入多种坦克的作战任务"。M60系列主战坦克开始服役，此外美国与西德准备合作开发 MBT-70 项目。

此时，还在开发中的 M551"谢里登"坦克就有些尴尬了，它无法作为主战坦克使用，美国军方担心国会因此拒绝提供支持，于是特地强调了它的特长，称之为"装甲侦察车"；再加上项目初衷需求的空降功能，M551 亦被军方称为"空降突击车"。

△ M551"谢里登"坦克制式设备还包括加温器、炮塔顶的抽气风扇、灭火装置和三防装置等。

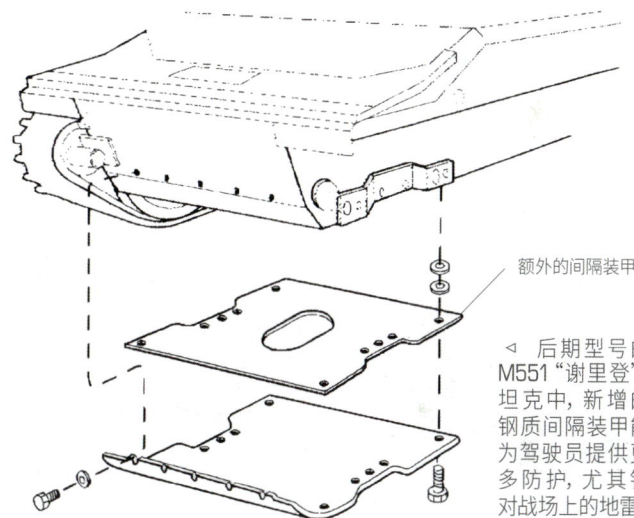

额外的间隔装甲

◁ 后期型号的M551"谢里登"坦克中，新增的钢质间隔装甲能为驾驶员提供更多防护，尤其针对战场上的地雷。

装甲防护

M551轻型坦克采用了7039型滚轧铝合金车体，不过以当时的技术，铝合金的弹道防护能力仍然不及轧制钢装甲。

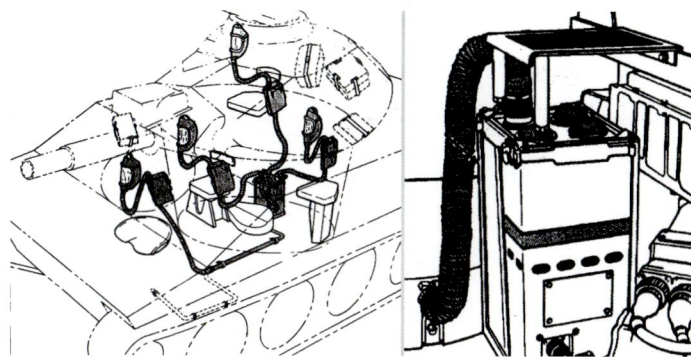

▷ 实验型空降坦克 T92 坦克。

◁ 最终成果 M551 轻型坦克。

M551的开发始于20世纪50年代。当时美国军方不满于 M41"沃克猛犬"轻型坦克的重量和行程，要求军工企业另外开发一种更轻盈、具备空降能力的新坦克。

军工企业很快推出了T71和T92两种试验型空降坦克。其中 T92 坦克获得很大发展，甚至已经制造出原型车，准备进行性能测试。然而就在这时，苏联传来 PT-76 坦克服役的消息，美军不甘落后，也要求本国新式轻型坦克具备两栖能力。T92因难以通过改装达成目的，于是相关研发中止。

1959年，为了同时实现空降和两栖功能，美国人启动了一个装甲侦察车 / 空降突击车研发计划，用以取代 M41 轻型坦克和 M56"蝎"式坦克歼击车。这种新型车辆正是 M551，其最早于1966年开始批量生产，并服役到了20世纪90年代。

前路迷茫的"谢里登"后继者们

从本质上讲，M551"谢里登"轻型坦克是一种高速火力支援车。它并不适合承担主战坦克的职责，但凭借优良的战略机动性能，可以实现快速部署、为己方步兵提供火力支援等功能——所以即使它有不少缺陷，却仍能够得到前线部队的肯定。

自"谢里登"退役后，美国陆军仍在不断寻求其替代性装备，包括 LAV-25 轻型装甲车、M8 装甲火炮系统、M1128 机动火炮系统，以及原计划在 2023 年年底之前完成首次交付的 M10 机动防护火力系统。（该开发项目已在 2025 年被取消）

△ LAV-25 轻型装甲车

LAV-25 轻型装甲车最终被美国陆军否定，原因是它无法进行低空拖曳投放，而且它的火力性能也差"谢里登"一大截（仅一门 25 毫米主炮加上两挺 7.62 毫米机枪）。以这种轻型装甲车为基础开发的 LAV-105 项目（安装 105 毫米主炮）亦被取消。

◁ M1128机动火炮系统

M1128机动火炮系统（Mobile Gun System，简称 MGS）是"斯崔克"装甲车族的成员，装备有一门105毫米线膛炮，主要用于支援步兵、攻击敌方工事等。但由于设计缺陷和维护困难，M1128机动火炮系统在2022年年底退出现役。

△ M8装甲火炮系统

冷战结束后，因国防压力骤减，加上军种预算有限，美国陆军在1996年取消了M8装甲火炮系统（Armored Gun System，简称 AGS）的生产。

◁ M10机动防护火力系统

M10 "布克" 机动防护火力（Mobile Protected Fire-power，简称 MPF）系统主要负责支援己方步兵旅战斗队，并为乘员提供针对敌方装甲车的防护。值得注意的是，这种车辆并不具备空投能力，在很大程度上扮演着突击炮的角色。

扩展知识

百变大咖"谢里登"

1979年，美国陆军在欧文堡开设国家训练中心（NTC），并组建一支假想敌部队，与其他部队进行对抗性演练。这支假想敌部队不仅使用外国制造的车辆（如 MT-LB、BTR-60），也使用一些 "VISMOD"（Visual Modified 的缩写），即那些经过视觉上的改造，在训练中充当敌对势力的（本国）车辆、飞机等军用装备。

于是人们看到，美制 M551轻型坦克仿佛一位优秀的演员，在训练中心外形多变，扮演起 T-72、BMP-1、ZSU-23-4等苏联陆军制式装备来。

通过金属板、胶合板、玻璃纤维部件等，"谢里登"轻型坦克能够在外形上模拟多种外国军用车辆。不过从图中看来，这些完成改造的坦克上仍然能看到"谢里登"的影子，尤其是车体前部和履带。

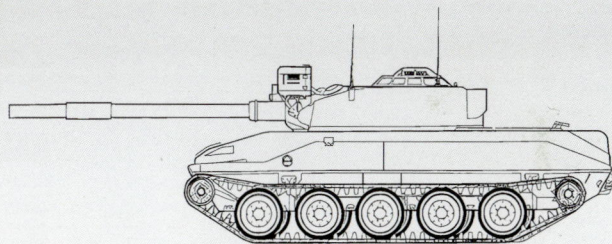

△ "谢里登" 版 T-72。

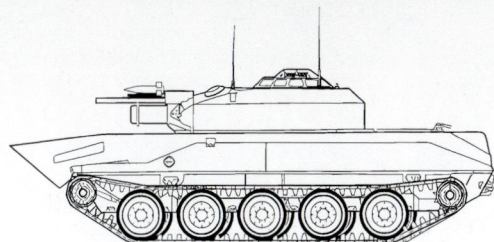

△ "谢里登" 版 BMP-1。

△ "谢里登" 版 ZSU-23-4。

STRV 103

MAIN BATTLE TANK
Strv 103 主战坦克

Strv 103 主战坦克，也称 S 坦克，是冷战期间瑞典研制的一款外形和作战理念都相当独特的无炮塔主战坦克。它基于瑞典本国国情研制，堪称"逢山开路，遇水搭桥"的典型，在世界坦克发展史上留下了浓墨重彩的一笔。

Strv 103 这个装备代号，比起 T-72、M1 等简洁的字符，它显得略微复杂——Strv，即瑞典语 Stridsvagn 的缩写，意为"坦克""战车"；而 103 则可拆分为 10 和 3，指瑞典军队中服役的第 3 种装备 10 厘米（实为 10.5 厘米）口径火炮的坦克。

Strv 103C 主战坦克数据简表

产地	瑞典	生产厂商	博福斯公司
战斗全重	42.3 吨	尺寸	8.99 米（含火炮和车尾油箱）×3.63 米（含浮渡围帐）×2.43 米（含车顶机枪）
乘员数量	3 人	装甲厚度（水平等效）	192 ～ 240 毫米（正面）
装甲厚度（实际）	40 毫米，带防弹肋条（正面）	发动机（1）	底特律 6V53T 型柴油机
发动机功率（1）	216 千瓦或 290 马力	发动机（2）	卡特彼勒 553 型燃气涡轮发动机
发动机功率（2）	365 千瓦或 490 马力	主武器	105 毫米线膛炮
副武器（机枪）	2 挺 7.62 毫米车体机枪；1 挺 7.62 毫米高射机枪	副武器（其他）	2 门 71 毫米照明迫击炮
功重比	13.6 千瓦 / 吨（18.3 马力 / 吨）	悬挂	液压气动（可调车姿）
最大行程（双发动机运行）	240 千米	最大速度（双发动机运行）	55 千米 / 小时
变速挡位	2 个前进挡和 2 个后退挡，中立挡可实施中心转向	转向模式	液压转向和制动转向
装甲类型（车体）	均质钢装甲和间隔装甲	装甲类型（附加）	侧裙燃料箱和车首格栅装甲

STRV 103
MAIN BATTLE

Strv 103 主战坦克结构一览

01. 位于车体前部的格栅装甲
02. 升降式推土铲
03. 车体机枪（两挺）
04. 位于车体前部的发动机
05. 105 毫米主炮
06. 钢质水平肋
07. 车体正面大倾角装甲
08. 驾驶员 / 炮手用观察孔
09. 车长用观察孔
10. 高射机枪
11. 照明迫击炮（两门）
12. 附加油箱
13. 炮弹存放处（车体内部）
14. 诱导轮
15. 车体侧面燃料箱（亦作附加装甲）
16. 负重轮
17. 主动轮

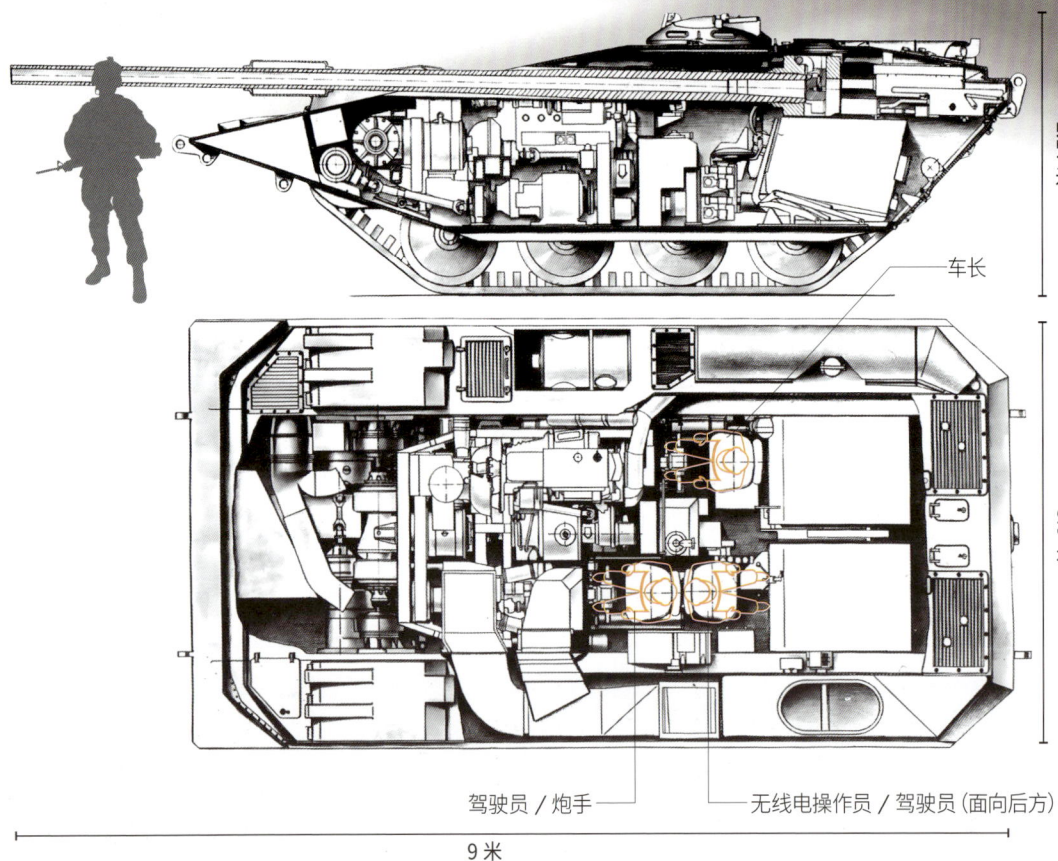

2.14 米

3.8 米

9 米

车长

驾驶员 / 炮手

无线电操作员 / 驾驶员（面向后方）

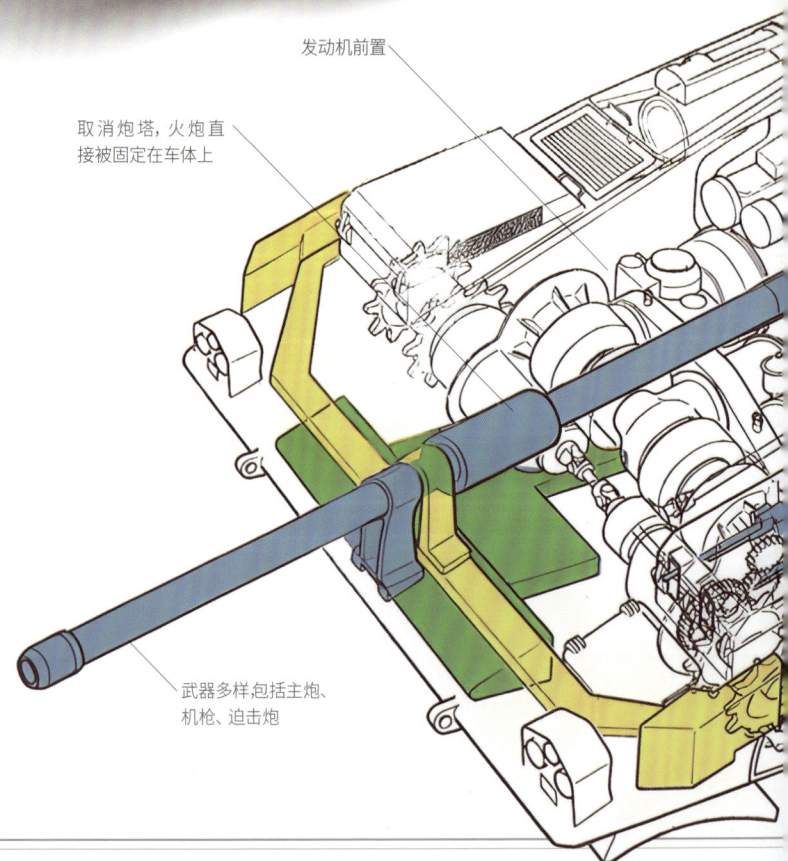

发动机前置

取消炮塔，火炮直接被固定在车体上

武器多样，包括主炮、机枪、迫击炮

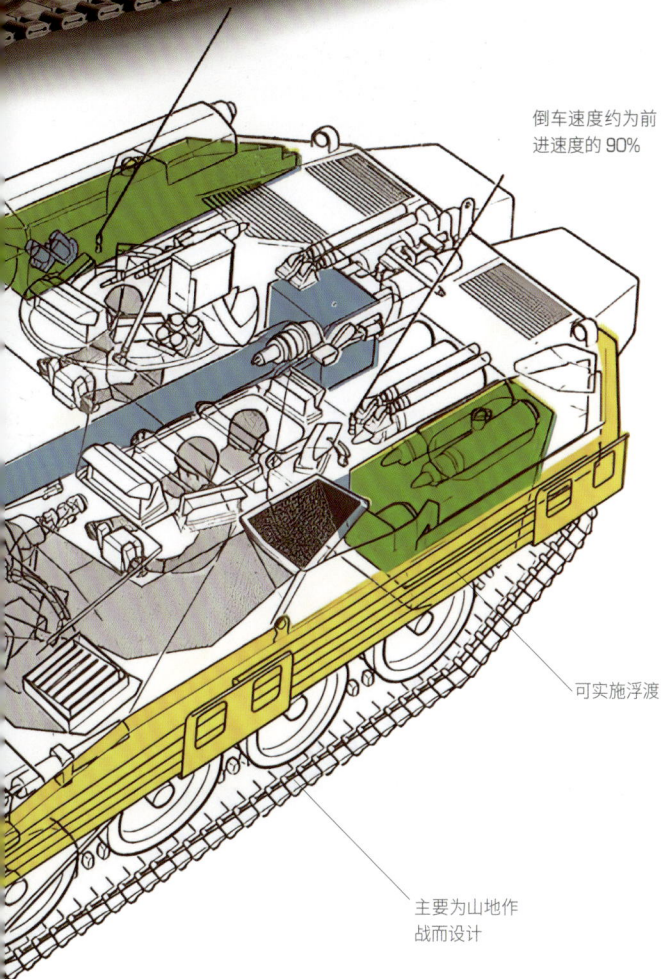

11
12
13
14
15
16

倒车速度约为前
进速度的90%

可实施浮渡

主要为山地作
战而设计

扩展知识

Strv 103 的诞生

冷战期间，瑞典奉行军事中立战略，始终不倒向美苏中的任何一极。不过它自身拥有较强的武器研发实力，这是 Strv 103 诞生的重要前提。

1953年起，瑞典陆续从英国获得了多个版本的"百夫长"主战坦克（按吨位划分属中型坦克）。这种坦克最早于1945年获得命名，尽管不断有改进型号推出，但还是渐显老旧。

瑞典从英国获得多个型号的"百夫长"坦克，并为其赋予本国编号，它们是：

"百夫长" Mk3——Strv 81
"百夫长" Mk5——Strv 81
"百夫长" Mk10——Strv 101
升级后的"百夫长" Mk3、Mk5——Strv 102
部分获得升级的 Strv 102——Strv 104

在其他国家的坦克不断推陈出新的刺激下，瑞典军械部门发起招标，希望找到一种新坦克来取代英制"百夫长"。有关"自研"或"外购"的建议纷至沓来。

在自研方案中，KRV 重型坦克项目是较有代表性的一个。KRV 是 Kranvagn 的缩写，意为"移动式起重机"（显然，赋予该代号只是出于保密和迷惑其他国家的目的）。早在20世纪50年代初，瑞典便已开始秘密开发该坦克，并称之为"埃米尔"。由于自身开发成本较高，以及瑞典先是引进英制"百夫长"，后来决定自主开发另一种新坦克（见下文），"埃米尔"最终被放弃。

1956年，瑞典国内出现一种新方案"Alternative S"（即"替代方案 S"，S 取瑞典一词的首字母）。这种坦克设计具有车身高度低、装备105毫米主炮和两台发动机、以静

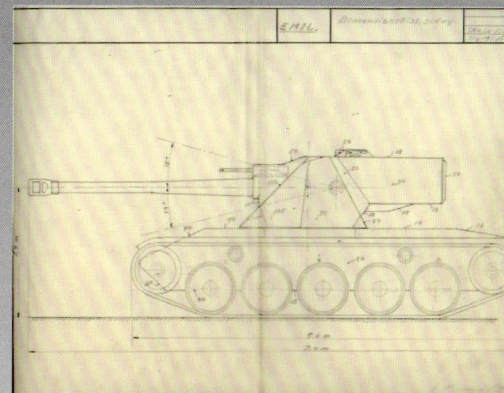

△ KRV 重型坦克技术图纸（1951年）。

止状态射击、可高速后退等特点。虽然这一方案较从外国采购成本更高，但鉴于本国的中立立场和发展国内工业体系的积极意义，瑞典议会最终于1958年选择了它，也就是后来的 Strv 103 主战坦克。

Strv 103 常常因为自身怪异的外形被误认为坦克歼击车。但面对瑞典军队的作战需求和当地地形，这种主战坦克的确很实用且适用：

1. 从作战需求上看，瑞典军队主张武装中立，采取防守性质的战略——瑞典军方对于新型坦克的作战设想是反击夺回领土，而不是主动进攻他国。Strv 103 低矮的车身有利于防守，同时尽可能为乘员提供安全保障。

2. 从当地地形上看，瑞典（本土）以山地为主。Strv 103 采用液压气动式悬挂，可在山地环境中获得较大的射击俯仰角，从而更高效地进行伏击作战。

▷ Strv 104。

火力

　　Strv 103 的最大特点是没有炮塔，主炮固定在车体上，瞄准依靠整辆坦克的方向调整来完成。这包括使用液压悬挂系统进行垂直方向瞄准，以及通过转动履带来进行水平方向瞄准。

　　Strv 103 装备的博福斯 L74 型 105 毫米线膛炮来源于同口径的英制 L7 型火炮，但这一瑞典型号改用更复杂的反冲组件和 62 倍径炮管，以提升炮口初速和炮弹精度。该车还配置有自动装弹机，因此乘员中并未设置装填手。

　　该坦克的副武器则是三挺 KSP 58 型 7.62 毫米机枪，其中两挺位于车体前部左侧，另一挺被用作高射机枪；另有两门"天琴座" 71 毫米照明迫击炮（部分车型）。

L74 型 105 毫米线膛炮

L74 型主炮在英制 L7 型的基础上有所改良，但仍然可以发射后者的弹药。主炮通常备弹 50 发。

扩展知识

Strv 103 如何开炮

　　瑞典陆军根据使用英制"百夫长"的经验，认为坦克需要停下再射击，才能确保较好的精准度。显然，瑞典军方并不认同行进间射击。

　　这一认知被应用到了 Strv 103 的设计之中：其主炮被固定于车体前部，炮管本身无法进行任何方向的移动，行进时只能朝车辆正前方开火。

　　停车后，尤其是实施防御性作战时，Strv 103 可以使用车体前部下端的推土铲，为车辆挖掘出合适的射击阵地。

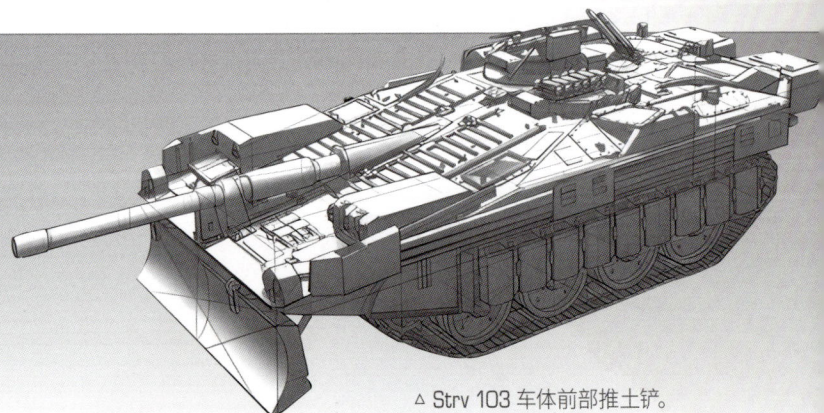

△ Strv 103 车体前部推土铲。

KSP 58 型 7.62 毫米机枪

KSP 58 是比利时 FN MAG 通用机枪的瑞典版本。有意思的是，除了一挺车长使用的高射机枪，另外两挺虽不是同轴机枪，却可以将它们归类为并列机枪：主炮和这两挺机枪在车体前部并列。

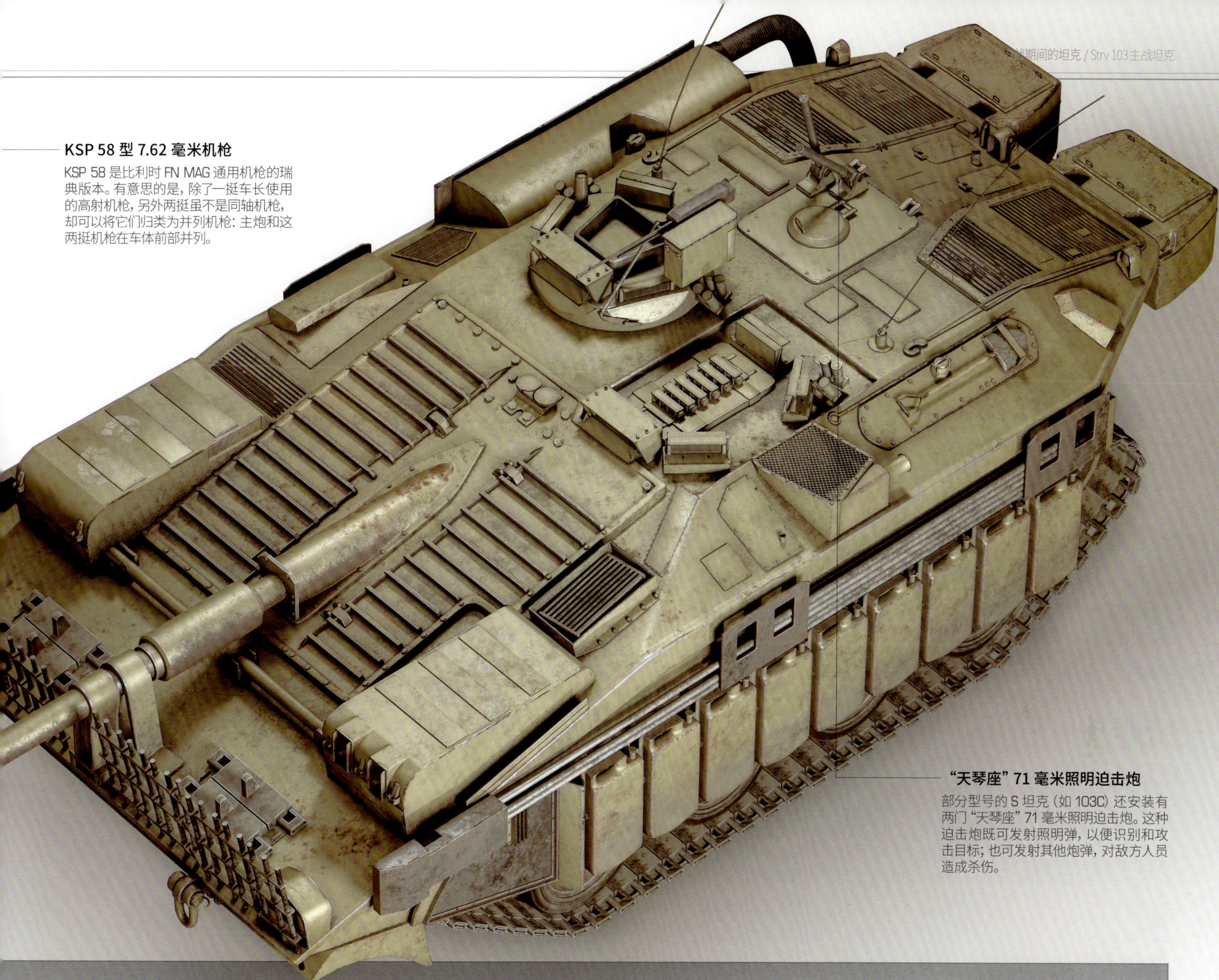

"天琴座" 71 毫米照明迫击炮

部分型号的 S 坦克（如 103C）还安装有两门"天琴座" 71 毫米照明迫击炮。这种迫击炮既可发射照明弹，以便识别和攻击目标；也可发射其他炮弹，对敌方人员造成杀伤。

1. 水平方向调整主炮射击角度

主炮需要攻击水平方向的敌人时，坦克进行中枢转向，车体（及主炮）对准敌人时向其开火。

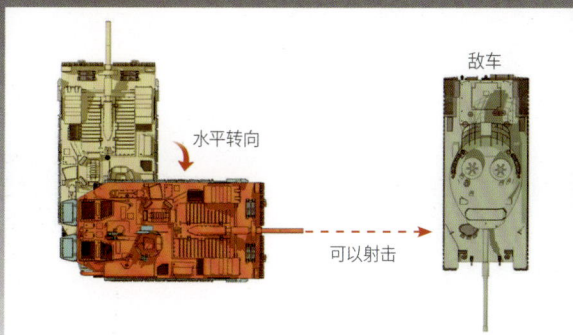

水平转向

敌车

可以射击

2. 垂直方向调整主炮射击角度

如果主炮需要进行垂直方向的角度调整，此时主要依赖履带（液压气动式悬挂）运动实现。坦克车体的上下朝向，会随着悬挂的调整发生变化，主炮也因此达到所需的角度；且相应俯仰角大于其他很多坦克所达到的数值。

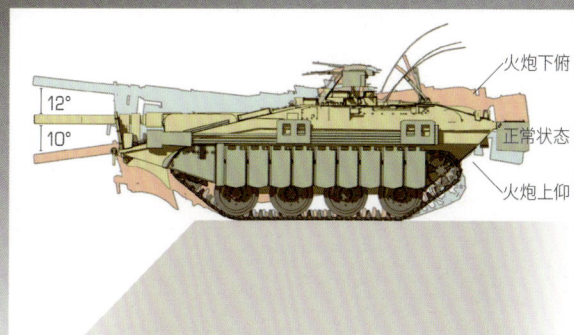

火炮下俯

12°

10°

正常状态

火炮上仰

机动

Strv 103 配置有两个前进挡和两个后退挡，面朝后方的无线电操作员也配有专属的驾驶设备，负责倒车行驶，这样的设计有利于车辆快速进入射击位置和撤退。

Strv 103 装有两部发动机，一部是柴油发动机，用于缓速巡航，并为坦克主炮射击时的左右、俯仰转向提供动力；另一部是燃气涡轮发动机，在坦克进行高速行驶或通过恶劣地形时使用。

值得一提的是，Strv 103 是燃气涡轮发动机首次应用于量产的坦克型号，早于美制 M1 或苏制 T-80。

浮渡装置

Strv 103 坦克浮渡时，可用随车的小型吊车拉起围帐，并通过一系列撑杆（即车体侧面的管状物）进行支撑。浮渡围帐不需要充气，其下端固定在车体四周上方设有装甲防护的槽里。车内装有两台排水泵。水中行驶用履带划水，航速为 6 千米 / 小时。

储物箱

和其他很多坦克不同，此处并不是油箱：由于 Strv 103 没有炮塔及相应的炮塔后部储物区，这里实际上是车组乘员放置行李的储物箱（共两个）。
而坦克的三个油箱（均能对破甲弹起到防御作用），有两个分别位于车尾左右履带上方（容量均为 425 升），另一个位于车首下方（容量为 110 升）。

扩展知识

倒车比前进更快的"弓箭手"

得益于特殊的设计，Strv 103 向后行驶时能达到相当快的速度。无独有偶，二战时期英国设计的"弓箭手"坦克歼击车也有不俗的"倒退"能力，甚至能做到倒车比前进更快。

"弓箭手"坦克歼击车以"瓦伦丁"步兵坦克的车体为基础设计而成，但两者的炮口方向却相反。前者的炮口朝向车体后方，而后者向前（不转动炮塔）。如此一来，"弓箭手"前进便等同于"瓦伦丁"倒车，反之亦然。得益于此，"弓箭手"可以（相对）快速地撤离现场，提高了乘员的安全性。

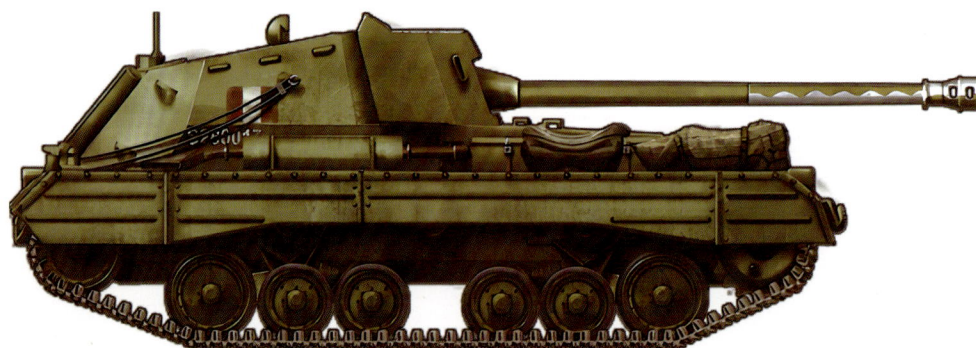

△ "弓箭手"坦克歼击车。

火炮上仰

火炮下俯

悬挂装置

该坦克采用液气悬挂,控制车体前后俯仰,实现固定火炮的高低向瞄准。为保证发射平台稳定,射击时,液气悬挂要进行闭锁。车两侧前后两负重轮悬挂油路对角相连,如左前对右后。

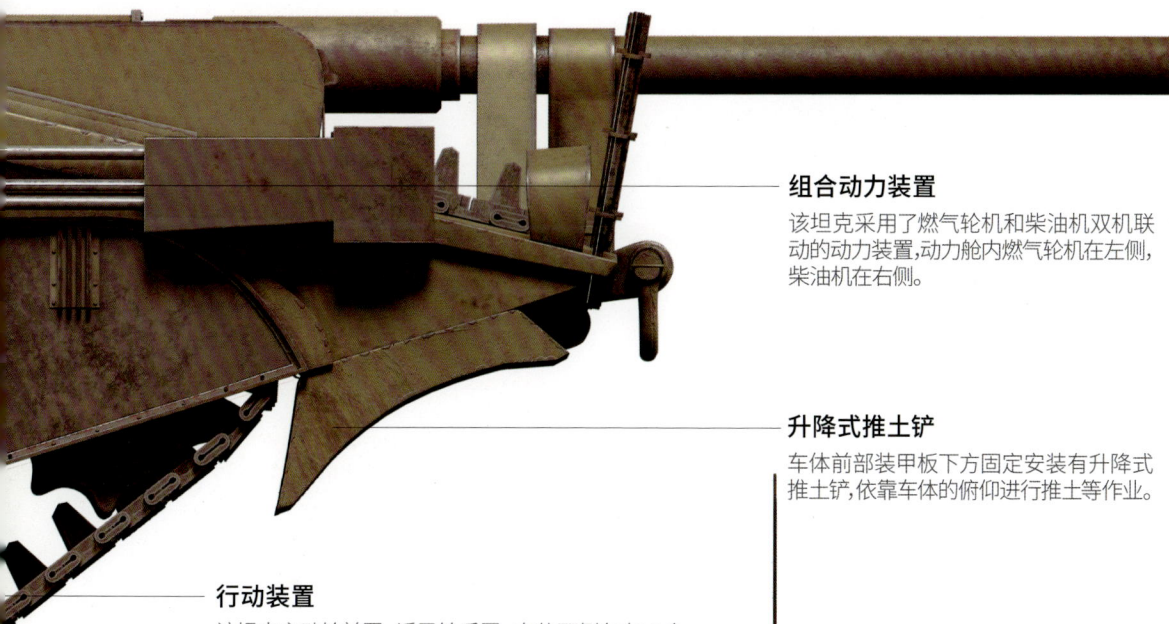

组合动力装置

该坦克采用了燃气轮机和柴油机双机联动的动力装置,动力舱内燃气轮机在左侧,柴油机在右侧。

升降式推土铲

车体前部装甲板下方固定安装有升降式推土铲,依靠车体的俯仰进行推土等作业。

行动装置

该坦克主动轮前置,诱导轮后置。车体两侧各有 4 个双轮缘负重轮和 2 个托带轮,采用可更换橡胶衬垫并带有销耳衬套的干式双销履带。

△ "瓦伦丁"步兵坦克。

扩展知识

中枢转向和其他几种转向方式的比较

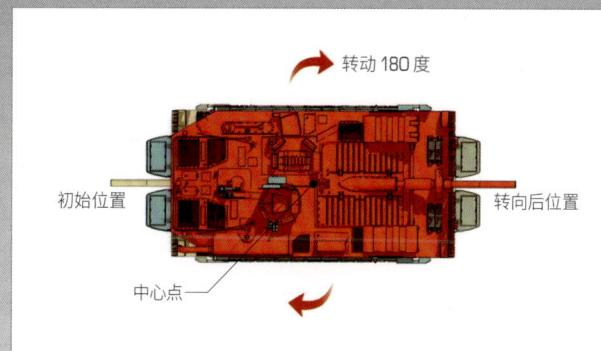

转动 180 度

初始位置

转向后位置

中心点

1. 中枢转向

两侧履带分别朝前后方向转动,这时坦克车体会围绕自身中心点旋转。如转动 180 度,坦克车头会达到原先车尾的位置。

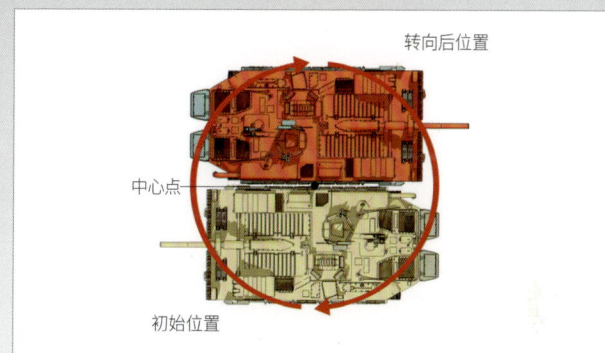

转向后位置

中心点

初始位置

2. 原地转向

一侧履带完全锁死(图中为右侧履带),另一侧履带转动,坦克围绕右侧履带的接地中点发生旋转。在同样转动 180 度的情况下,坦克最终会与原先的位置错开,并形成旋转对称。

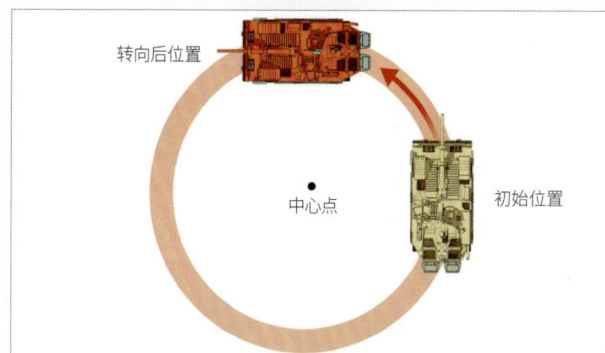

转向后位置

中心点

初始位置

3. 一般转向

一侧履带低速转动,另一侧履带高速转动(两侧履带的转动方向相同),坦克实际上围绕图中的中心点(圆心)做圆周运动,两侧履带的运行轨迹会形成圆心相同、半径不同的两个圆。

防护

尽管只使用了均质钢装甲，且装甲最厚处实际仅有40毫米，但 Strv 103采用了大倾角首上设计（增加等效装甲厚度），并附有钢质水平肋（能使敌方穿甲弹发生偏转），车体前部安装了格栅装甲（有效防御破甲弹），这些措施都增强了该车的防护能力。据估算，该车可以承受当时120毫米级别的次口径炮弹攻击。

除此之外，Strv 103原本就外形低矮，再加上可以通过液压气动式悬挂进一步降低车身高度，使得该坦克在战场上具有很高的生存性，因为它可以利用地形和低矮的轮廓隐藏自己。

另外，Strv 103的主炮炮弹储存在车体后部（不易发生弹药殉爆），其推土铲可挖掘射击阵地等（将泥土推到车辆前面挡住车身，增强隐蔽和防护效果），其撤退速度也相当不错——总的来说，该车在防护方面的表现相当优秀。

车体低矮
该坦克的战场生存力较高，车体高度仅为 1.9m，减少了中弹面积。发动机和传动装置前置也增大了乘员防护力。

格栅装甲
坦克正面安装格栅装甲，侧面也安装有裙板，以增强防御破甲弹的能力。

大倾角首上
车体前上装甲板与水平面夹角约30°，水平等效厚度翻倍。前上斜装甲板上有许多水平的加强筋和备用履带板，可提高抗穿甲弹能力。动力舱内装有两套自动灭火系统，可从内部或外部控制。

钢质水平肋

Strv 103后续改进型号一览

Strv 103B

由于重量相较原型车有所增加，首批80辆正式生产型的动力便显得不足。于是，后续批次换装了美国卡特彼勒公司生产的功率更大的燃气涡轮发动机，被称为 Strv 103B（为方便与之区分，首批正式生产型被称为 Strv 103A）。该型号的俯仰角度范围也从 − 10°～ +12°调整为 − 11°～ +16°。

▷ Strv 103 原型车。注意此时车体前部两个大致呈长方体的盒子里都设有两挺机枪。

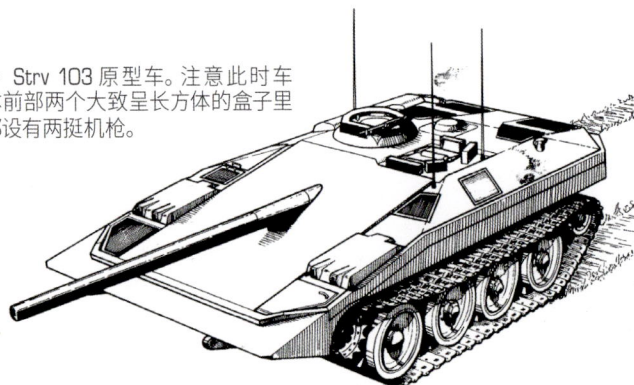

Strv 103C

配备改进型火控系统，在车首安装推土铲（1986年）；换装新的底特律柴油机，车体侧面放置更多燃料箱（也被用作额外的防护手段），并安装新型激光测距仪（1987—1988年）。

▷ Strv 103A（即首批正式生产型）。

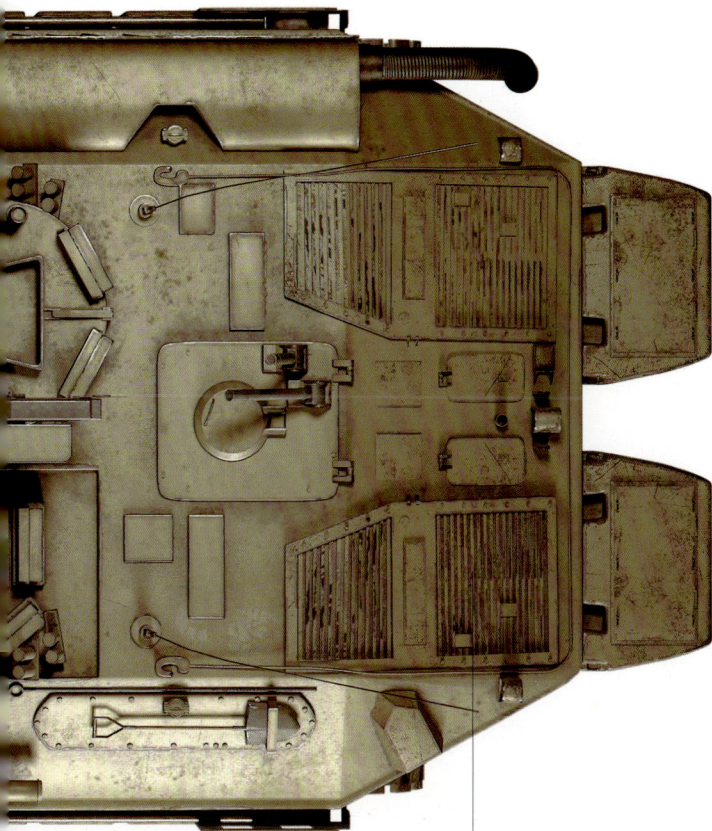

Strv 103独特的乘员配置

20世纪60年代，坦克乘员通常包括车长、驾驶员、炮手、装填手。但 Strv 103受其独特的外形和设计影响，取消了上述部分乘员，又增设了一位新乘员。

被取消的乘员：

1. 装填手（被自动装弹机取代）；

2. 炮手（因采用停车后再射击的作战模式，由驾驶员兼任炮手）。

实际配置的乘员及其职责：

1. 驾驶员，负责驾驶车辆；兼任炮手，操作火炮射击。

2. 车长，负责协调、指挥其他乘员；同样可以驾驶车辆和操作火炮射击。

3. 无线电操作员，负责操作无线电设备（原由车长负责）；进行倒车时的驾驶；手动装填炮弹。

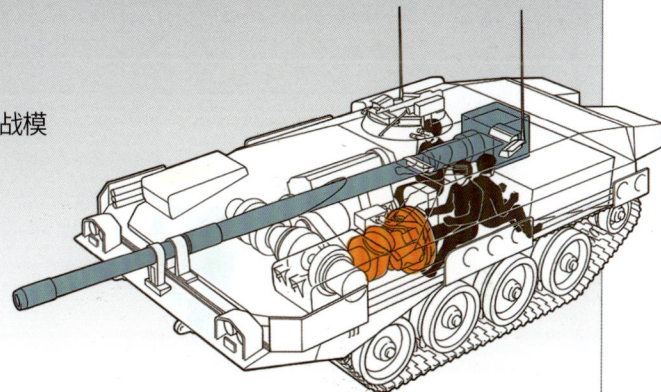

炮弹储存

车内弹药存放在车体后部，不易被直接击中。
值得一提的是，车体左侧弹药架顶部往往存有 5 发（穿甲弹和榴弹以外的）炮弹，并根据作战时间的不同有所区别：昼间为烟雾弹，夜间为照明弹。若使用这 5 发炮弹，需要将装弹机模式设置为半自动，无线电操作员对炮弹进行必要的设定，将炮弹推至扬弹机，并拉动操纵杆推弹入膛。

Strv 103D

更新火控设备和观察设备；允许车辆在夜间和恶劣气候条件下作战；增设反应装甲；发动机和悬挂有所改良。值得注意的是，该型号仅有一辆原型车——瑞典军方后来放弃继续改进 Strv 103 系列，转而选择了德制"豹"2。

◁ Strv 103B。

反思：独特但难以延续的坦克设计思路

毋庸置疑，Strv 103 的设计体现了很多非常独特的理念，比如前后设置驾驶员确保高速倒车、以自动装弹机取代装填手、设有推土铲以便挖掘射击阵地，以及采取独特的火炮俯仰方式等。

但这种坦克并不适合在松软的路面上行驶，垂直越障能力也相对不足。其采用无炮塔设计虽然能有效降低车身高度、提升隐蔽性，但同样限制了作战环境，无法成为真正"通用"的主战坦克——它适合山地战、伏击战，却不适合平原战、进攻战——Strv 103尽管被称为"主战坦克"，但实际上只能履行主战坦克的部分职能。

除此之外，Strv 103 还有一个难以忍受的缺陷——其设计立足于"坦克在短期内无法实现行进间精准射击"这一观点，显然这并不符合当代主战坦克的基本要求。Strv 103的火炮被固定在车体上，想要射击侧方的敌人，车体必须先转弯，或是停下进行中枢转向，再朝敌人开火。如此繁琐的步骤，自然不如带有炮塔的坦克方便，还容易给己方作战编队的行进造成混乱。

因此，到90年代中期，瑞典军方在考虑新型主战坦克时，就直接放弃了继续改良 Strv 103，乃至放弃了无炮塔主战坦克，最终选择了德制"豹"2。

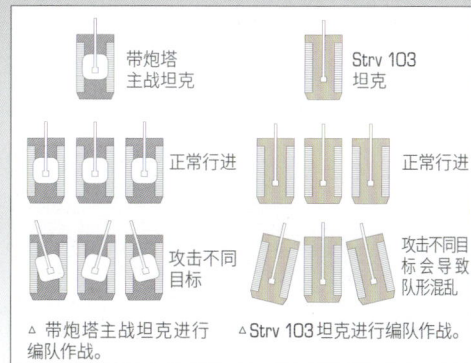

带炮塔主战坦克			Strv 103坦克		
	正常行进			正常行进	
	攻击不同目标			攻击不同目标会导致队形混乱	

△ 带炮塔主战坦克进行编队作战。 △ Strv 103坦克进行编队作战。

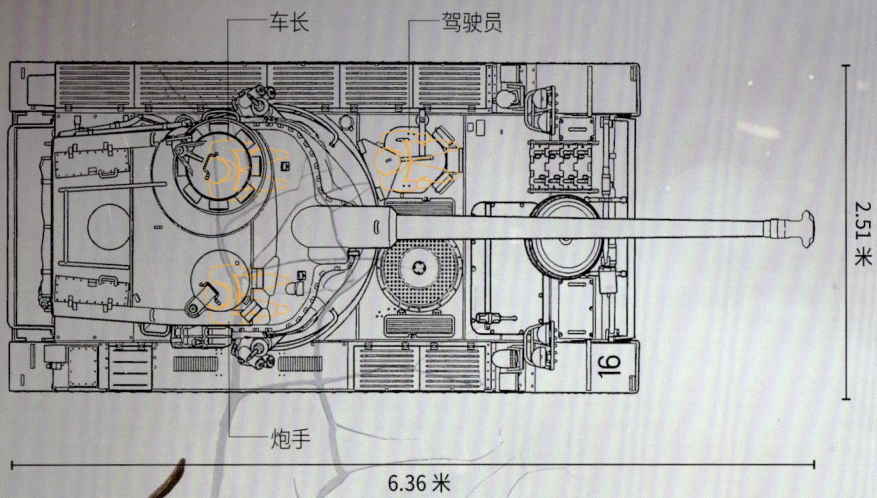

车长　驾驶员

2.51 米

16

炮手

6.36 米

AMX 13
LIGHT TANK
AMX 13 轻型坦克

AMX 13 是一款极具特色的法制轻型坦克，于 1951 年投入使用。它是二战后法国第一种大规模生产的主力坦克，也是世界上第一种搭载摇摆炮塔的轻型坦克。它的机动和火力性能优秀，但防护性能薄弱。冷战期间，AMX 13 不仅装备法国军队，也曾出口至数十个国家，不过当前仅有少量处于现役。

SPECIFICATIONS
AMX 13 轻型坦克数据简表

国别	法国	定型生产时间	1951 年
产量	7726 辆（截至 1972 年）	重量	14.8 吨
乘员数量	3 人	主要武器	75/90/105 毫米主炮
装甲厚度	最厚处约 40 毫米	副武器	7.62 毫米高射机枪 7.62（或 7.5）毫米并列机枪
最大速度	60 千米／小时	最大行程	400 千米
全车尺寸	4.88 米（含炮管长 6.36 米）×2.51 米 ×2.35 米		

AMX 13
LIGHT TANK

AMX 13 轻型坦克结构一览

01. 75 SA50 型 75 毫米火炮
02. 摇摆炮塔的下塔体（回转部分）
03. 摇摆炮塔的上塔体（俯仰部分）
04. 随车工具
05. 炮手潜望镜
06. 车长指挥塔舱盖
07. 换气风扇
08. 转轮式弹药架
09. 炮塔吊篮
10. 吊篮后部弹药架
11. 炮塔方向机锁

12. 配电滑环
13. 高低机（液压和手动备份）
14. 无线电台
15. 方向机液压马达
16. 炮塔座圈
17. 驾驶舱口
18. 发动机散热风扇进气口

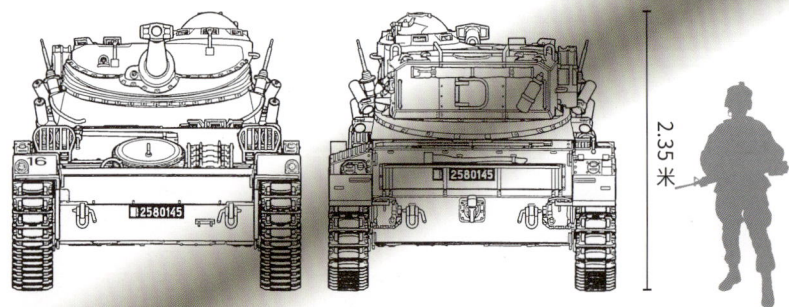

2.35 米

△ AMX 13 轻型坦克前后视图。

车长

炮手

驾驶员

△ AMX 13 轻型坦克内部横切面。

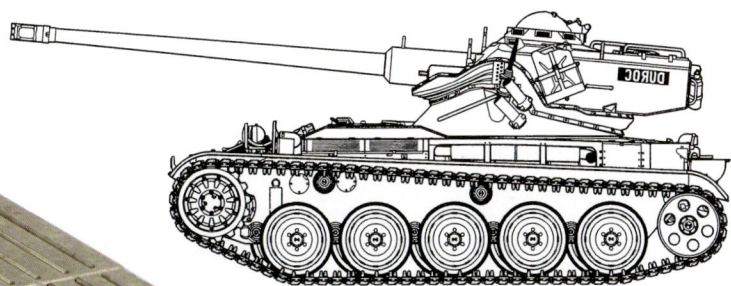

△ AMX 13 轻型坦克侧视图。

二战后法国独特的坦克设计思路

由于20世纪20年代和30年代的法国奉行防守战略，针对潜在敌国德国，法国宁愿修建诸如马其诺防线被动防守，也不打算用坦克主动发起进攻。在这样的前提下，法国坦克自然强调防护，同时忽视机动。

其中，B1重型坦克就堪称完美地体现了上述思想：在机动上显得笨重迟缓，但装甲厚重，两门火炮也足以应对绝大多数敌方目标。

但1940年的战役给了法国人一个深刻的教训，他们体会到机动性能对坦克而言是何等重要。二战结束后，法国人原计划发展一种25吨重的快速坦克。但受到"将坦克空运到殖民地作战"这种思想影响，法方在1946年提出将坦克重量减至12吨。新坦克的防护性能是按照全向防御步枪弹，车体正面防御12.7毫米重机枪弹和20毫米炮弹而设定（全车装甲最厚处是水平等效厚度达40毫米的倾斜装甲）。这就是后来的 AMX 13轻型坦克。它强调机动，最大速度可达60千米 / 小时，主炮爆发能力强；但与此同时，整车防护性能仅达到同时期轻型装甲车辆的水平。

从 B1重型坦克到 AMX 13轻型坦克，这不仅象征着法国国防思想，具体来说是关于坦克使用思路的转变；同时也是一次在坦克上运用摇摆炮塔的重要尝试。

△ B1 重型坦克。

△ AMX 13 轻型坦克。

火力

　　AMX 13坦克是世界上第一种搭载摇摆炮塔的轻型坦克。不同于大多数坦克采用的一体式常规炮塔，摇摆炮塔由上下两部分组成，通常配备自动装弹机，可以在控制炮塔尺寸的情况下安装口径较大的主炮，从而提升坦克的火力性能。

　　AMX 13最初安装的是SA50型75毫米坦克炮，该炮具备出色的火力打击能力：可以发射榴弹、穿甲弹、烟幕弹等多种类型弹药。此外，坦克炮塔配备有一挺7.5毫米或7.62毫米的并列机枪，其顶部还可安装一挺12.7毫米的高射机枪。

　　AMX 13炮塔尾部设有两个装载6发炮弹的鼓形弹舱，一旦完成装填，坦克可以在短时间内打出共计12发炮弹。但发射完炮弹后，坦克需要较长时间重新装填。

△ 75毫米主炮的两种全口径穿甲弹，左为POT-51A曳光风帽穿甲弹，右为PCOT-51P曳光风帽被帽穿甲弹。

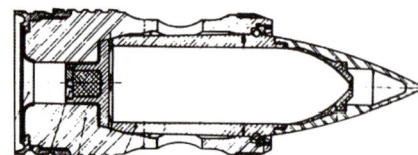

△ 研制于1956年的脱壳穿甲弹。

副武器
包括1挺7.5毫米或7.62毫米并列机枪（备弹3600发），以及1挺12.7毫米高射机枪。

75毫米火炮
此处展示的是AMX 13安装的75毫米火炮型号。历史上该坦克还分别安装过90毫米和105毫米火炮。

烟幕弹发射器
炮塔两侧各装有2具烟幕弹发射器。

不同口径的 AMX 13

105毫米火炮型（用于近距离支援）
这是一种短管榴弹炮，非常容易识别。值得注意的是，其炮塔也修改为常规一体式（而非摇摆炮塔）。

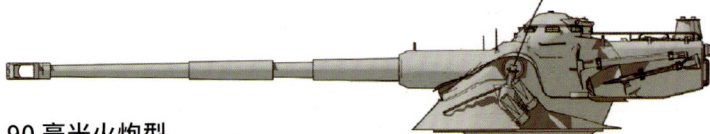

90毫米火炮型
同为单室炮口制退器，但通常配有热护套（即炮管中部凸出部分）。

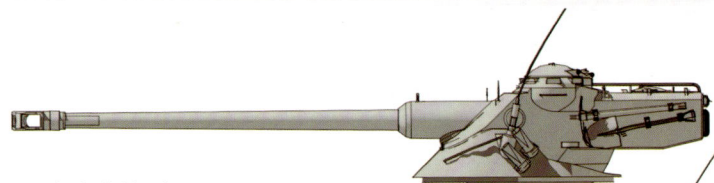

75毫米火炮型
75毫米火炮型为单室炮口制退器，且整根炮管平直。

105毫米火炮型
105毫米火炮型则是双室炮口制退器。

炮塔后抛壳口

该炮由炮塔后部的 2 个鼓形弹舱供弹，每个弹舱装有炮弹 6 发。火炮发射后，空弹壳可经炮塔后窗口自动抛出。

FL-10 摇摆式炮塔

AMX 13 采用了 FL-10 摇摆式炮塔，炮塔位于车体中后部，由上、下两部分组成下炮塔装在车体上，用一般的滚珠座圈支撑，上炮塔利用耳轴装于下炮塔突起部的槽中，并与火炮刚性连接。

车身小巧

AMX 13 坦克采用了 FL-10 摇摆式炮塔，减小了炮塔的尺寸，缩小了炮塔座圈直径（座圈直径为 1475 毫米），从而也相应减小了坦克的车宽、减轻了重量。

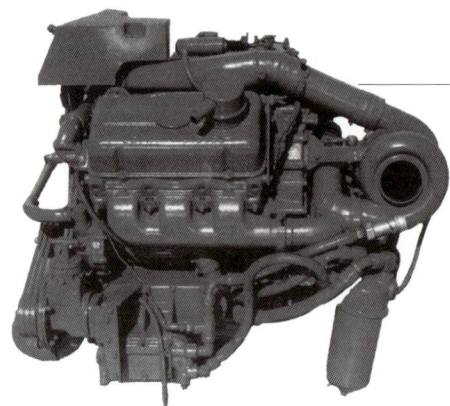

发动机

AMX 13 最初配备马蒂斯公司生产的 Mathis G8b 汽油发动机（最大功率达 184 千瓦，即 250 马力）。由于生产商在 1953 年倒闭，后续生产工作交由国营武器与发动机制造公司（缩写为 SOFAM）负责，发动机名称也被改为 8Gxb。

20 世纪 50 年代，以色列曾引入 AMX 13。后续升级方案中，以方为该坦克更换了如图所示的 DDC 6V53T 型六缸二冲程柴油发动机（输出功率可达 275 马力，由美国底特律柴油机公司授权以色列尼姆达防务公司生产）。为安装新发动机，AMX 13 的内部结构也有所调整和优化。升级后的坦克增加了 150 千米行程。

传动系统

动力传动部分位于车体前右部。传动装置采用 5 挡机械式变速箱和克利夫兰（Cleveland）型差速式转向机。

扩展知识

摇摆炮塔

AMX 13 的摇摆炮塔开创了轻型坦克设计新的流派，成为法国坦克的典型特征之一。它能够有效提升轻型坦克的火力性能，对坦克技术的发展产生了深远影响。摇摆炮塔技术拥有如下几个重要的优势：

1. 火力优势。摇摆炮塔的上半部分随火炮一同摇摆，不必留出炮尾俯仰空间，在有限的（炮塔）尺寸内可以安装更大威力的火炮。二战时期，这类大威力75毫米火炮需要30 ～ 40吨重的中型坦克搭载；如今（摇摆炮塔出现后）却可以装进13吨重的轻型坦克。

2. 射速优势。AMX 13 的高射速进一步强化了火力优势。由于炮尾位置与炮塔上部相对固定，摇摆炮塔内可以更方便地布置辅助装填机构或装弹机。AMX 13 可以在 40 ～ 50 秒内打出尾舱里的12发备用炮弹，然后撤退重新装填。

3. 乘员安全。二战时期的坦克歼击车或自行反坦克炮中也不乏"小车扛大炮"的设计，但它们大多采用开放式战斗室或开顶炮塔，乘员容易遭受轻武器火力和弹片杀伤。摇摆炮塔在配置重火力的同时，提供了更好的弹道防护，乘员不需要直接暴露在战场上，在战斗中受到敌火力威胁的概率也有所降低。

常规炮塔和摇摆炮塔存在明显不同

20°
10°

△常规坦克 M1 炮塔上下转动。

1. 常规炮塔为一体式；而摇摆炮塔分为上下两部分，通过中间的耳轴相连接。

机动

　　如果用一个词来形容 AMX 13 的机动性能，那么"身轻如燕"无疑是合适且准确的：该坦克安装的发动机可提供的功率达 250 马力，单位功率达到了 16.9 马力 / 吨，坦克能达到 60 千米 / 小时的最大速度，最大行程为 400 千米。

悬挂系统

悬挂为独立扭杆式，有 5 对挂胶负重轮，主动轮在前、诱导轮在后。履带板为钢制，必要时可安装橡胶衬垫。

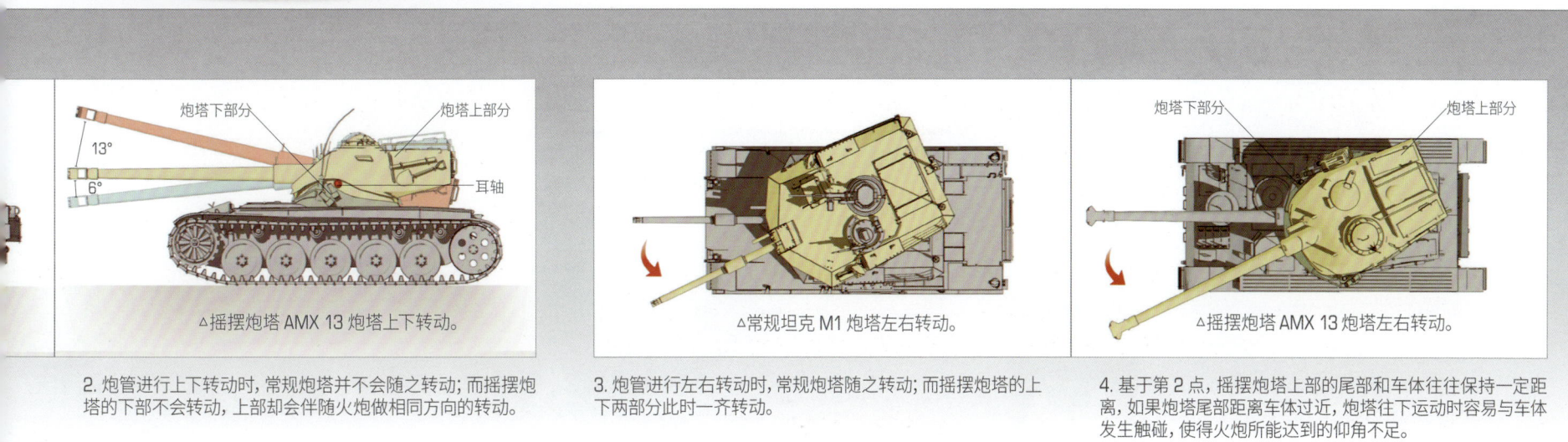

△ 摇摆炮塔 AMX 13 炮塔上下转动。

炮塔下部分　　炮塔上部分

13°

6°

耳轴

△ 常规坦克 M1 炮塔左右转动。

炮塔下部分　　炮塔上部分

△ 摇摆炮塔 AMX 13 炮塔左右转动。

2. 炮管进行上下转动时，常规炮塔并不会随之转动；而摇摆炮塔的下部不会转动，上部却会伴随火炮做相同方向的转动。

3. 炮管进行左右转动时，常规炮塔随之转动；而摇摆炮塔的上下两部分此时一齐转动。

4. 基于第 2 点，摇摆炮塔上部的尾部和车体往往保持一定距离，如果炮塔尾部距离车体过近，炮塔往下运动时容易与车体发生触碰，使得火炮所能达到的仰角不足。

防护

AMX 13基本放弃了防护，故而难以抵御同时代他国主力坦克的攻击。但得益于低矮的外形（减少被敌发现概率并增加击中难度），加上主要执行低烈度任务，AMX 13在防护方面并无太大刚需。

防护缺点
炮塔密封困难、高低射界较小、防弹能力也差。

扩展知识

AMX 13与SS-11的组合

尽管 AMX 13轻型坦克（75毫米火炮型）拥有不俗的爆发输出能力，但它的火炮口径较小，无法对敌方坦克形成有效威慑。法国人为此考虑过两个解决方案，其一是在坦克炮塔前部搭载4枚 SS-11型反坦克导弹；其二是更换威力更大的90毫米火炮，且同样可以安装反坦克导弹。

SS-11
SS-11 是一种法制轻型遥控线导反坦克导弹，重 30 千克（弹头重 6.8千克），有效射程为0.5～3千米。除了反坦克，这种导弹也能有效对付人员、路障、防御工事等目标。

AMX 13 的部分变形车

▷ AMX-US（或 AMX 13 "霞飞"）

这是一种极易理解名称的坦克：由 M24 "霞飞" 的炮塔，和 AMX 13 的车体组合而成。这种坦克主要用于在阿尔及利亚的战斗，大约改装了 150 辆；后来被改造为驾驶训练车或靶车。

◁ AMX VCI M56

法国人曾利用 AMX 13 轻型坦克的车体，开发出一系列步兵战车 / 装甲人员输送车。其中，AMX VCI M56 安装的主要武器是一门 20 毫米机炮，其他同类车型则大多安装机枪。

▷ AMX 13 DCA

20 世纪 60 年代后期，法国基于 AMX 13 的车体，开发出了防空用的 AMX 13 DCA。这种自行防空炮安装两门 30 毫米自动加农炮，主要用来为法军的坦克营提供野战防空。但值得一提的是，AMX 13 DCA 从未参加实战。

▷ AMX Mk F3

AMX Mk F3 是世界上最小最轻的 155 毫米口径的自行火炮，采用 AMX 13 的车体研制而成，被法军用来取代美制 M41 自行火炮。一辆 AMX Mk F3 配有八名成员，作战时只有两人位于车内，其余人都在车外（这些人会使用其他车辆移动）。

防护缺点

该坦克没有三防装置，也不能涉深水，还未装夜视仪器，因而许多国家在购买 AMX 13 之后又增添了炮手红外瞄准镜和红外探照灯等。

△ SS-11 发射架局部展示。

M1 Abrams

MAIN BATTLE TANK

M1 "艾布拉姆斯"主战坦克

美国陆军装备的"艾布拉姆斯"主战坦克，具体可分为 M1、M1A1、M1A2 三个系列。与后两个系列相比，M1 仅安装 105 毫米主炮，但预留有足够的空间安装更大口径火炮，为坦克后续的升级改造提供了基础。M1 坦克于 20 世纪 80 年代开始服役，是美国军队的核心作战力量之一，也被许多其他国家采用。

SPECIFICATIONS

各型号 M1 坦克性能对比

	XM1*	M1	M1 IP**
乘员数量	4 人		
主武器	M68A1 型 105 毫米线膛炮		
副武器	7.62 毫米并列机枪；12.7 毫米（车长）和 7.62 毫米（装填手）高射机枪		
车体尺寸	7.8 米（不计入火炮）×3.56 米 ×2.44 米（至炮塔顶部）	7.93 米（不计入火炮）×3.65 米 ×2.38 米（至炮塔顶部）	
战斗全重	52.6 吨	54.6 吨	55.6 吨
发动机马力	1500		
坦克极速（公路）	72.4 千米 / 小时	72.5 千米 / 小时	
最大行程	482 千米	500 千米	
备注	克莱斯勒汽车防卫装备部门所生产的样车	正式生产型号。不过最早生产的 110 辆是在 M1 这一装备代号出现之前生产，故仍被称为 XM1	加强了正面装甲并安装新型炮塔的 M1，识别特征是长度有所增加的炮塔（因此被称为长炮塔 M1）

*: M1 主战坦克最初项目代号为 XM815 由通用汽车防卫装备部门（后文简称通用汽车防卫和克莱斯勒汽车防卫装备部门（后文简称克莱斯勒防卫）共同参与竞标。美国国防部提出，坦克应有能力安装 120 毫米主炮，并使用燃气涡轮发动机。两家生产商给出修改方案后，克莱斯勒防卫的方案中标，该项目此后更名为 XM1。

**: IP 即英文 Improved Product（改进型号）的缩写。

炮手　　车长

驾驶员　　装填手

3.65 米

7.93 米

前传：新型坦克的生产商之争

1973年4月，美国国防部提出名为XM815的新一代坦克开发项目，分别隶属于克莱斯勒汽车和通用汽车的两家防卫装备部门一同参与竞标，并在1976年2月向军方交付样车。

交付XM815项目的样车后，事情又变得曲折起来。

通过一系列性能测试及对比，美国陆军认为通用汽车防卫的样车在防护、火控、油耗（采用柴油发动机）等方面占优，单车报价也更低，于是准备上报国会，由通用汽车防卫作为新一代坦克的生产商。

但时任国防部部长拉姆斯菲尔德并未同意，他提出，坦克内部应预留将来安装120毫米滑膛炮所需的空间，并且坦克使用燃气涡轮发动机。

面对这一变动，通用汽车无法再占据成本优势，遂退出竞争。最终，美国国防部还是将新一代坦克的生产合同授予了克莱斯勒汽车，此后该项目代号更改为XM1。

XM1于1978年定型，外观相较之前的样车有明显变化，被重新命名为M1"艾布拉姆斯"主战坦克，于1980年正式服役。

1982年，通用动力收购了克莱斯勒防卫，并成立通用动力陆地系统部门，M1及后续型号的生产、改良均由该部门负责。有意思的是，2003年，通用动力陆地系统又收购了通用汽车防卫，就这样，昔日的竞争对手如今成了"一家人"。

M1主战坦克结构一览

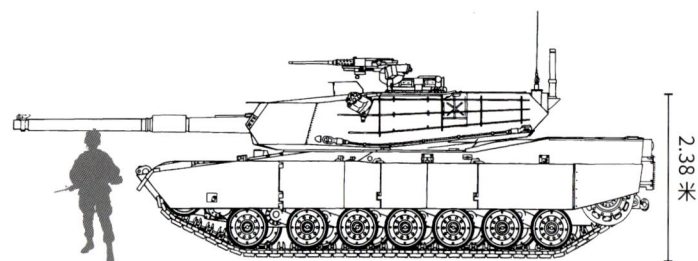

△ M1主战坦克侧视图。

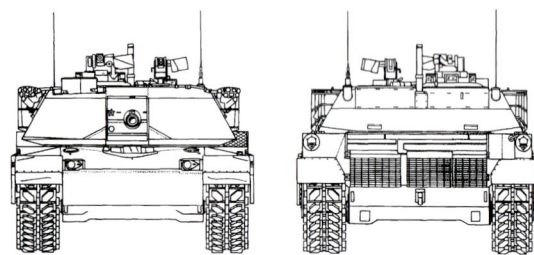

2.38 米

△ M1主战坦克前后视图。

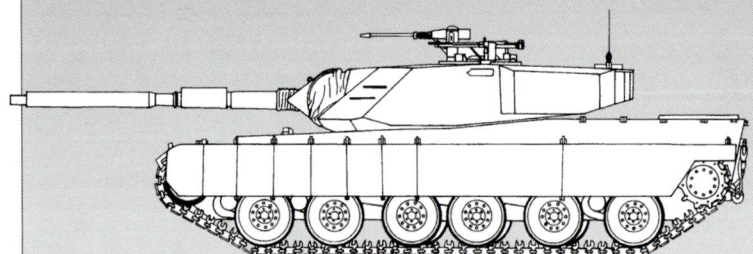

◁ 通用汽车防卫的样车。其主要识别特征包括正面采用大倾角设计的炮塔，以及车体两侧各有6个较大的负重轮。

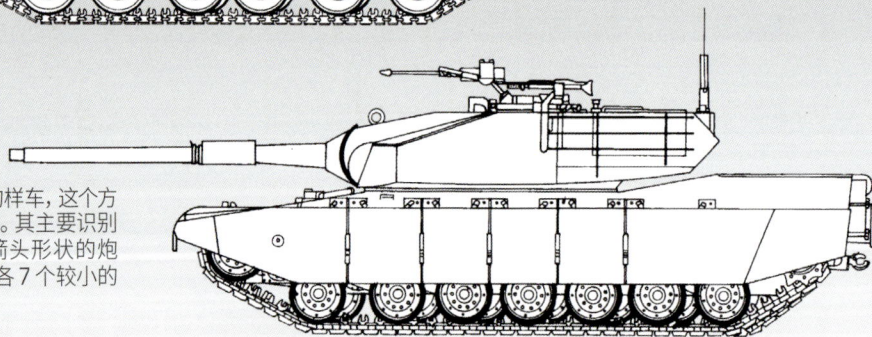

▷ 克莱斯勒防卫的样车，这个方案最终赢得了竞标。其主要识别特征包括正面呈箭头形状的炮塔，以及车体两侧各7个较小的负重轮。

◁ XM1侧视图。可以看出，XM1已经和后来定型生产的M1相差无几。

M1 ABRAMS
MAIN BATTLE

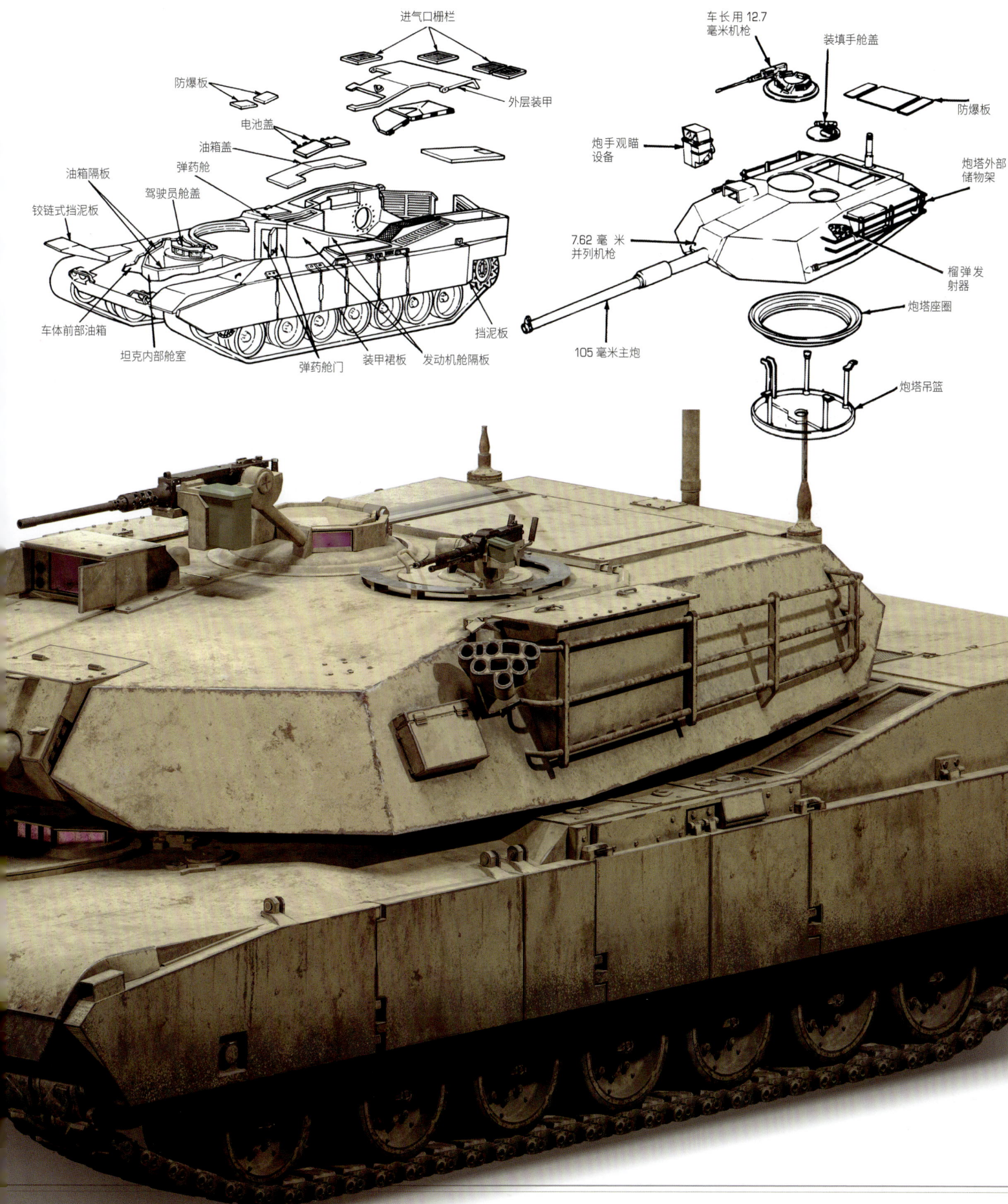

进气口栅栏

防爆板

电池盖

油箱盖

油箱隔板

弹药舱

铰链式挡泥板

驾驶员舱盖

外层装甲

车体前部油箱

坦克内部舱室

弹药舱门

装甲裙板

发动机舱隔板

挡泥板

车长用 12.7
毫米机枪

装填手舱盖

防爆板

炮手观瞄
设备

7.62 毫米
并列机枪

105 毫米主炮

炮塔外部
储物架

榴弹发
射器

炮塔座圈

炮塔吊篮

车载炮弹

车上储存 55 发 105 毫米炮弹，其中 44 发储存于炮塔尾的主弹舱中，8 发存放于车体的装甲弹舱，其余 3 发位于炮塔吊篮底板的防弹箱内。

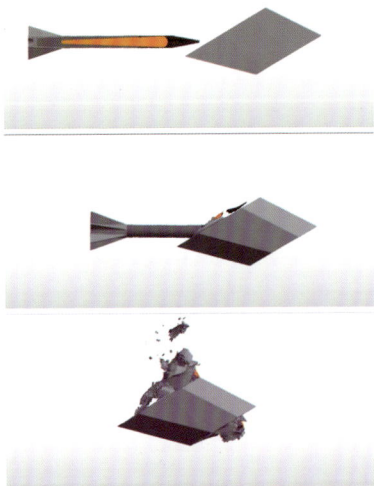

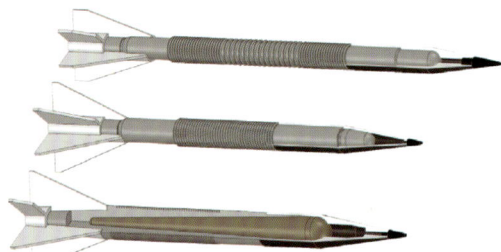

带击发扳机的握把

7.62 毫米并列机枪

支撑臂

勃朗宁 M2 型 12.7 毫米重机枪

△ 从上到下分别为：M833、M774、M735 炮弹（此处展示的是弹芯）。

◁ 本组图展现了 M735 尾翼稳定脱壳穿甲弹击穿装甲的过程。这种炮弹的飞行速度高，主要利用弹头的动能击穿装甲。

105 毫米主炮

将英制 L7 型 105 毫米线膛炮国产化之后，美军称其为 M68。M68A1 是 1980 年开发的用于 M1 和 M1 IP 两种坦克的改进型号。M68A1 主炮可发射 M735（钨合金弹芯）、M774 和 M833（均为贫铀弹芯）等尾翼稳定脱壳穿甲弹。

7.62 毫米并列机枪

火力

尽管在设计时考虑要安装 120 毫米主炮，但投产时 M1 和 M1 IP 使用了口径为 105 毫米的 M68A1 线膛炮作为过渡。事实上，面对使用爆炸反应装甲的苏制主战坦克（如 T-72、T-80），M68A1 线膛炮很难将其击穿。不过经过改进后，弹药的穿透能力得到大幅提升。比如 1983 年配发美军的 M833 穿甲弹就装有贫铀弹芯，能在 2000 米距离上击穿倾斜角度为 60 度的 420 毫米厚均质钢板。

M250 型 66 毫米六管烟幕弹发射器

车身两侧各设有一具 M250 型 66 毫米六管烟幕弹发射器（备弹 24 发）。

勃朗宁 M2 型 12.7 毫米重机枪

由车长使用，备弹 900 发，最大射程为 7400 米。值得一提的是，M1 的车长机枪枪架为电动式，俯仰范围为 -10°至 +65°，可 360 度水平回旋，车长能在车内遥控操作机枪而不必探头出车外。

△ 实际入役的"艾布拉姆斯"普遍通过人力装填炮弹，但这并不意味着美国人没有考虑过配置自动装弹机，比如 M1 TTB（Tank Test Bed 的缩写，意为"坦克试验平台"）：其采用类似苏俄坦克的轮盘式装弹机设计，从而取消装填手，持续射速可达 10 发 / 分钟。

M240 型 7.62 毫米通用机枪（两挺）

一挺为并列机枪，另一挺位于炮塔顶部，由装填手使用；共备弹 10400 发，最大射程为 3725 米。

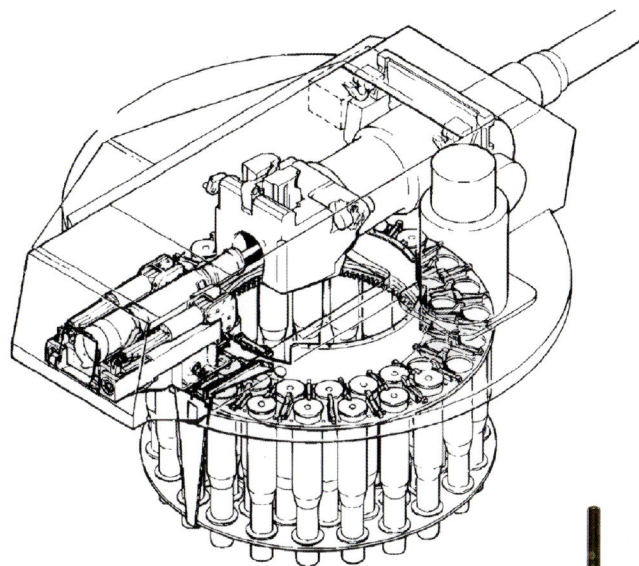

机动

在机动性能方面，M1坦克最大的特色是安装了燃气涡轮发动机。相比其他大多数使用柴油发动机的坦克，M1的加速性能更好；可使用多种燃料；能够更快启动（包括低温环境）；行进时发出的噪声较小，更方便执行一些隐蔽性要求高的任务。

其缺点则是燃气涡轮发动机的耗油量（较柴油发动机）更大，生产成本更高；一旦吸入异物，涡轮的叶片极易出现磨损；进气过滤器需要经常清理。除此之外，燃气涡轮发动机在低速运转时效率会明显下降。

扩展知识

M1坦克的 AGT 1500 燃气涡轮发动机

AGT 1500 燃气涡轮发动机，回热循环，双转子，三轴结构，最多可输出1500马力，能使用汽油、柴油、航空燃料等。

从结构上看，该燃气涡轮发动机由压气机、压气机涡轮、动力涡轮、燃烧室、回热器、减速齿轮箱、燃油系统、附件传动箱、起动电机等部分组成。

它的工作原理为：

新鲜空气进入燃气涡轮发动机后，首先由压气机加压成高压气体，通过回热器加热，再在燃烧室与燃油混合，燃烧成为高温高压气体，然后进入高压压气机涡轮，推动涡轮，将热能转换成机械能输出。

涡轮叶片利用从压气机引出的空气进行冷却。燃气经过高压压气机涡轮、低压压气机涡轮、动力涡轮膨胀做功后降温。废气则经过回热器，降温后再排至车外。

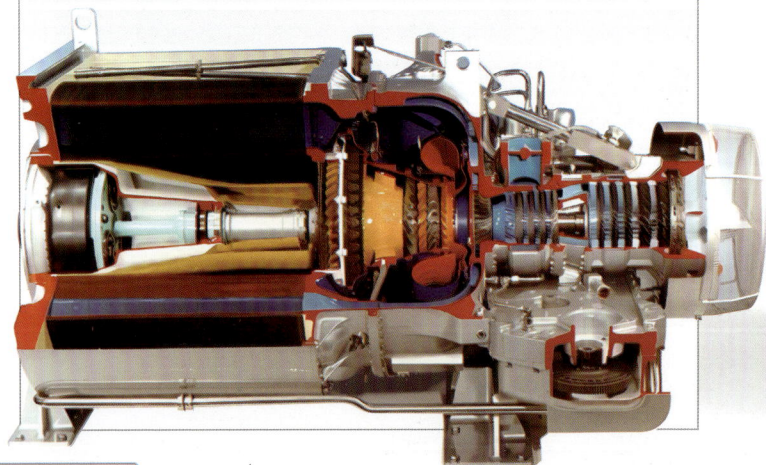

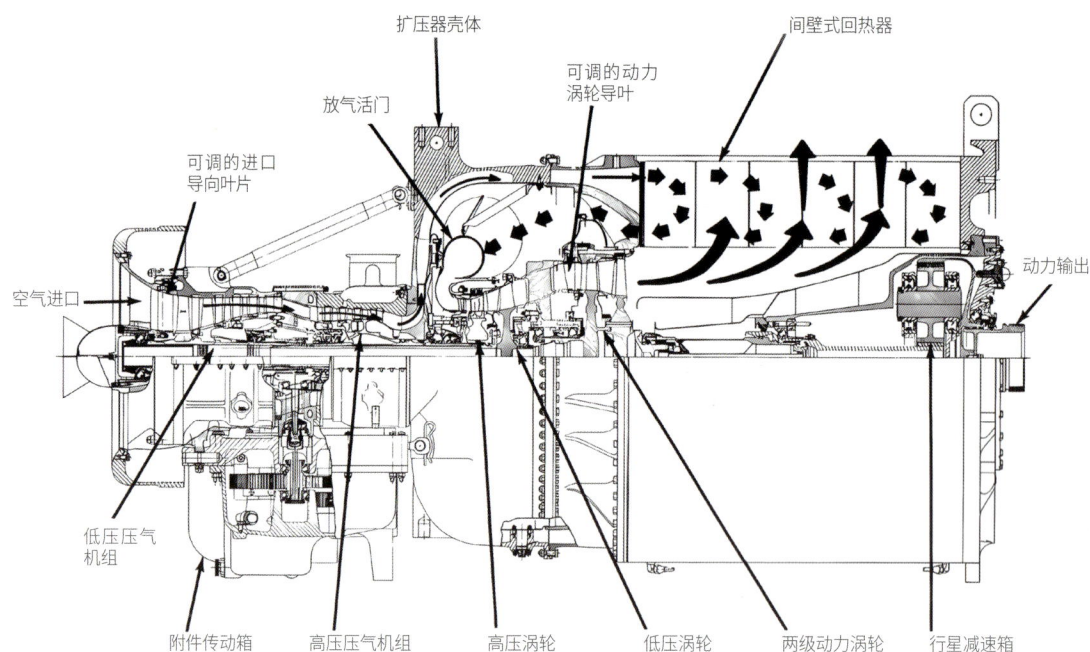

标注：扩压器壳体、间壁式回热器、放气活门、可调的动力涡轮导叶、可调的进口导向叶片、空气进口、动力输出、低压压气机组、附件传动箱、高压压气机组、高压涡轮、低压涡轮、两级动力涡轮、行星减速箱

△ AGT-1500 燃气涡轮发动机。

蓄电池

M1 拥有 6 个串 / 并联连接的 12 伏蓄电池，总蓄电量为 300 安时，供电电压为 24 伏。

悬挂系统

M1 采用传统的扭力杆悬挂系统，拥有七对铝制负重轮（直径 635 毫米），两侧各有两个托带轮，履带为双鞘式的 T-156，行驶寿命约 850 千米。

驾驶舱

M1 的驾驶舱位于车头中央，两侧分别是
用装甲板隔开的燃油箱与弹药箱。以一
个 T 型杆来驾驶坦克，油门也设于杆上。

动力辅助

与 AGT-1500 燃气涡轮匹配的是艾力森
（Allison）X-1100-3B 自动变速箱，拥有
4 个前进挡与 2 个后退挡，主要部件包
括液压变矩器、行星变速齿轮、液压泵、
液压马达、液压制动器等，通过操作液
压变矩器和行星齿轮进行变速，并借由
操作液压泵和液压马达进行差速无级
转向，液压变矩器可自动闭锁。M1 采用
液冷式发电机，由主传动装置驱动，最
大供电电流是 650 安。由于采用自动变
速以及液压辅助动力转向，M1 驾驶员
的工作负荷大幅减轻，更能集中注意力
于战斗、增进操作效率。

机舱隔板

M1 的主炮炮弹大多数位于炮塔后方的主弹舱内,中间以一道坚固的防爆活门与乘员舱分隔,此隔门非常坚固,足以承受大量弹药爆炸时的威力。

装甲裙板

M1 坦克的两侧设有侧裙,一方面保护悬挂系统,此外也能局部抑制行驶时扬起的沙尘,以提升隐秘性。

M1 与 M60 尺寸对比

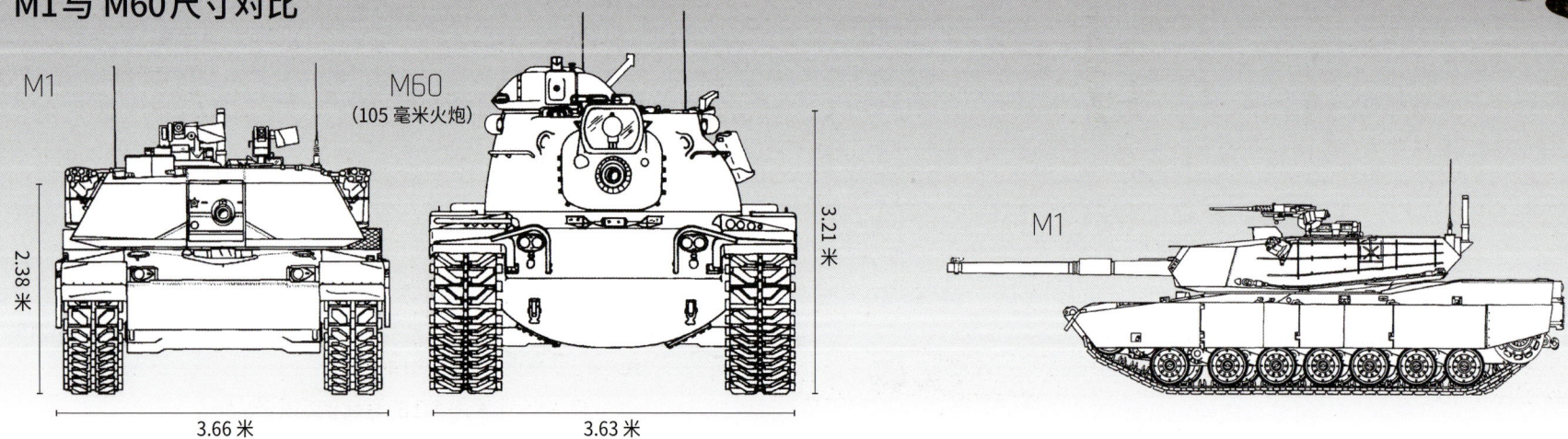

M1

M60
(105 毫米火炮)

2.38 米

3.66 米

3.63 米

3.21 米

M1

防爆板

炮塔尾端的主炮弹药舱顶部有三块泄爆板,万一弹药被引爆时能将爆炸威力诱导向上,而不是波及车内。

防护

　　M1车身低矮,轮廓呈流线型,这种设计可增加隐蔽性和生存能力,平滑的外表也有助于减少敌方火力的命中率。

　　当然,M1在防护上的主要依仗还是装甲——以陶瓷为夹层的复合装甲。这种装甲被安装在车体正面(及车体两侧前半部分),还有炮塔的正面和侧面。

扩展知识

陶瓷复合装甲

　　陶瓷复合装甲能有效吸收敌方炮弹产生的大量热量,通过自身开裂和偏转炮弹方向,削弱坦克受到的物理打击。面对陶瓷复合装甲,炮弹往往能击穿部分装甲,但无法完全穿透,从而避免对更里层的乘员和设备造成伤害。

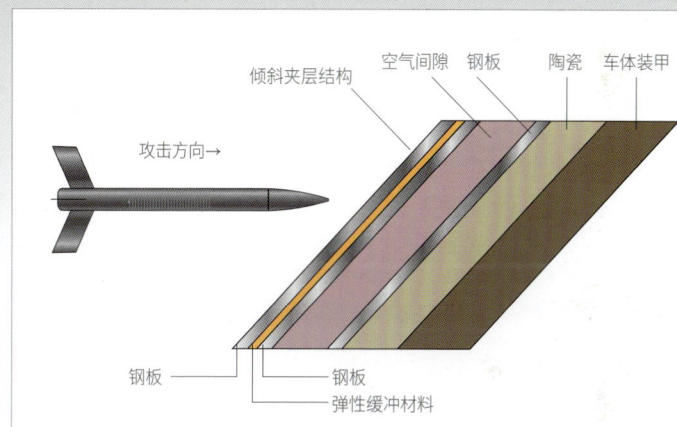

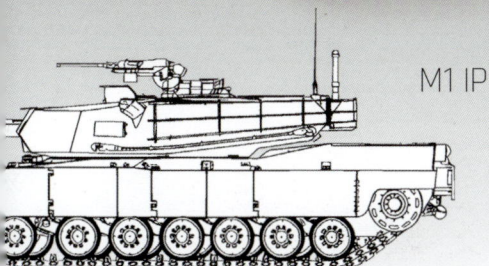

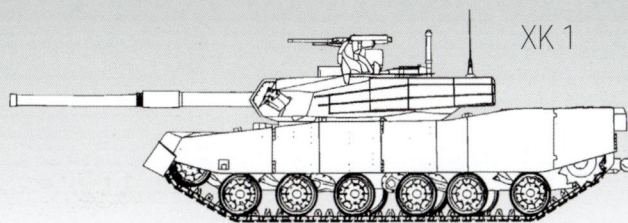

M1、M1 IP 与 XK 1

M1 IP

XK 1

　　XK1是韩国K1主战坦克的原型车,从本质上讲,K1算是美国M1主战坦克的韩国版本。

　　从图中可见,和M1相比,M1 IP的炮塔明显更长,车体尾部挡泥板的设计也有所不同。

　　而XK1几乎是M1的等比例缩小产品。

冷战结束后，国际形势相对缓和，不少国家暂停了新坦克的开发工作，仅以较低的成本改进现有型号，或是以冷战期间的型号为基础开发主战坦克，其中具有代表性的型号包括 M1A2、"豹" 2、"勒克莱尔"、T-90、"挑战者" 2、ZTZ-99 等。本质上，它们仍是冷战时期主战坦克的性能加强版本，只是在作战能力上有了大幅提升。

随着战场形势变化和军事科技发展，主战坦克也呈现出了一些新的趋势：其一，为了更好地适应城区交战，一系列与坦克配套使用的城市战组件问世；其二，隐身设计被越来越多地应用于坦克，甚至出现了 PL-01、T-14 等专门强调隐身性能的型号；其三，类似"半人马座"这样的轮式突击炮，在很大程度上履行了主战坦克的职能，因此被称为"轮式坦克"。此外，诸如独立乘员隔舱、无人炮塔等设计，以及自动化、智能化、小型化等趋势也越来越多地体现在新式坦克型号上。

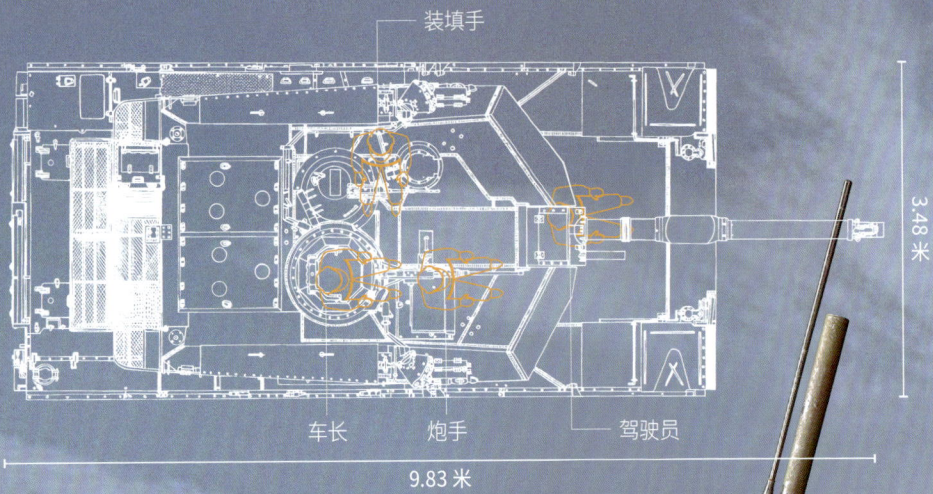

装填手

车长　炮手　驾驶员

3.48 米

9.83 米

M1A2 Abrams

MAIN BATTLE TANK

M1A2 "艾布拉姆斯" 主战坦克

    M1A2 是"艾布拉姆斯"主战坦克中最新的一个（现役）系列，具体包括 M1A2 初始型、M1A2 SEP 等型号。由于国防预算缩减，美国陆军并没有大规模采购新的 M1A2，而是选择将现役的 M1 或 M1A1 升级为该系列。

    M1A2 的性能在世界范围内处于一流水平，该系列相较最初的 M1（安装 105 毫米主炮）更重，机动性能有所下降，但其他多个方面得到明显加强。尤其是"艾布拉姆斯"车族在近 30 年间伴随美军四处征战，随着实战反馈，其性能不断得到完善，并添加一些对战场环境而言非常实用的功能。

SPECIFICATIONS

M1A2 坦克数据简表

开发商	通用动力	火炮俯仰角	- 9°到 20°
车底离地间隙	0.43 米	入役时间	1992 年
装甲材质	贫铀复合装甲	最大涉水深度（无准备）	1.2 米
乘员数量	4 人	最大涉水深度（有准备）	2 米
发动机型号	AGT 1500 燃气轮机	战斗全重	62.5 吨
发动机功率	1500 马力	最大速度（公路）	67 千米 / 小时
车体尺寸	9.83 米（含炮管）×3.48 米 ×2.44 米	功重比	24 马力 / 吨
主武器	120 毫米滑膛炮	副武器	1 挺 12.7 毫米机枪，2 挺 7.62 毫米机枪
最大速度（越野）	40 千米 / 小时	最大垂直越障高度	1 米
最大越壕宽度	2.7 米	最大行程	425 千米
燃料容量	1893 升		

M1A2 ABRAMS

MAIN BATTLE TANK

01
02
03
04
05
06
07
09
14
15
16
17
18
19
20

M1A2 主战坦克结构一览

01. 烟幕弹发射器
02. 炮塔部位的复合装甲
03. 车长用独立热成像仪
04. 为主炮设置的炮膛抽气装置
05. 反狙击手 / 反器材枪架（此处安装的是 12.7 毫米重机枪）
06. 车长用 12.7 毫米重机枪
07. 炮手位
08. AGT-1500 燃气涡轮发动机

09. 车长位
10. 备用辅助动力装置
11. 横风传感器
12. 储物架
13. 用于热管理系统的蒸汽压缩装置
14. 120 毫米炮弹储存处
15. M256 型主炮后膛
16. XM32 ARAT II 型反应装甲

17. 为反应装甲设置的防护罩
18. XM19 ARAT I 型反应装甲
19. 装填手位
20. 驾驶员位

弹药舱

12.7 毫米重机枪

装填手舱盖

防爆板

7.62 毫米并列机枪

驾驶舱盖

120 毫米滑膛炮

炮塔吊篮

驾驶舱

装甲裙板

扭杆悬挂系统

2.44 米

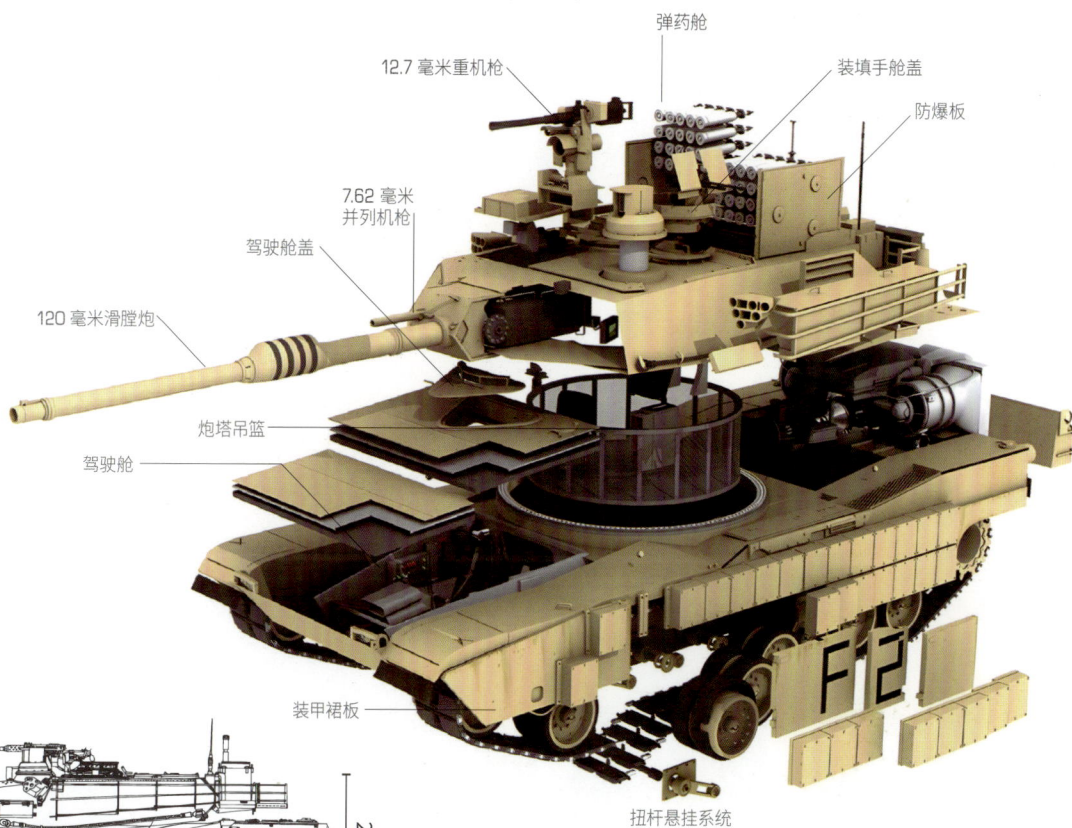

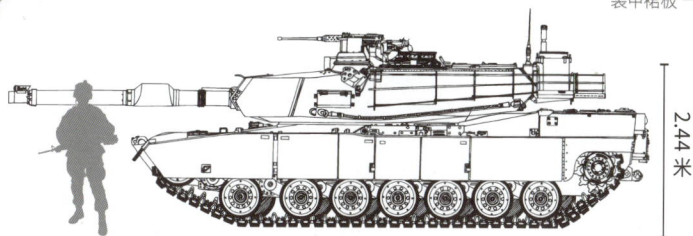

△ M1A2 主战坦克侧视图。

今非昔比的 M1A2

就名称而言，人们很容易将 M1A2 简单视为 M1 的升级版本。事实上，两者存在本质上的区别。

读者们不妨先了解一下 M1A1。该系列换装了口径更大的 120 毫米滑膛炮，并配置了加压核生化防护系统。另外，从 M1A1HA 开始，贫铀装甲也得到应用；其他一些子型号还强化了坦克的态势感知、信息化作战能力。

而 M1A2 在 M1A1 的基础上再度实现了性能提升，同时被赋予更多能力。新一代贫铀装甲使之防护性能更好，新型观瞄设备则使其态势感知、通信、信息化作战能力也得到继续增强。其他新设备（如城市生存套件、反狙击手探测装置，以及反简易爆炸装置系统等）使 M1A2 在面对非传统的作战环境和作战对象时，也具备了相应的应对能力。

当前，M1A2 的最新型号为 SEPv4，各方面性能（相较初始型 M1A2）再度得到提升。

装填装置

M1A2 并没有顺应世界潮流而全部改用自动装填装置，而是保留了人工装填。相对来说，人工装填可以实现前几发炮弹的爆发装填，同时避免了自动装填装置可能出现故障的情况。装填手位置、弹舱和炮尾的装填口恰好是一条直线，不需弯腰取弹即可将 120 毫米炮弹从弹舱内取出，并装入主炮。

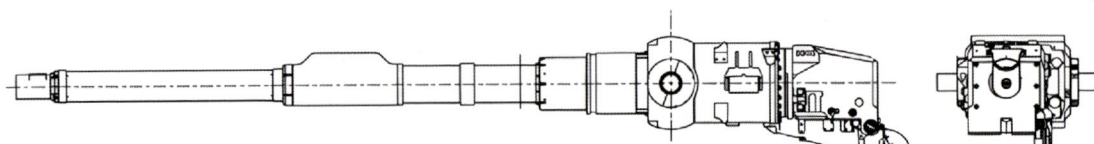

M256 型 120 毫米滑膛炮

M256 型 120 毫米滑膛炮是 M1A2 的主要武器。其技术源自德国莱茵金属公司的 Rh-120 滑膛炮，但部分结构重新进行了设计。由于配备了性能先进的火控系统，M256 型主炮的有效射程超过 4 千米，通常备弹 42 发。

XM1111 中程制导弹药

XM1111 中程制导弹药 / 炮射导弹，原计划由"艾布拉姆斯"主战坦克和"未来战斗系统"（Future Combat System, 简称 FCS）使用，后于 2010 年取消。

反狙击手 / 反器材机枪

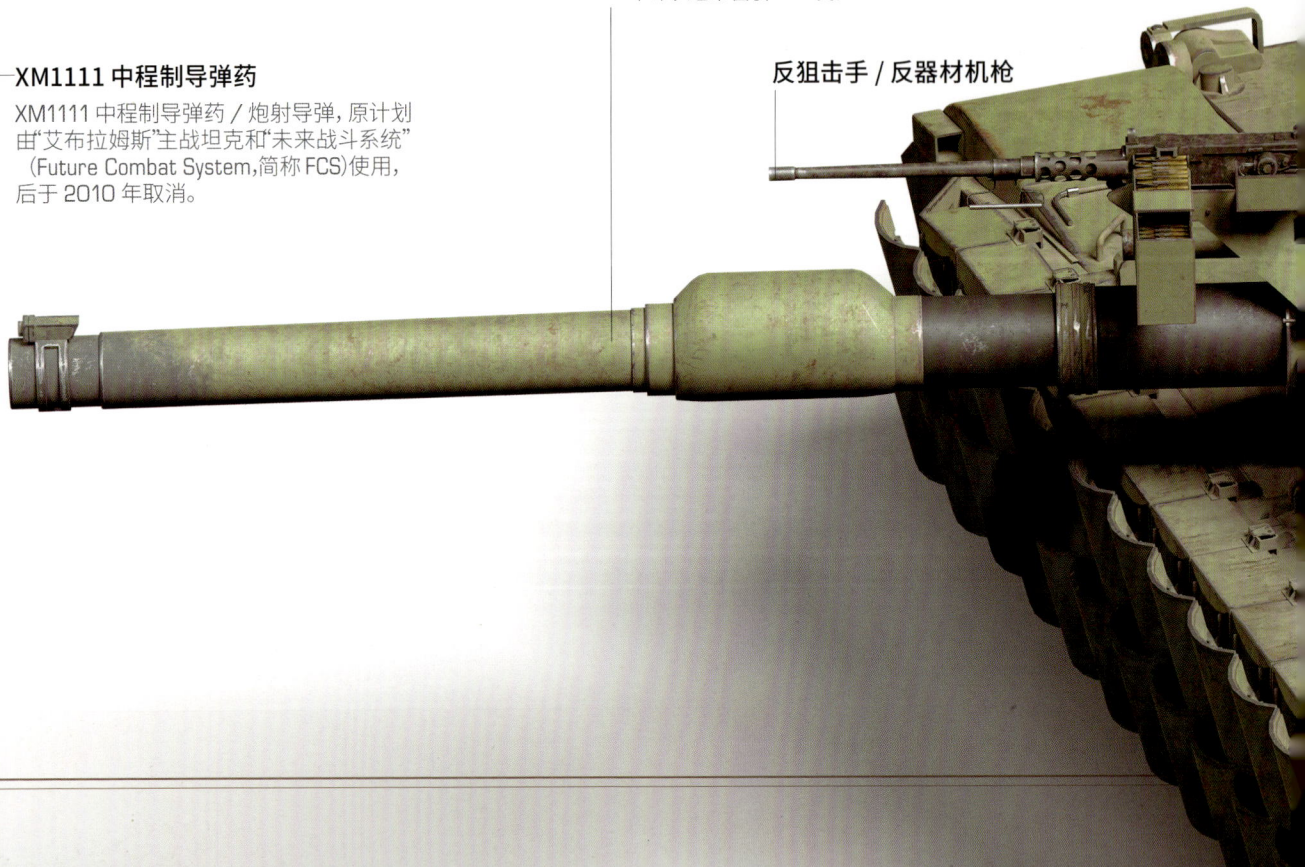

M829A3   M830A1   M1028

M1A2 使用的炮弹

M1A2 使用的三种炮弹，（从左到右）分别为 M829A3 尾翼稳定脱壳穿甲弹、M830A1 多用途破甲弹和 M1028 反人员霰弹。

其中，M829A3 是一种贫铀炮弹，装有贫铀合金弹芯。这种炮弹的穿透性能好，燃点低，在击穿敌方装甲车辆后会形成燃烧效果；但同时会对当地生物和自然环境造成持续危害。

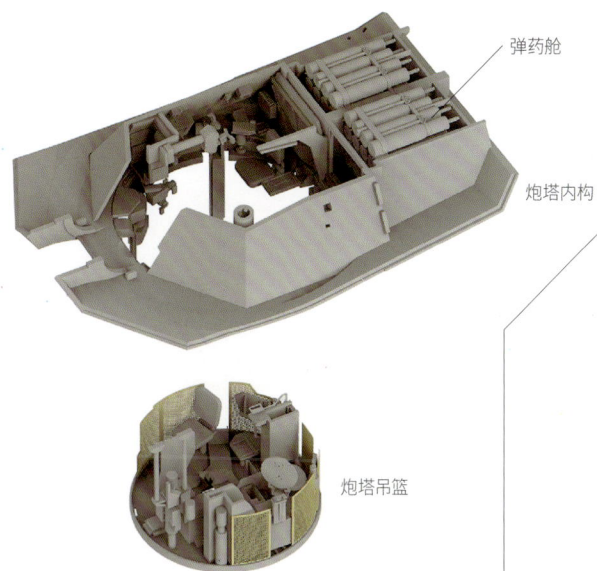

弹药舱

炮塔内构

炮塔吊篮

副武器系统

本图展示了安装在遥控武器站里的12.7 毫米机枪 (A)，以及装填手使用的带有护盾的 7.62 毫米机枪 (B)。

相较 M1 的副武器配置，M1A2 主要有两大创新。其一是为车长和装填手使用的机枪设置护盾 (也有一些车辆将车长使用的机枪改为遥控操作)。其二是在主炮炮盾上设置反狙击手/反器材枪架，并搭配一挺 12.7 毫米重机枪。这挺机枪的弹道与坦克主炮相近，但在操作上比并列机枪方便；且该机枪的口径大于并列机枪，能够更有效地应对敌方目标。

火力

美军为 M1A1 安装 120 毫米主炮后，已在"硬件"上实现升级。以此为基础，M1A2 主要优化"软件"，如添加供车长独立使用的热成像仪，为炮手安装新型瞄准具，以提升主炮在各种作战环境中的使用效率。

除此之外，M1A2 在副武器的配置上体现出了极强的适应性：保留 M1 配置的一挺并列机枪，又在炮塔顶部加上分别由车长和装填手使用的机枪；为满足治安战和城市战需要，M1A2 为部分机枪设置了护盾或改为遥控操作，同时可以选择增设一挺机枪。

瞄准具稳定器

车长与炮手的瞄准具上均安装有稳定器，进一步提升了车辆的行进间射击性能。M1A2 坦克还采用了 CO_2 激光测距仪。

A

12.7 毫米机枪

7.62 毫米机枪

B

机动

由于重量有所增加，且并未更换发动机（AGT 1500），M1A2的最大速度相较M1出现了明显下降，由72.5千米/小时降至67千米/小时。但整体来说，M1A2仍然具有良好的机动性能，不输同代其他主战坦克。

另外，M1A2 SEPv3增设了备用辅助动力装置，该装置可在坦克静止时取代发动机，为电子设备提供运行所需的动力。

防护

"艾布拉姆斯"车族从M1A1HA（Heavy Armor，即"重型装甲"）开始安装（第一代）贫铀装甲。这种装甲由强度高、密度大的贫铀合金和装甲钢制成，被认为是目前防弹性能最佳的复合装甲。M1A2 SEP安装的是第三代贫铀装甲。

另外，以城市生存套件为例，M1A2可以选择在车体侧面安装爆炸反应装甲，以提升防护性能；还可以为车长和装填手使用的机枪设置护盾，或将车长用机枪改为遥控操作，从而为乘员提供防护。

地面导航系统

M1A2装有自主式地面导航系统，可在极端恶劣的环境和自然条件下快速、准确地确定坦克所在位置，不会在大沙漠里和错综复杂的地形环境中迷失方向。

底盘

底盘也进行了若干改进，发动机加装了数字电子控制装置，提高了省油性和可靠性。

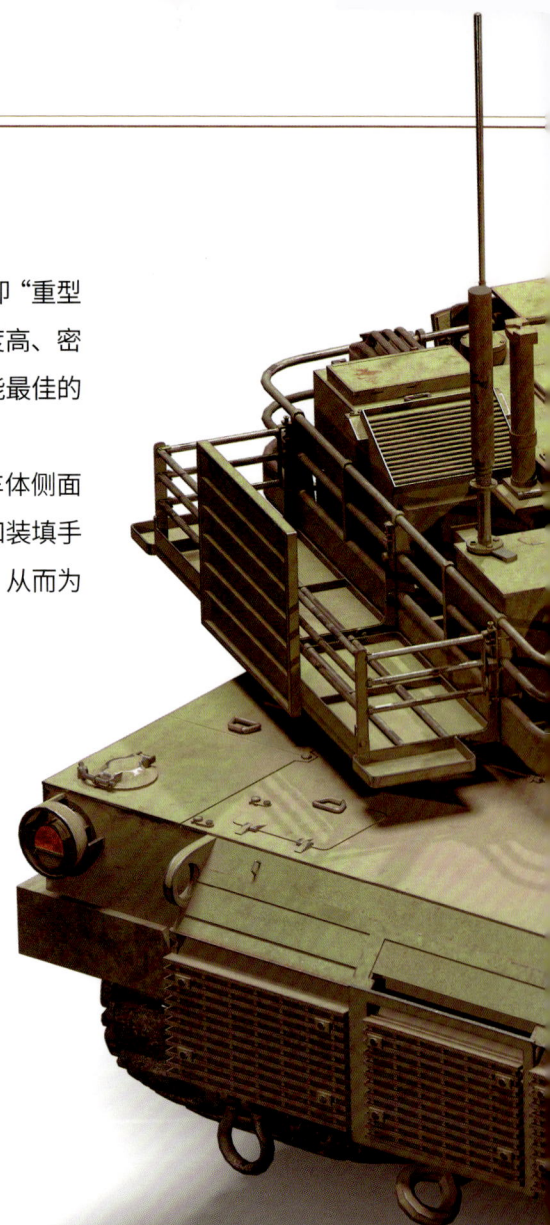

扩展知识

城市生存套件

作为一种野战兵器，坦克往往被认为不适合进入城市作战。而城市生存套件（Tank Urban Survival Kit，简称TUSK）的出现，便是为了改变这一现状。

该套件旨在增强坦克进入城区后的生存能力和战斗力，其特点包括但不限于以下部分：为加强整车防护，在车体侧面安装爆炸反应装甲，并在车体后部安装格栅装甲（保护发动机）；将车长使用的机枪改为遥控操作，为装填手使用的机枪加装护盾；在车体后方设置电话，方便己方步兵与车内乘员联络。

▽ 位于M1A2炮塔顶部的遥控武器站，以及设有护盾的另一挺机枪。

泄压舱装置

M1A2 同样安装了泄压舱装置，一旦弹药舱被敌火力命中，弹药诱爆的威力可以借由泄压舱盖泄出，而炮塔内的乘员在防爆钢门的保护下不受影响。

装甲防护

M1A2 的炮塔本体为钢板焊接制造，构型低矮而宽大，装甲厚度从 12.5 毫米至 125 毫米不等，正面与侧面都设有倾斜角度以提升防护能力，故避弹能力大为增强；而全车体除了三个铸造部件外，其余部位都采用钢板焊接而成。此外，车头与炮塔正面加装了陶瓷复合装甲。

复合装甲

M1A2 主战坦克的装甲是美国得知以色列的作战经验后开发出来的复合装甲。复合装甲比起过去的钢制均质装甲，对成型装药与尾翼稳定脱壳穿甲弹均有优异的表现；为了对抗战场上可能出现的苏制 125 毫米长杆钨 / 贫铀弹芯尾翼稳定脱壳穿甲弹，M1A2 在海湾战争时换装了以衰变铀制作的高硬度复合装甲。

自动灭火系统

车内还装有高效能快速自动灭火系统，一旦发生爆炸，据称可在 0.03 秒内发现火情，0.25 秒内将火熄灭。

反狙击手探测装置

敌方狙击手可以狙杀伴随坦克作战的步兵，或是对坦克观瞄设备造成破坏。为实施反制，一些国家开发了反狙击手探测装置，包括声探测、红外探测和激光探测三类。如图所示的是一种声探测系统。狙击手开枪时、子弹在空中飞行时，都会发出声音（枪口激波和弹丸飞行产生的冲击波），声探测系统能通过多个传感器计算得知敌方狙击手的射击位置，坦克随即向该位置实施火力打击。

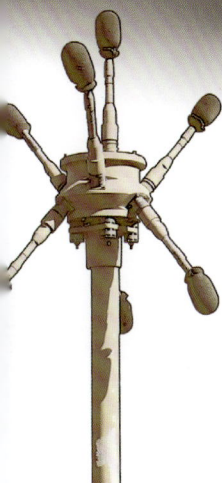

反简易爆炸装置系统

对于如何对抗治安战中常见的简易爆炸装置（Improvised Explosive Device，简称 IED，又称"路边炸弹"），目前常用手段或设备包括电子干扰装置、液体防弹衣、排爆机器人等。

此外，美国和其他一些国家开发了防地雷反伏击车（Mine Resistant Ambush Protected，简称 MRAP）。这种车辆的车体尺寸大、重心高、采用 V 形底盘设计，且离地间隙大，能够有效抵御地雷、简易爆炸装置的攻击。

▽ "美洲狮"防地雷反伏击车。

从 M1 到 M1A2:"艾布拉姆斯"车族

自"艾布拉姆斯"主战坦克问世以来,其后续型号到 M1A2,外观基本没有发生太过明显的变化,但性能已经通过各类装备实现质变,比如前文提到的贫铀装甲、贫铀弹、44 倍径120毫米主炮、遥控武器站,以及诸多电子设备;或是为特殊战场环境研制的城市生存套件、反狙击手探测装置等。

"艾布拉姆斯"车族的最新型号是由通用动力开发的"艾布拉姆斯 X"(Abrams X)。该型号最早于2022年10月公开亮相,采用混合动力推进系统、无人炮塔、人工智能等先进设计;由于安装自动装弹机,装填手被取消,乘员减为3人。不过,"艾布拉姆斯 X"仅是由通用动力自行开发,美国军方或政府高层暂时没有决定采购。

△ M1E1

M1E1是个试验性质的坦克型号(E 的含义为 Official Experimental Version,即"官方试验版本"),装有 XM256 型120毫米滑膛炮,并未进入军队服役,总产量为14辆。

◁ M1A1 HA

M1A1 HA 是"艾布拉姆斯"车族中最早安装贫铀装甲的型号。

▷ M1A2 SEP

M1A2 SEPv3 版 本 的"艾布拉姆斯"主战坦克主要修正了该系列坦克在伊拉克作战期间发现的空间配置、重量和动力等方面问题,同时进一步装备了从以色列引进的"战利品"主动防护系统,以应对战场上诸如反坦克制导导弹、火箭弹等带来的威胁。

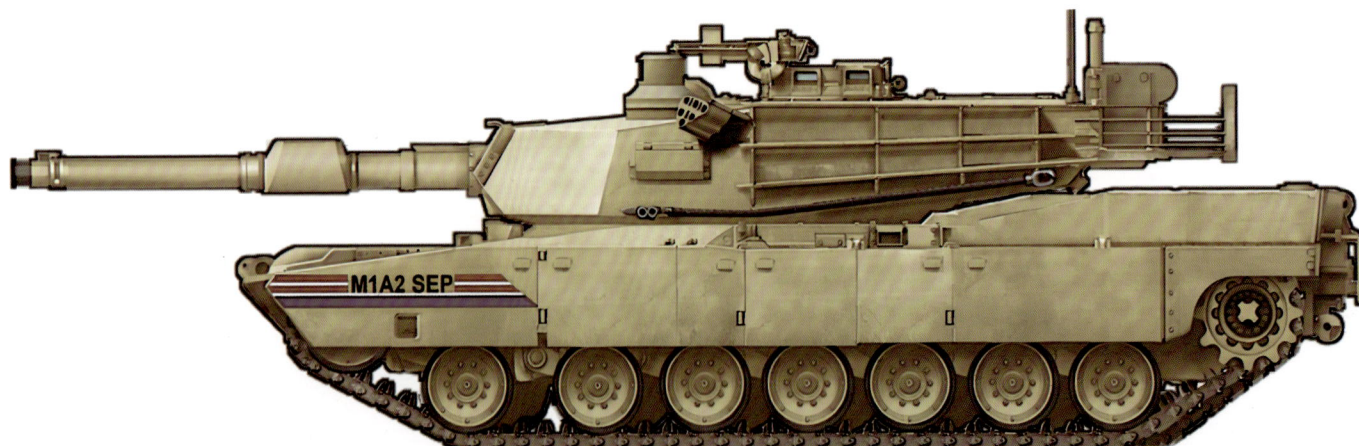

进气管

发动机排
气管

△ **M1A1**

M1A1是"艾布拉姆斯"主战坦克车族中首个安装120毫米主炮且正式服役的型号。

▷ **M1A2**

安装了城市生存套件（TUSK I 型）的 M1A2。

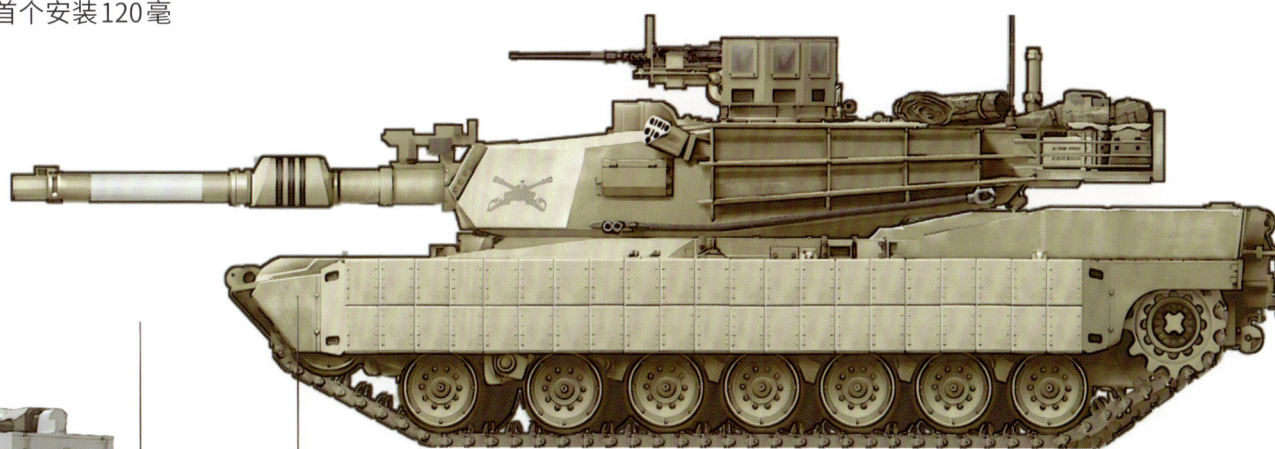

◁ **艾布拉姆斯 X**

艾布拉姆斯 X（AbramsX），通用动力推出的下一代坦克概念车。

▷ **M1150突击破障车**

M1150突击破障车以 M1A1主战坦克的车体为基础研制而成，可安装扫雷犁、推土铲、障碍物标记系统等多种设备，从而执行不同任务。

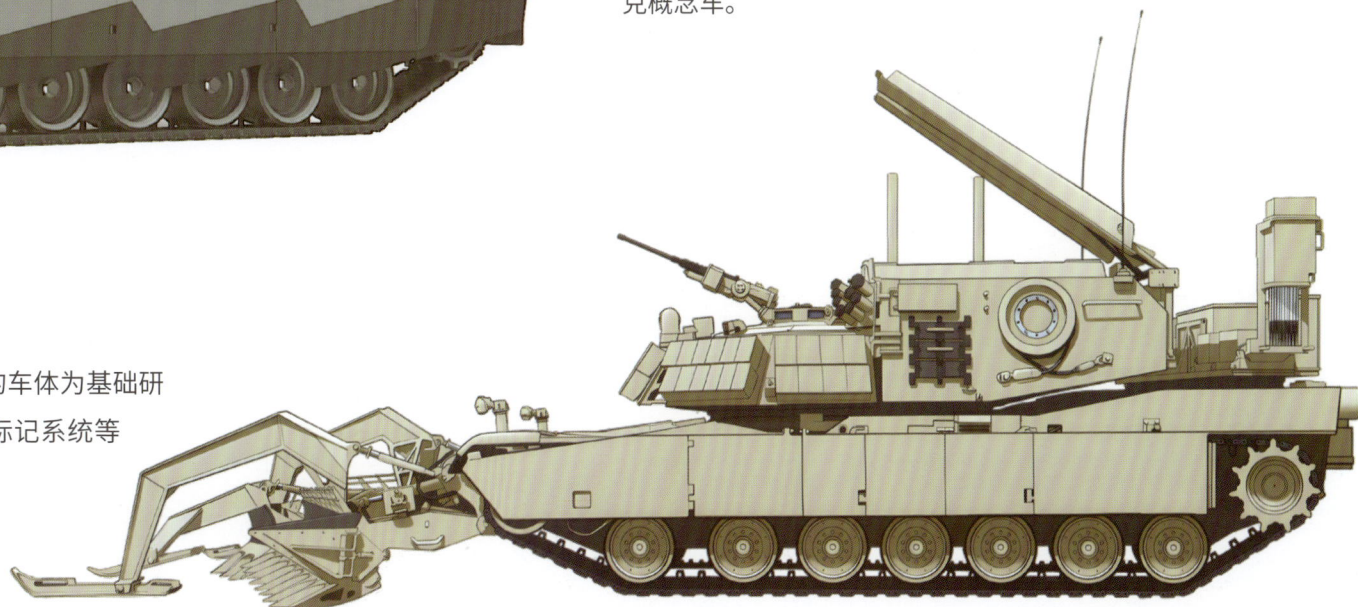

T-90

MAIN BATTLE TANK
T-90 主战坦克

T-90 是一款为取代 T-72（及其他老旧型号）而研发的苏 / 俄制主战坦克，它在很大程度上也可被视为后者的进一步发展型号。T-90 从 1992 年开始服役，也出口至多个国家，产量在 3700 辆以上。

T-90 主战坦克数据简表

战斗全重	46.5 吨	装甲（1）	多层复合装甲
乘员数量	3 人	装甲（2）	爆炸反应装甲
车体尺寸	9.53 米（含火炮）×3.78 米 ×2.22 米（不含高射机枪）	最大速度	60 千米 / 小时
主武器	125 毫米滑膛炮	最大行程	550 千米（不含外置油箱）
副武器	7.62 毫米并列机枪, 12.7 毫米高射机枪	最大垂直越障高度	0.8 米
发动机型号	V-84MS 型 12 缸柴油机	最大越壕宽度	2.85 米
发动机功率	840 马力	最大涉水深度（无准备）	1.2 米
功重比	18.1 马力 / 吨	最大涉水深度（有准备）	5 米

车长

驾驶员　炮手

3.78 米

9.53 米

△ T-90 侧面剖面图。

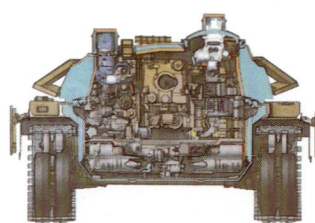

△ T-90 正面剖面图。

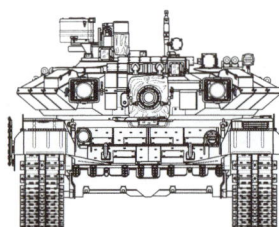

△ T-90 坦克前后视图。

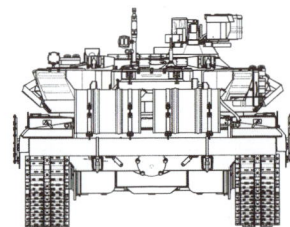

2.22 米

T-90

MAIN BATTLE TANK

T-90 是 T-72 系列的后续型号，是主要在苏联时期研发，后由俄罗斯推出的一型第三代主战坦克。它继承了 T-72 系列的传统，并在性能和技术方面有了显著的改进。

T-90 内部结构一览

01. 125 毫米主炮炮尾
02. 车长位
03. 炮塔正面爆炸反应装甲块
04. "窗帘"红外干扰器
05. 7.62 毫米并列机枪
06. 炮塔部位的非爆炸反应装甲
07. 烟幕弹发射器
08. 炮手位
09. 潜渡设备
10. 储物箱
11. 车体侧方的外置油箱
12. 换挡装置
13. 驾驶员位
14. 轮盘式自动装弹机
15. 备用炮弹
16. 发动机
17. 散热器进气口
18. 附加油箱
19. 工具箱
20. 主动轮
21. 负重轮
22. 装甲裙板
23. 诱导轮

火力

　　以 T-90A 为例，其安装有 2A46M-5 型 125 毫米滑膛炮。该炮可发射穿甲弹、破甲弹、榴弹等，以应对敌方不同目标。此外，T-90A 配有"映射 -M"（9K119M Refleks-M）系统，可发射 9M119M "殷钢"炮射反坦克导弹。

　　除了主炮，T-90A 还装有 PKT 型 7.62 毫米并列机枪和"科德"（Kord）12.7 毫米高射机枪。

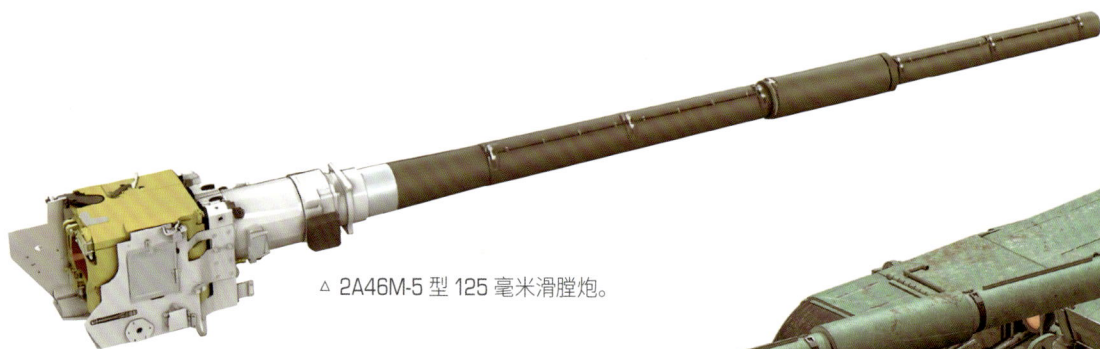

△ 2A46M-5 型 125 毫米滑膛炮。

高射机枪

T-90 最初安装的高射机枪型号为 NSVT（12.7 毫米，备弹 300 发，最大射程 2000 米），但在 20 世纪 90 年代末换装"科德"(口径、备弹量、最大射程同前)。

并列机枪

PKT 是 PK 系列的车载机枪版本，拆除了枪托，并更换更长更重的枪管，最大射程约为 3800 米，备弹 2000 发。

T-90 主战坦克的诞生

　　T-90 诞生于一个相当动荡的时期，它的最终方案几乎同时体现了彼时苏 / 俄在坦克设计上的妥协和进步：由于资金等方面的窘迫，T-90 只能选择以 T-72 为基础，甚至被很多人称为"只是 T-72 的一个改进型号"；但同时，T-90 在吸收 T-72 和 T-80 设计特点的基础上，有效实现了性能的提升。

　　T-90 起源于苏联时期的 188 工程，后者作为第三代主战坦克的大幅修改成果，充分借鉴了同时期 187 工程的先进技术。但相比作为第四代主战坦克竞标方案之一的 187 工程，188 工程的技术成熟度更高，生产成本更低。

　　188 工程是对 T-72B 坦克进行简单升级，同时结合 T-80U 坦克的火控系统。该工程最初被命名为 T-72BM，改进型号则被称为 T-72BU。

　　187 工程则是对 T-72 坦克车体、炮塔、装甲、火力等部分进行重大修改，从而大幅提升其先进程度。

　　事实上，两个工程都生产出了样车，但最终军方接受了 188 工程：因为它更能适应现有的生产线，其生产成本、技术难度更低——这对于那个并不稳定的时期来说是非常重要的。后来，该工程获得正式生产代号 T-90。

　　尽管 187 工程的成果更优秀，但它设计安装的 2A66 型火炮与 2A46 系列火炮无法实现炮弹通用，加上坦克设计大幅修改，现有生产线难以适应，也是促成军方放弃该工程方案的原因。

T-90A 使用的三种炮弹弹丸

从左到右分别为 3BK18M（搭配 3VBK16 破甲弹）、30F36（搭配 3VOF36 榴弹）、3BM42（搭配 3VBM17 尾翼稳定脱壳穿甲弹）。

2A46 滑膛炮

2A46 系列火炮在苏 / 俄主战坦克中可谓长盛不衰，先后配备于 T-64、T-72、T-80、T-90 系列。其中 T-90A 一般安装 2A46M-5，备弹 42 发（包括炮射导弹），由轮盘式自动装弹机供弹。另外，自动装弹机内可预装 22 发炮弹，其余炮弹则位于车体和炮塔内。

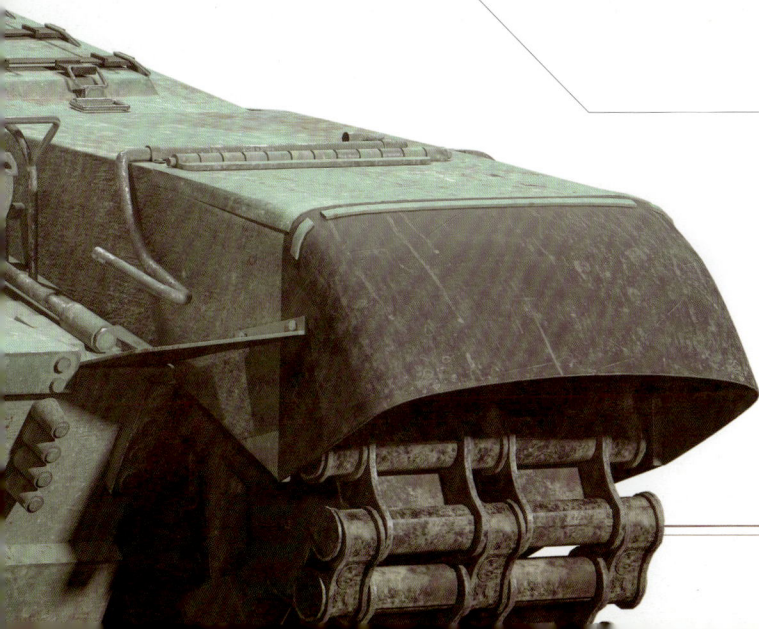

187 工程

187 工程所安装的 2A66 型 125 毫米滑膛炮上，有一个极具辨识度的炮口制退器。该炮可发射贫铀炮弹、炮射导弹等。另外巧合的是，187 工程的炮塔与后来 T-90A 所用型号颇为相似。

防护

T-90主战坦克在设计中较为明显地体现了对坦克防护性能的重视，它采用了复合装甲系统，简单来说，它的防护体系可分为三层：坦克自身装甲、外挂装甲、主/被动防御系统。

坦克自身装甲包括占主要比例的传统均质钢装甲，以及设于重点部位（如车体首上）的多层复合装甲。

外挂装甲的型号一般是"接触-5"（Kontakt-5），属于爆炸反应装甲，相较早期"接触-1"，它已能有效抵御尾翼稳定脱壳穿甲弹，使坦克最佳防护效果大致等同于800～830毫米厚均质钢装甲。

除此之外，T-90主战坦克还装备有"窗帘-1"（主动）光电干扰系统等主/被动防御手段。"窗帘-1"可以干扰某些来袭反坦克导弹的制导系统，使其偏转攻击方向；或者发射烟幕弹遮蔽车体。

△ 炮塔充满了机械美感，其顶部设有不同的光学仪器和光电干扰仪。

△ 车体侧面的爆炸反应式装甲特写。

苏/俄不同型号坦克搭配爆炸反应装甲的防护效果

坦克型号	爆炸反应装甲型号	对抗尾翼稳定脱壳穿甲弹的均质钢装甲等效（单位：毫米）	对抗破甲弹的均质钢装甲等效（单位：毫米）
T-72M	无	330～380	450（车体）或410（炮塔）
T-72A	接触-1	360～410	480～500
T-72B	接触-1	485～540	600
T-90	接触-5	670～700	1100～1200
T-90A	接触-5	715～725	1100
T-90M	化石	850	1200

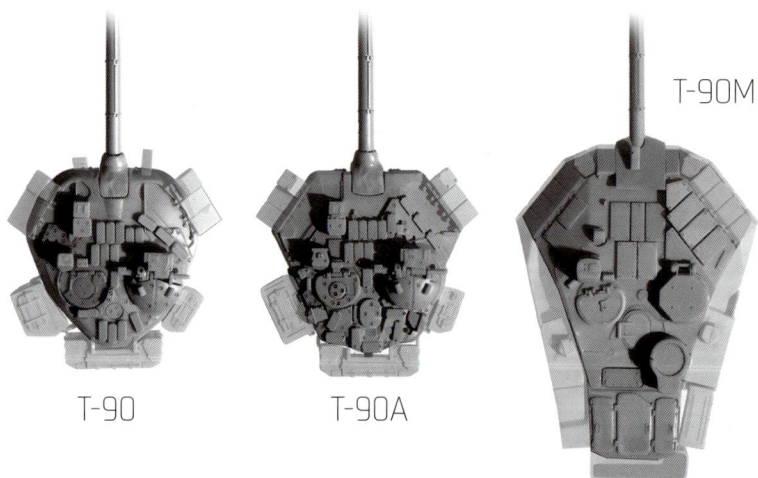

T-90M

T-90   T-90A

◁ T-90系列在发展的过程中，炮塔形状与爆炸反应装甲的契合度越来越高。这不仅有利于提升坦克的防护性能，也在客观上增加了"机械美感"。

"窗帘-1"光电干扰系统

"窗帘-1"光电干扰系统全重350千克，主要由四部分组成：光电致盲器、激光报警探测器、抗激光烟幕弹发射器和系统控制装置。该系统可连续工作8小时，能有效地对抗诸如美国"陶"式、"龙"式、"小牛"等导弹和激光制导炮弹，使西方国家军队装备的多种反坦克导弹的命中概率明显降低。

装甲防护

T-90A的车体和炮塔都采用高强度装甲钢焊接制成，车体首上布置有复合装甲，炮塔正面布置有采用"反射板"原理的非爆炸反应装甲（NERA）。此外，该坦克的车体首上、炮塔正面和顶部、长方形装甲侧裙板内侧都布置有"接触-5"第三代爆炸反应装甲。T-90优秀的底盘承载能力还为增强装甲防护留出了重量冗余。

扩展知识

坦克顶部防护系统

为了防御攻顶式弹药、无人机等发起的攻击，减少炮塔顶部所受伤害，一些主战坦克在炮塔上方安装了额外的顶部防护系统（也称笼式装甲、防护顶棚等）。这种防护系统看上去就像一座凉亭，由几根支撑架和一面"顶棚"构成。

关于坦克顶部防护系统的防护效果，目前暂无明确定论，但其不足倒是显而易见：它有可能导致高射机枪使用不便，乘员（特别是车长、炮手）通过炮塔顶部舱门进

"窗帘-1"激光报警接收器

抗激光烟幕弹发射器

这是与"窗帘-1"系统配套安装在坦克炮塔上的12具9D2B"乌云"81毫米烟幕弹发射器，用于发射3D17气溶胶烟幕弹。该系统（烟幕弹发射器）能在3秒内布设一道距离坦克50～80米、高15米、宽10米的烟幕墙，烟幕持续时间为20～30秒，可以有效干扰敌方反坦克武器的激光制导系统。

出时受到影响；另外，由于防护系统采用钢铁制造，增加了车辆的自重，难免会在一定程度上削弱坦克的机动性能。

▷ 早期的顶部防护系统，因其独特形状也被称为"烧烤架"。这种防护系统的结构简单，由六根支柱和一面顶棚（包含多个小面）组成，既被用于防御自上而下的攻击，也可用作储物架。（左图）

▷ 新型的顶部防护系统。该系统包括四根支柱和一个网状平面，其上还放置有防护钢板。坦克顶部防护系统更适合防护自上而下的攻击，而难以抵挡斜入的弹药：一些反坦克导弹可以沿45°倾斜角，精确攻击坦克炮塔顶部。（右图）

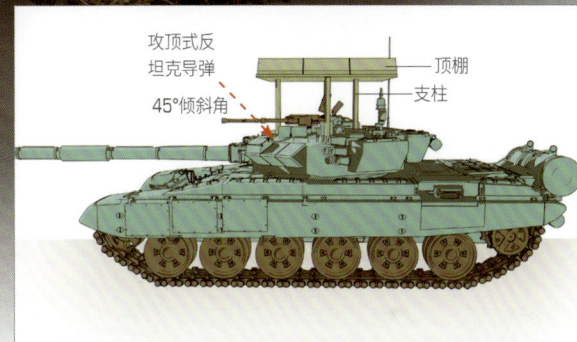

支柱　　顶棚

攻顶式反坦克导弹　　顶棚

45°倾斜角　　支柱

动力系统

基本型 T-90 坦克的动力装置是 1 台 V-84MS 型 12 缸柴油机，功率为 840 马力，可使用柴油、汽油、煤油等多种燃料而没有功率损耗。

机动

由于具体型号不同，T-90 系列先后安装过多款发动机：V-84MS，12 缸柴油发动机，840 马力（T-90 早期生产型）；V-92S2，12 缸柴油发动机，1000 马力（T-90A）；V-92S2F，12 缸柴油发动机，1130 马力（T-90M）。

T-90 的设计在很大程度上参考了 T-72，仍然采用机械式行星齿轮变速传动装置，设有 2 个侧变速箱、7 个前进挡和 1 个倒挡，等等。

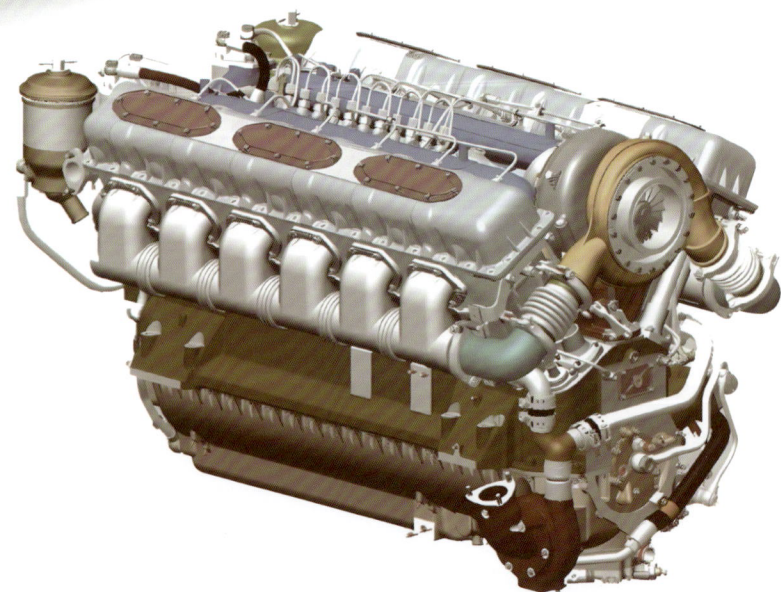

T-90 坦克部分型号

▷ T-90 原型车

即苏联时期的 188 工程，后更名为 T-90。

▷ T-90K 指挥坦克

T-90K 指挥坦克装有额外的通信设备和导航设备。

▷ T-90A/T-90S

T-90S 是 T-90 的出口型号，但后来也进入俄军服役（装备代号为 T-90A）。本图展现的是印度陆军中 T-90S 采用的一种涂装风格。

◁ T-90AM/T-90MS

T-90MS 是 T-90AM 的出口型号，而后者是基于 T-90A 大幅改进而来。

行走系统

T-90 坦克行动部分和传动装置，是采用独立扭杆式悬挂装置。车体两侧各有 6 个负重轮，第 1、2、6 负重轮位置装有液力减震器，带橡胶轮缘的铝合金负重轮直径为 750 毫米。T-90 坦克负重轮比 T-72B 坦克上安装的要宽 10 毫米。另外安装了串联啮合橡胶金属铰链履带。

◁ V-92S2，12 缸柴油发动机，四冲程，涡轮增压，另可使用多种燃料。该发动机是 V-84 型柴油机的改进型，（相较后者的）主要区别是采用涡轮增压和更好的结构设计。

T-14 ARMATA

MAIN BATTLE TANK

T-14"阿玛塔"主战坦克

　　T-14"阿玛塔"是俄罗斯开发的新一代主战坦克,据称在很多方面采用了已被取消的 T-95(工业代号为 195 工程)相关技术,旨在取代 T-95 以及 T-72、T-80 等老旧型号。它具备先进的火控系统、装甲防护和射击能力,采用全面数字化控制系统,并配备了先进的自动装弹机和 3D 声呐探测系统。T-14 于 2015 年首次亮相,截至本书出版,它尚未进行大批量生产及服役。

SPECIFICATIONS

T-14"阿玛塔"主战坦克数据简表

乘员数量	3 人	功重比	27.3 马力/吨
战斗全重	55 吨	悬挂	液压气动
车体尺寸	10.7 米(含火炮)×3.5 米 ×3.3 米	最大速度	75 千米/小时
主武器	125 毫米滑膛炮	最大行程(无外挂油箱)	500 千米
副武器 *	7.62 毫米并列机枪,12.7 毫米高射机枪(炮塔顶部遥控武器站)	最大行程(含外挂油箱)	600 千米
装甲材质	44S-sv-Sh 型钢	最大垂直越障高度	0.8 米
发动机型号	A-85-3A 型柴油发动机	最大越壕宽度	2.8 米
发动机功率	1500 马力	最大涉水深度(无准备)	1.2 米

*:因技术保密,关于该坦克的副武器配置外界并无定论,主流观点认为它兼有如上表所示的并列机枪和高射机枪,但也有资料认为并列机枪和高射机枪口径均为 7.62 毫米(各一挺);或认为该坦克仅有一挺高射机枪,口径为 7.62 毫米或 12.7 毫米。本书暂以仅有一挺高射机枪的观点为准。

车长

炮手

驾驶员

3.5 米

10.7 米

T-14 ARMATA
MAIN BATTLE TANK

> 在俄罗斯军政领导者们看来，T-14很有可能成为本国军事现代化的标志性装备，并对其性能和未来发展表示出了期待。

T-14结构一览

01. 2A82-1M 型主炮
02. 车头灯
03. 驾驶员前视红外系统
04. 车长舱盖
05. 驾驶员舱盖
06. 炮手潜望镜
07. 驾驶员潜望镜
08. 主动防护系统的雷达

09. "阿富汗石"主动防护系统的榴弹发射器
10. 传感器
11. 数据链传输天线
12. 主动防护系统的可旋转式发射单元
13. 主动防护系统的固定式发射单元

14. 遥控武器站及车长通用瞄准具
15. 动力系统
16. 无线电天线
17. 油箱
18. 格栅装甲
19. 排气口
20. 装甲侧裙

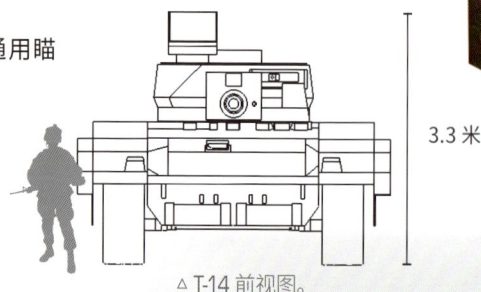

3.3 米

△ T-14 前视图。

扩展知识

青出于蓝而胜于蓝的 T-14 主战坦克

苏联 / 俄罗斯向来是世界主要坦克设计强国，曾设计出多个处于世界领先水平的型号。俄罗斯称其最新推出的 T-14 "阿玛塔" 是世界上首款第四代主战坦克。

尽管并无直接联系，但在普遍观点看来，T-14 在很多方面继承自 T-95，如无人炮塔、独立乘员舱室，还有相比 T-64/T-72/T-90 更为高大的车体。

简单来说，T-95 被视为一种"超级坦克"，能超越同时代（20 世纪 90 年代）任何主战坦克：装备 152 毫米大口径主炮、30 毫米机炮（副武器）、专用雷达瞄具、主动防护系统、最新爆炸反应装甲和复合装甲等，能攻击远处己方无人机或其他单位发现的目标。

2010 年前后，俄罗斯正式取消 T-95，随后开始研制 148 工程，即 T-14 主战坦克。具体研发过程保密，但根据已披露的信息可以发现，T-14 与之前的主战坦克存在不少区别。

以往开发其他车型的思路，是先研制主战坦克，再以其底盘为基础进行设计；而 T-14 不同，它并不是一款独立开发出来的主战坦克，而是源自"阿玛塔"重型履带式通用平台，在以该平台为基础开发出的一系列车型中，它是一种专门的主战坦克型号。

相较第三代主战坦克，T-14 在保留一系列先进设计的同时，还在很多方面体现出了堪称革命性的变化，尤其体现在火力提升和乘员安全方面。

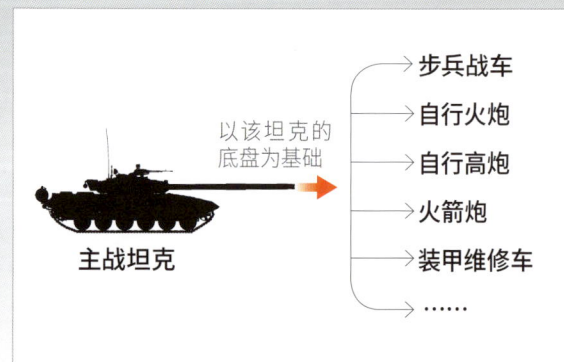

以该坦克的底盘为基础

主战坦克 → 步兵战车
→ 自行火炮
→ 自行高炮
→ 火箭炮
→ 装甲维修车
→ ……

△ T-14 之前的主战坦克及其他车辆开发思路。

11

14

15

10

16

17

12

13

06

08

18

04

19

07

09

05

03

20

与以往的 T-64/T-72/T-90 这些型号相比，T-14 的整体尺寸更高大，反而类似德制"豹"2A7——可以看出，俄罗斯坦克工程师一改往日作风，选择以牺牲部分隐蔽性能为代价，为乘员提供相对舒适的作战环境。

▷ "超级坦克" T-95 主战坦克。

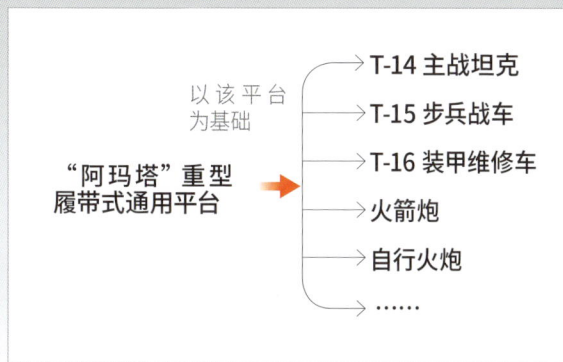

T-14 主战坦克

T-15 步兵战车

以该平台为基础

T-16 装甲维修车

"阿玛塔"重型履带式通用平台

火箭炮

自行火炮

……

△ "阿玛塔"通用平台的开发思路。

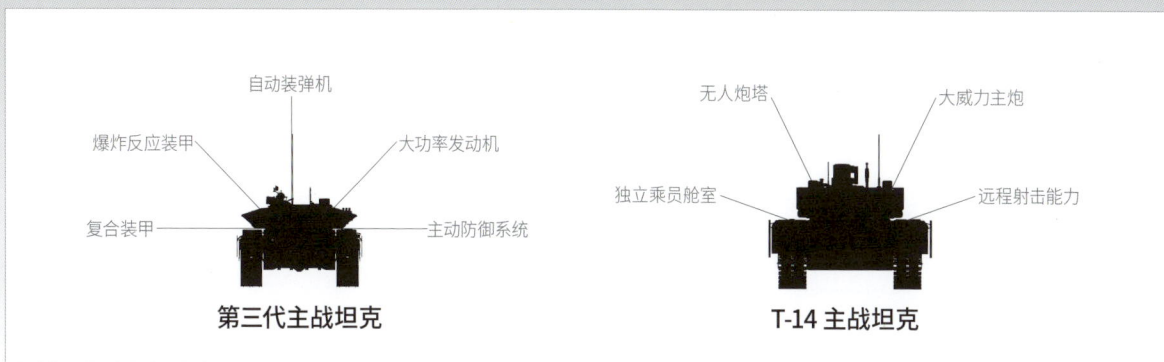

自动装弹机

爆炸反应装甲

大功率发动机

复合装甲

主动防御系统

第三代主战坦克

无人炮塔

大威力主炮

独立乘员舱室

远程射击能力

T-14 主战坦克

△ T-14 主战坦克与第三代主战坦克相比已经有了质的提升。

无人炮塔

T-14 主战坦克的无人炮塔配置有主炮、弹药舱、主动装弹机、遥控武器站、主动防护系统等。与当前主流的现役坦克相比，这座无人炮塔在很大程度上通过自动控制系统运行，有效减少了乘员的工作压力。

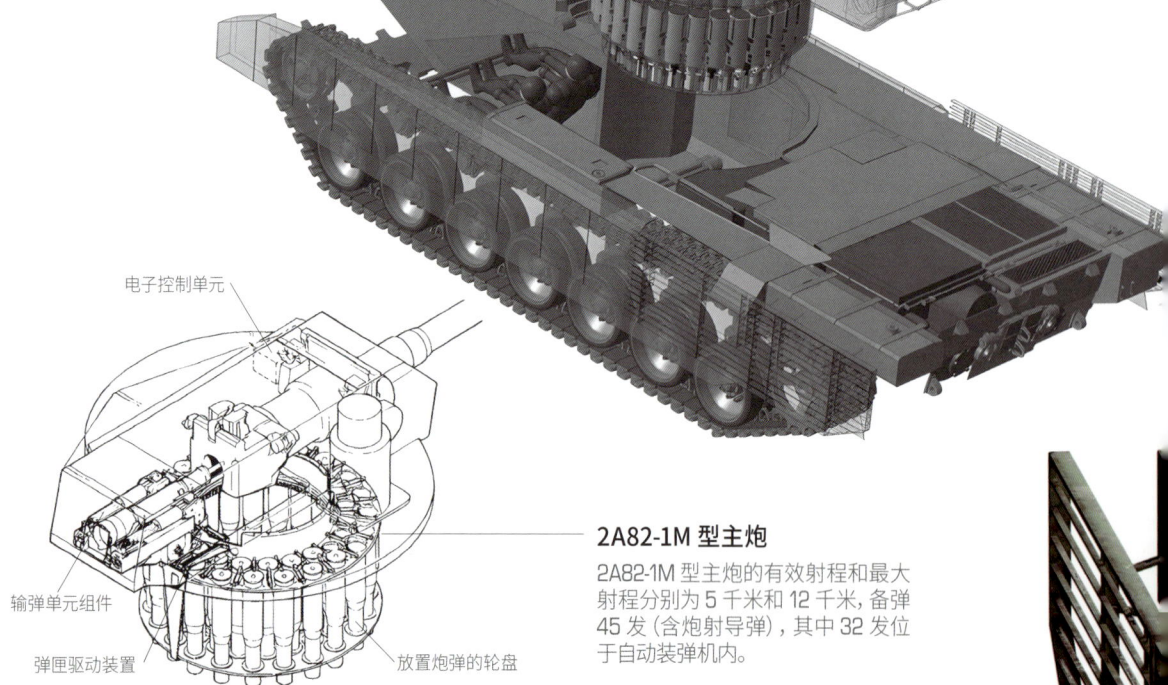

争议：T-14是否需要安装更大口径主炮？

军事媒体和专业人士曾讨论过，可否为 T-14 安装更大口径的主炮？比如2A83型152毫米滑膛炮。

支持的一方认为，该炮穿透力、射程等性能较125毫米坦克炮有明显提升，能够有效应对他国现役和未来的主战坦克。

反对的一方则认为，安装152毫米主炮需要更大空间，或者说炮塔必须设计得更大，这将增加被击中概率；因单发炮弹体积较大，坦克载弹量相对也会减少；而且 T-14 并没有配置 T-95 那样的雷达瞄具，不能完全发挥152毫米主炮的射程优势。在反对方看来，就算152毫米主炮拥有射程优势，但因为建筑、山地、森林等阻隔，实战环境中很少出现10千米外（哪怕 7～8千米）可以通过直射消灭敌方目标的情况。若要进行远距离曲射，它还能比专业的自行火炮更有效率？

电子控制单元

2A82-1M 型主炮

2A82-1M 型主炮的有效射程和最大射程分别为 5 千米和 12 千米，备弹 45 发（含炮射导弹），其中 32 发位于自动装弹机内。

输弹单元组件

弹匣驱动装置

放置炮弹的轮盘

炮膛抽气装置

坦克主炮发射炮弹时，往往会产生有毒废气，这些废气通过炮管返回炮塔内部，容易对乘员的健康造成危害。现代主战坦克大多设有炮膛抽气装置，以便将废气沿炮口方向排出。

但 T-14 采用高压气体吹除式排烟装置（法制"勒克莱尔"亦是如此），而非炮膛抽气装置，避免了上述问题。

抽气装置

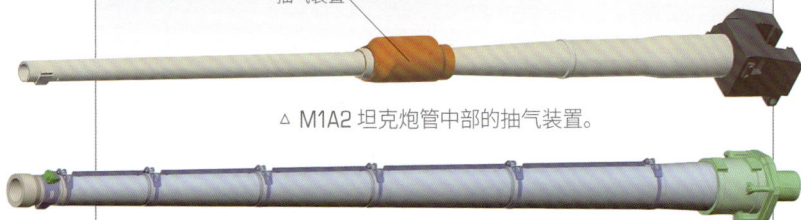

△ M1A2 坦克炮管中部的抽气装置。

△ 由于采用的装置不同，T-14 坦克的炮管上无须开孔，火炮身管刚度和寿命有所提升。

T-14主战坦克的遥控武器站

T-14 "阿玛塔"的显著特点之一是其无人化炮塔设计。车长和炮手位于车体前部，而炮塔上的火控和武器系统由自动化机制控制。

一般认为，T-14 可能配置的其他副武器包括30毫米机炮或防空导弹发射系统。这两种武器都能显著增强坦克的野战防空能力，机炮还能攻击敌方人员、轻型车辆等陆上软目标。结合 T-14 来看，在不考虑成本和操作复杂程度的情况下，将多种武器整合并入同一座遥控武器站是个不错的选择，比如小口径机炮、机枪、防空导弹发射器。

不得不说，"回旋镖 -BM"（Bumerang -BM）堪称混合搭配的典型：作为一座遥控炮塔 / 武器站，其配置有30毫米主炮、7.62毫米并列机枪、反坦克导弹发射装置，能对多种目标实施打击。

反坦克导弹

并列机枪

主炮

反坦克导弹

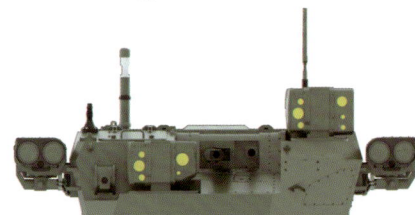

△ "回旋镖 -BM"遥控武器站。

火力

相较第三代主战坦克，T-14主战坦克的火力性能有诸多方面值得关注。

首先是主炮。T-14装备了2A82-1M型125毫米滑膛炮，并通过轮盘式自动装弹机装填炮弹或炮射导弹。该坦克生产商——乌拉尔车辆厂曾指出，T-14主炮的最大射程能达到12千米；但需要使用新开发的炮射反坦克导弹，而不是常规炮弹。

其次是副武器。在不讨论并列机枪的情况下，外界普遍认为，T-14炮塔顶部遥控武器站内安装的是PKTM型7.62毫米机枪，也有观点认为是"科德"型12.7毫米机枪。

△ T-14 炮塔（去掉部分装甲）。

遥控武器站

由于安装了遥控武器站，T-14的副武器并不是固定的。一般认为此处的机枪型号为7.62毫米PKTM型（最大射程3800米，备弹1000发），或12.7毫米"科德"型（最大射程2000米，备弹300发）。另外坦克内部可单独储备1000发子弹。

装甲

坦克的防护用装甲采用新型 44S-sv-SH 钢材制造，不仅重量低于以往坦克使用的装甲钢，还能在极端气温环境中正常发挥作用。

复合装甲、爆炸反应装甲在防护性能上有所增强；且后者在炮塔正面、侧面、顶部，以及车体部位均有布置。值得注意的是，爆炸反应装甲不再呈现出一块块"砖"的模样，显得更加简洁，也有利于雷达隐身。

此外，坦克车体后部两侧均设有格栅装甲，以抵御火箭弹攻击，为动力系统提供防护。

格栅装甲

格栅装甲位于车体后部，由 NII STALI 钢铁研究所研制，能够防护 50% ～ 60% 的增程榴弹造成的伤害。

"科德" 12.7 毫米机枪

主动防护系统的发射单元

监视摄像头

主动防护系统的接收天线

"阿富汗石" 主动防护系统

△ T-14 的主动防护系统。

主动防护系统（包括炮塔外部的拦截弹发射器、探测设备等）

T-14 配备的主动防护系统能通过毫米波雷达探测、追踪敌方发射的炮弹和反坦克导弹，以两种方式达成防护目的：一种是"硬方式"，通过发射弹药进行直接拦截；另一种则是"软方式"，通过干扰、破坏敌方导弹的制导系统，使其无法顺利攻击坦克。

不过这种主动防护系统被质疑无法拦截攻顶式反坦克导弹。

榴弹发射器

对以往的苏 / 俄制坦克型号而言，通常不必考虑遮掩榴弹发射器，直接将该装置安装在炮塔外部即可；T-14 则将该装置半埋在炮塔下方，以降低坦克被雷达发现的概率。

A. 乘员舱

即使炮塔损坏并且相邻的舱室被点燃，车组人员也能存活下来。

B. 无人炮塔

包含弹药舱和自动装填系统。

C. 固定式油箱

D. 动力系统舱

侧面模块化装甲

防护

防护性能方面，T-14 呈现出一种"喜新，但不厌旧"的特点：仍旧布置主动防护系统、复合装甲、爆炸反应装甲；同时采用体积更小的无人坦克炮塔、带有防护性装甲的独立乘员舱室等新设计。

由于 T-14 的车体尺寸大于以往的苏 / 俄制主战坦克，这在一定程度上会增加中弹概率。但该坦克在外形设计上显得比较平整、简洁、棱角分明，这很可能是考虑到了雷达隐身的需要。据生产厂家透露，T-14 的表面覆盖有隐身涂料，能够有效削弱敌方雷达的反射波；坦克上容易发出热量的部件则深置于坦克内部，也能降低被探测到的概率。

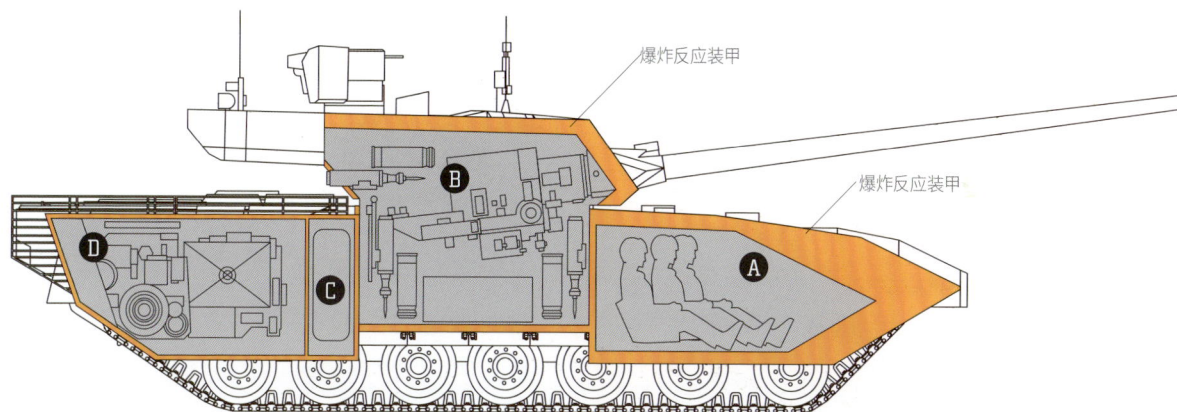

爆炸反应装甲

爆炸反应装甲

分隔式设计

乘员舱、无人炮塔、动力系统各为一个部分。这样的设计能在很大程度上避免其中一个部分遭到攻击，另两个部分同时受到影响。另外，乘员舱外部设有装甲，能为乘员提供更好的防护效果。

机动

关于 T-14"阿玛塔"的机动性能，外界猜测纷纷，认为其最大速度值在75千米/小时到90千米/小时之间，而发动机的最大功率则更加难以确定——相对合理的解释是，该数据是可变的：通常情况下，发动机功率达到1500马力已经足够；在特殊情况下，以牺牲发动机使用寿命为代价，可以达到2000马力这一最大值。

也有人士观察到，T-14采用的设计允许坦克的倒车速度与前进速度相同。当坦克在巷道等特殊地形环境中战斗，这一特点便能发挥重要作用。

扩展知识

坦克火控系统

现代坦克火控系统具有精准瞄准、稳定火炮、自动跟踪、火力控制、故障诊断、数据记录等功能，以确保坦克在战场上具有高效的打击能力。其组成包括传感器、计算机系统、稳定平台、观瞄设备和控制装置这五部分。

1. 传感器：用于测量目标距离、速度、方向和环境条件的设备，包括激光测距仪、红外线传感器、气压计、风速仪等。

2. 计算机系统：用于处理传感器数据、计算瞄准角度、提供射击解决方案，并控制火炮运动的电子计算机系统。

3. 稳定平台：用于稳定火炮，确保即使在坦克行驶或受到颠簸时也能保持射击精度的机械或电子系统。

4. 观瞄设备：用于指导瞄准和观察目标，包含瞄准镜、光学或电子视景装置，以及用于观察或锁定目标的显示屏等。

5. 控制装置：用于操作火炮、调整瞄准角度和选择射击方式的控制装置，通常包括操作杆、按钮和触控屏等。

发动机

T-14 "阿玛塔" 坦克安装了全新研制的 X-12 系列 A-85-3A 型柴油双涡轮增压发动机。该发动机由电子系统控制，以减轻驾驶员压力；可使用多种燃料；其他性能特点包括 12 气缸、中冷、四冲程等。

△ T-14 的车体尺寸较高大，但设计上相当注重简洁和隐身。

△ T-14 主战坦克舱内仪表板。

根据 "阿玛塔" 重型履带式通用平台开发的其他车辆

▷ T-15 重型步兵战车

T-15 重型步兵战车，安装 "回旋镖 -BM" 遥控炮塔。有消息称，俄罗斯方面在 T-15 的基础上又开发出了一款装甲指挥车，并将其命名为 BMP-KSH。

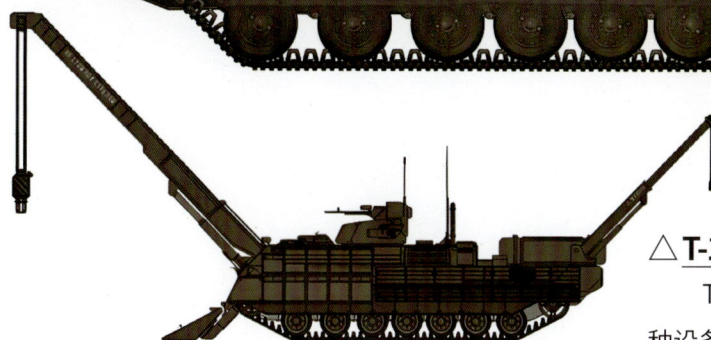

△ T-16 装甲维修车

T-16 装甲维修车及其展开各种设备时的状态。

▷ "阿玛塔" 履带式自行火炮

虽无确切消息，但作为一个通用平台，俄罗斯在 "阿玛塔" 的基础上开发出自行火炮、自行高炮、火箭炮等车型指日可待。右图是设想中一种以 "阿玛塔" 为基础所开发的履带式自行火炮。

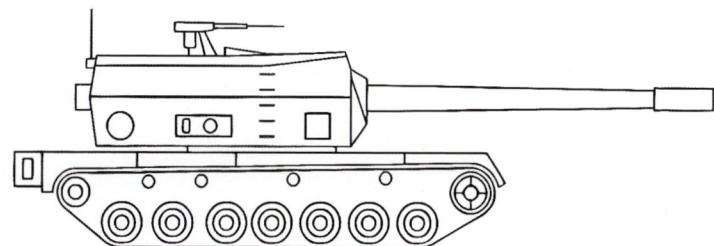

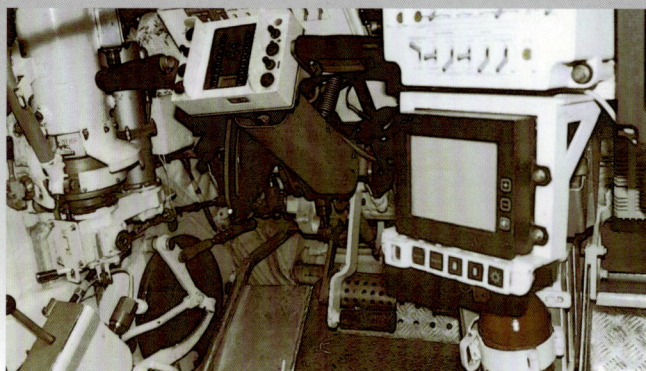

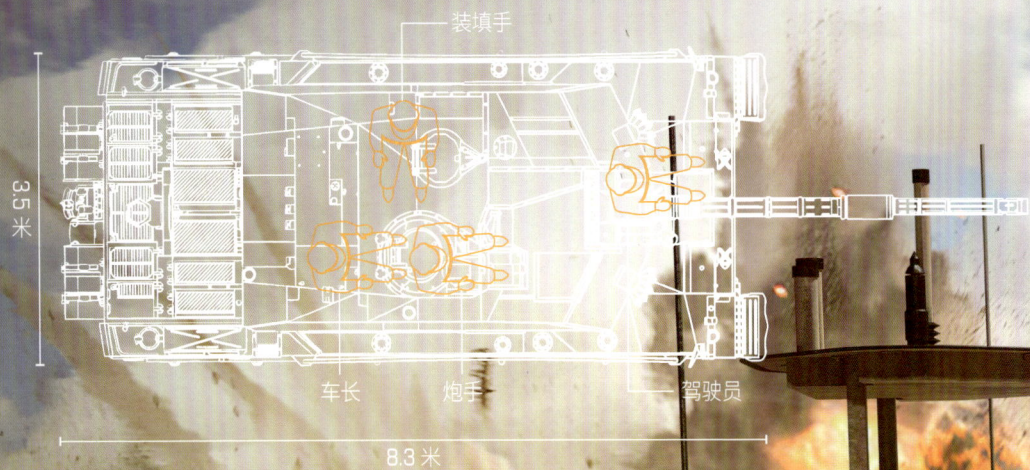

装填手

3.5 米

车长　　　炮手　　　　　驾驶员

8.3 米

254

CHALLENGER 2

MAIN BATTLE TANK
"挑战者" 2 主战坦克

"挑战者" 2 是英国陆军现役的主战坦克，也是第三种以"挑战者"为名的军用车辆。虽然是以"挑战者" 1 为基础，但"挑战者" 2 接受了大范围的重新设计，以至于两者虽外观相似，但可以通用的零件只有不到 5%。

"挑战者" 2 主战坦克数据简表

服役时间	1998 年	发动机型号	珀金斯 CV12 TCA 柴油发动机
乘员数量	4 人	发动机功率	1200 马力
重量（不含附加装甲）	64 吨	功重比（不含附加装甲）	18.7 马力／吨
重量（含附加装甲）	75 吨	功重比（含附加装甲）	16 马力／吨
车体尺寸（不含火炮和附加装甲）	8.3 米 ×3.5 米 ×2.49 米	最大速度（公路）	59 千米／小时
车体尺寸（含火炮和附加装甲）	13.5 米 ×4.2 米 ×2.49 米	最大行程	550 千米
主武器	120 毫米线膛炮	最大垂直越障高度	0.9 米
副武器	2 挺 7.62 毫米机枪	最大越壕宽度	2.34 米
火炮俯仰角	一10°到 20°	最大涉水深度（无准备）	1.07 米

CHALLENGER 2
MAIN BATTLE TANK

"它的装甲很棒，但在作战区域，坦克和乘员不可能得到绝对的保护……没有人说过'挑战者'坚不可摧。我们的观点是，只要炸弹威力够大，它就能摧毁任何装甲和任何车辆。"

——英国国防部

"挑战者" 2主战坦克结构解析

01. L30A1 型 120 毫米线膛炮
02. 炮膛抽气装置
03. 热成像仪传感头
04. 热成像仪基座
05. 炮手主瞄准镜
06. 高射机枪（遥控武器站）
07. 炮手位
08. 车长主瞄准镜
09. 车长用操控手柄
10. 火控面板
11. 车长舱盖（设有八处单元式潜望镜）
12. "弓箭手" 通信系统用户操作区
13. 车长用控制面板
14. 闪烁报警装置
15. 车长位
16. 横风传感器
17. "弓箭手" 通信系统天线
18. 倒车方向指示杆
19. 核生化武器防护系统过滤舱
20. 外置油箱（容量达 175 升）
21. 油箱盖
22. 炮塔后部的储物箱
23. 冷却装置隔舱

24. 驾驶员用工具箱
25. 主动轮
26. 尾翼稳定脱壳穿甲弹弹药架
27. "弓箭手" 通信系统甚高频无线电设备
28. 侧裙装甲
29. 托带轮（被防尘侧裙遮掩）
30. 配电箱
31. 配给箱
32. 炮闩
33. 裙板上的被动附加装甲
34. 负重轮和液压气动式悬挂装置
35. 炮膛关闭杆
36. 动力传动齿轮箱
37. L94A1 型 7.62 毫米并列机枪（链式）
38. 诱导轮
39. 干粉灭火器
40. 乘员温度控制系统
41. 驾驶员位（需仰卧）
42. 转向杆
43. 无线电控制面板
44. HTT 方向控制杆
45. 驾驶员用显示设备

46. 附加非爆炸式反应装甲
47. 驾驶员用潜望镜
48. 烟幕弹发射装置
49. 链式机枪护罩和废弃弹壳抛孔
50. 炮口校准参考系统

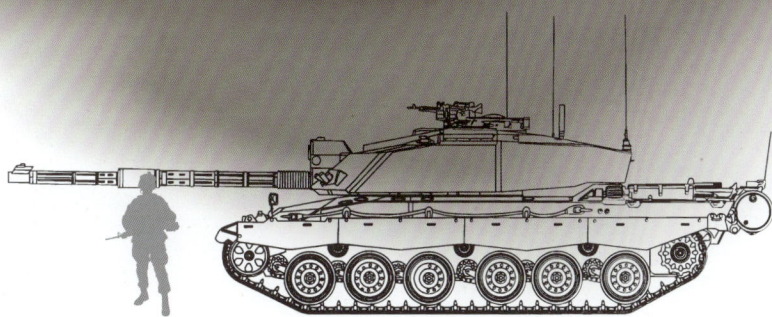

△ "挑战者" 2 主战坦克侧视图。

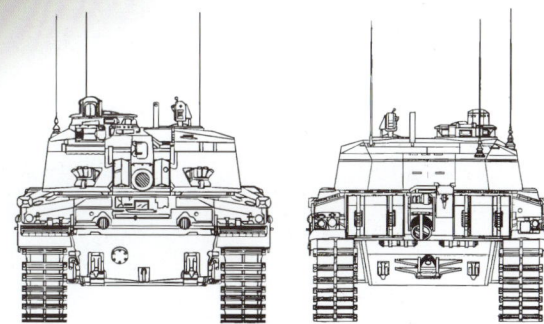

△ "挑战者" 2 主战坦克前后视图。

L37A2 型机枪

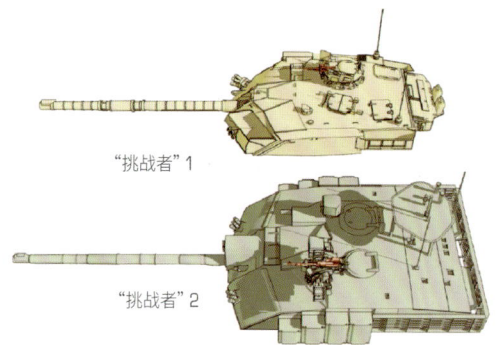

△ 从"挑战者"1 到"挑战者"2, 炮塔顶部机枪的位置发生了变化。

"挑战者"1

"挑战者"2

△ "挑战者" 2主炮特写。

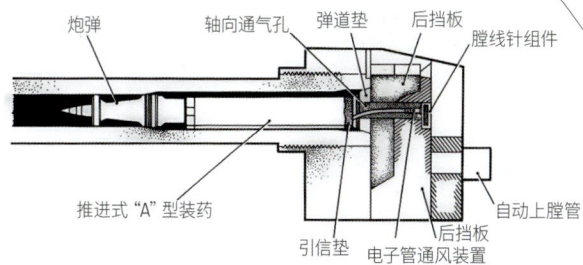

▷ M230型30毫米链式机炮。

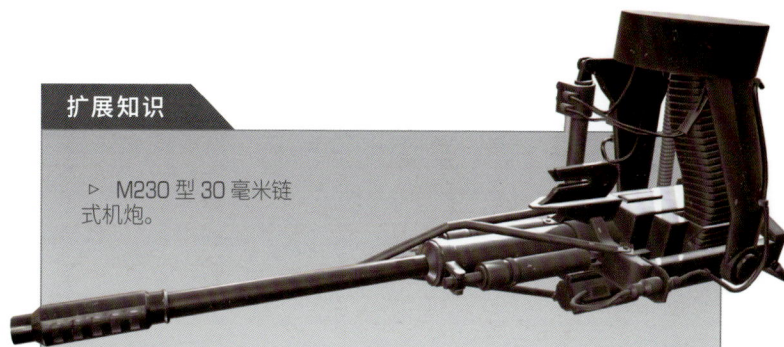

链式武器

不同于一般的自动武器，链式武器（包括机枪和小口径火炮）是通过外部能源驱动链条传动装置，使自动机完成自动循环（机枪），或使炮闩反复后坐、复进（小口径火炮），从而实施射击。它具有结构紧凑、方便维护、可靠性高、射速可控等优点；但也需要相应的外部能源（如电力），同时并不适用于大口径或高射速武器。

L30A1型主炮

该炮备弹47发，发射碎甲弹时最大射程可达8千米。

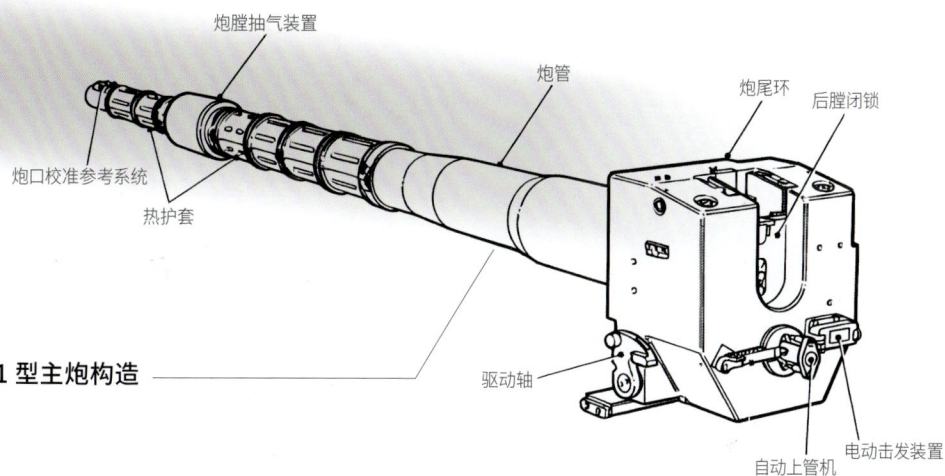

炮弹　轴向通气孔　弹道垫　后挡板
膛线针组件
推进式"A"型装药
引信垫
后挡板
电子管通风装置
自动上膛管

L27A1 尾翼稳定脱壳穿甲弹

L30A1型主炮构造

炮膛抽气装置　炮管　炮尾环　后膛闭锁
炮口校准参考系统
热护套
驱动轴
自动上管机　电动击发装置

火力

"挑战者" 2的武器配置相较"挑战者" 1出现了一系列有趣的变动。

首先是主炮，"挑战者" 2安装的L30A1型120毫米线膛炮是由"挑战者" 1的L11A5型主炮改进而来，仍采用人工装填模式，可发射尾翼稳定脱壳穿甲弹（其中的L26A1和L27A1两种炮弹包含贫铀材料）、碎甲弹等。

其次是副武器，"挑战者" 2以L94A1型链式机枪取代了"挑战者" 1的L8A2型，成为并列机枪；"挑战者" 1位于炮塔顶部的机枪是L37A2型，由车长使用，但"挑战者" 2将其转移到装填手舱口旁，由装填手负责操作。

机动

　　"挑战者"2安装了第二代液压气动式悬挂和液压履带张紧器，设有6个前进挡和2个倒挡，最大公路速度为59千米／小时，最大越野速度为40千米／小时。此外，该车配有辅助动力装置（在车辆静止且主发动机关闭时为电子设备提供动力）。

　　值得一提的是，"挑战者"2的机动速度或许不如他国主战坦克，但其炮塔的旋转速度相当快，只需要9秒就能完成360°水平旋转（相比之下，早期的T-72坦克完成相同动作需要大约20秒）。

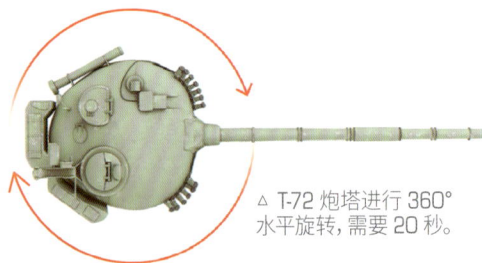

△ T-72炮塔进行360°水平旋转，需要20秒。

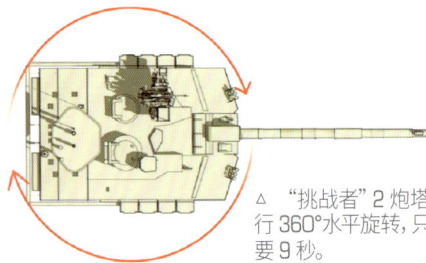

△ "挑战者"2炮塔进行360°水平旋转，只需要9秒。

△ "挑战者"2后部特写。

格栅装甲

扩展知识

不幸的乌龙事件

　　作为对"挑战者"1主战坦克的继承和发展，"挑战者"2基本保留了前者的外观特征，同时在防护和火力方面得到进一步加强。但除此之外，因实战中曾出现被己方坦克轻易摧毁的乌龙事件，"挑战者"2的防护性能成了一个颇具争议性的话题。

　　事实上，截至2020年，"挑战者"2自服役以来展现出了相当优秀的防护性能，即便在作战行动中被击穿局部装甲，导致部分人员受伤或死亡，但车辆本身并不曾被完全摧毁。据记载，一辆"挑战者"2曾在行动中经受住14发火箭弹和1发反坦克导弹的攻击。

　　乌龙事件发生在2003年3月，当时英军一辆"挑战者"2在行动中错误地攻击了己方其他部队的一辆同型坦克。这次攻击原本未必是致命的，但偏巧受到攻击的"挑战者"2的车长舱盖正是打开状态，一发碎甲弹（HESH）击中此处，带有高温的碎片经此进入炮塔内部，造成两名乘员死亡，并引燃了弹药，最终彻底摧毁坦克。

防护

作为名副其实的重甲坦克，"挑战者" 2安装有第二代"乔巴姆"装甲，另可按需配置爆炸反应装甲和格栅装甲。值得注意的是，整辆坦克的外观相对简洁、平整（尽管烟幕弹发射器等仍比较突出），这种设计能减少一定的雷达反射信号，间接提升坦克的防护性能。

重型附加装甲

格栅装甲

重型装甲裙板

△ "挑战者" 2装甲示意图。

第二代"乔巴姆"装甲

从种类上讲，"乔巴姆"装甲属于复合陶瓷装甲，但其（前者）也被非正式地称为"伯灵顿"装甲或"多切斯特"装甲。"挑战者" 2装备了新一代"乔巴姆"复合装甲，防护性能较"挑战者" 1有较大提升。

英国陆军的"挑战者"们

在英国陆军的装备体系中，先后有四种车辆被命名为"挑战者"。除了本书提及的"挑战者"1和"挑战者"2两种主战坦克，还包括以下车辆：

△ "挑战者"巡洋坦克

英国人曾根据用途，将坦克划分为巡洋坦克和步兵坦克——前者强调机动而弱化防护，以便快速移动，实施火力打击；后者强调防护但弱化机动，主要伴随步兵作战。

一般来说，英国的步兵坦克与其他国家的重型坦克相对应（如"丘吉尔"系列）。巡洋坦克中的大部分与中型坦克相对应（如"克伦威尔"），但也有部分型号被认为是轻型坦克（如"十字军"）。

二战期间的"挑战者"巡洋坦克以"克伦威尔"巡洋坦克的底盘为基础研制而成，但安装了大名鼎鼎的 QF 17 磅炮——事实上，该巡洋坦克（前者）在开发初期仅是为了"将 QF 17 磅炮与巡洋坦克相结合"。相较"克伦威尔"，"挑战者"的机动性能有所削弱，但主炮穿透能力得到明显增强：能从正面击穿"虎"式、"黑豹"等德制坦克。

扩展知识

QF 17 磅炮

该炮是二战期间英国军队广泛使用的牵引式反坦克火炮，但也被安装在了很多车辆上，以便反坦克火力实施快速机动，如"萤火虫""阿喀琉斯"。值得注意的是，QF 17 磅炮的口径为 76.2 毫米，而名称中的"17 磅"指主力弹种（即穿甲弹）重量，约合 7.7 千克。

▷ "挑战者"巡洋坦克上安装的 QF 17 磅炮。

◁ **"挑战者" 3主战坦克**

"挑战者" 3主战坦克曾在2021年展出样车,其最大特点是将线膛炮更换为滑膛炮,预计在2027年加入英国陆军。值得注意的是,"挑战者" 2可升级为"挑战者" 3。

▷ **"挑战者" 2 TES**

英军时常执行海外作战任务,自然存在让坦克等车辆进入城市战区的需要。2023年7月,英国方面推出"挑战者" 2 TES型(TES即Theatre Entry Standard的缩写,大意为"战区进入标准")。该型号专为进入城区作战而设计,所配置的设备在很大程度上参考了美制M1A2的城市生存套件。注意坦克车体侧面的附加装甲、炮塔顶部的电子设备,以及车体(和炮塔)后部的格栅装甲。

▷ **阿曼陆军的改装版"挑战者" 2**

截至2020年,阿曼陆军是"挑战者" 2唯一的海外用户。该国对"挑战者" 2进行了一定改装(比如车体后部的排气格栅),以适应当地环境。

"勒克莱尔"坦克整合了先进的火力、装甲、机动性和信息系统，因此具有较高的综合作战能力。这种综合性能的提升是通过对各个子系统进行优化和整合来实现的，使坦克在战场上能更加全面地应对各种威胁和挑战。

LECLERC
MAIN BATTLE TANK
"勒克莱尔"主战坦克

法国陆军目前装备的"勒克莱尔"是一种性能均衡的主战坦克，这体现出了法国坦克工程师在设计思想上的转变。该主战坦克的名称源自二战期间"自由法国"军队中的著名将领——第2装甲师师长菲利普·勒克莱尔。

SPECIFICATIONS

"勒克莱尔"主战坦克数据简表

服役时间	1992 年	最大速度（公路）	71 千米 / 小时
乘员数量	3 人	最大速度（越野）	55 千米 / 小时
战斗全重（S1 系列）	54.5 吨	油箱容积	1300 升
车体尺寸	9.87 米（含火炮）×3.6 米 ×2.53 米	油箱容积（含附加油箱）	1700 升
主武器	120 毫米滑膛炮	最大行程	550 千米
副武器	1 挺 12.7 毫米并列机枪, 1 挺 7.62 毫米高射机枪	最大行程（含附加油箱）	650 千米
火炮俯仰角	−8°到 20°	最大垂直越障高度	1.25 米
发动机型号	V8X-1500 柴油发动机	最大越壕宽度	3 米
发动机功率	1500 马力	最大涉水深度（无准备）	1 米
功重比	27.5 马力 / 吨	最大涉水深度（有准备）	4 米

炮手

3.6 米

驾驶员 车长

9.87 米

LECLERC
MAIN BATTLE T

"勒克莱尔"主战坦克结构一览

01. 炮口校准参考系统
02. 120 毫米主炮
03. 激光传感器
04. 12.7 毫米机枪
05. 炮塔顶部的 7.62 毫米机枪
06. HL-70 稳定全景瞄准镜
07. 弹舱防爆板
08. 榴弹发射器
09. 发动机舱上方的百叶窗
10. 主动轮
11. 负重轮
12. 装甲裙板
13. 车长用潜望镜
14. 驾驶员用潜望镜
15. 驾驶员操作区的显示屏
16. 前弹药架
17. 油箱
18. 蓄电池
19. 发动机
20. 排气装置
21. 变速箱
22. 排气口
23. 涡轮结构
24. 核生化防护系统
25. 液压气动式悬挂
26. 中央制动系统
27. 指挥和控制单元
28. 车体侧面防护装甲

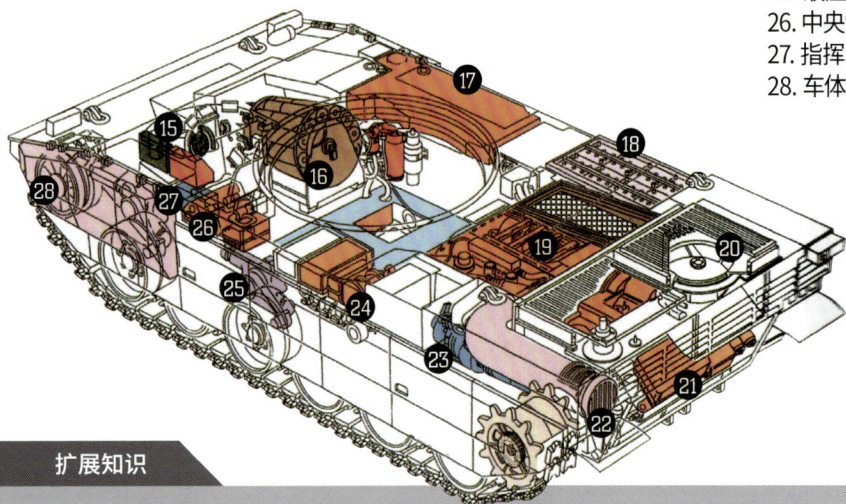

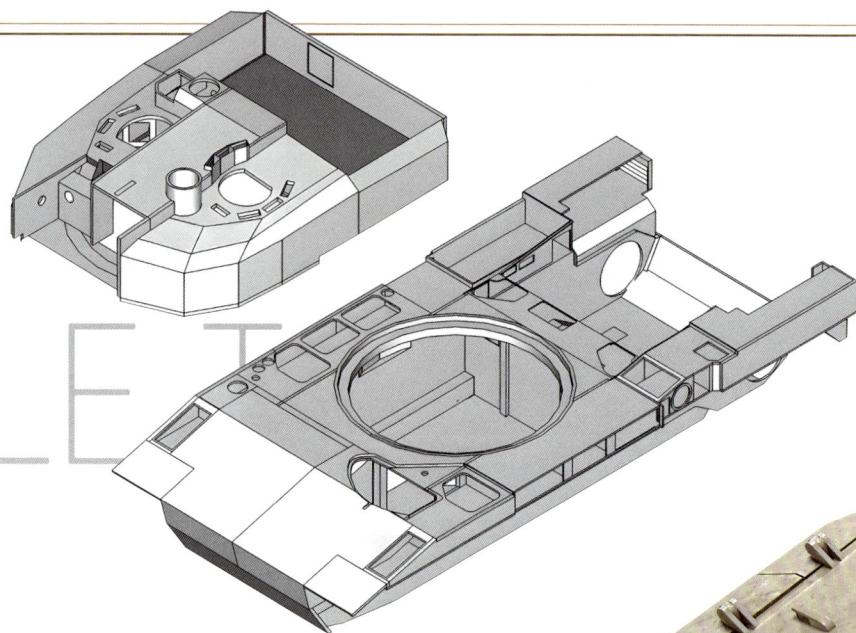

△ "勒克莱尔"内舱布局。

扩展知识

与众不同的"勒克莱尔"

20世纪70年代，法国陆军现役的 AMX 30 渐渐无法满足现代战争的作战需求，尤其在新锐的苏制主战坦克面前，愈发呈现劣势。因此，法国陆军迫切希望获得一种新的主战坦克，由此催生了"勒克莱尔"。但在自主研发之前，法国人还走过不少弯路。

20世纪80年代初，法国和西德合作开发"拿破仑"1，但项目因两国间的分歧而取消；其他一些有关坦克研发的跨国合作项目，成果也不理想。

与此同时，法国人也考虑过直接向外国购买坦克，如以色列的"梅卡瓦"、美国的 M1，但因种种原因未能真正落实。

最终到了1986年，自主开发项目以"勒克莱尔"为名立项；1992年，"勒克莱尔"入役，成为法国陆军的主力坦克。

"勒克莱尔"是法国坦克设计史上的一大转折，它标志着该国坦克工程师不再认为 AMX 13、AMX 30 那样单纯强调机动的坦克更适应冷战后期及之后的战场。不仅如此，"勒克莱尔"在设计理念、结构布局方面，也与同时期其他西方主战坦克迥异。

相较本国以往的型号，"勒克莱尔"更重，但在火力、机动、防护三大方面做到了均衡发展，不再"偏科"，成为一种真正意义上的主战坦克。

对比同期他国的"豹"2、M1A2、"挑战者"2等主战坦克，"勒克莱尔"则是名副其实的"轻量级选手"：重量不到60吨，机动性能出众；为了控制重量，不强调装甲的绝对作用，但通过多重手段增强防护性能。

2.53 米

此外，"勒克莱尔"并没有设置装填手，这也是其一大特点。

值得一提的是，"勒克莱尔"安装有大量现代高科技设备，因此被不少人称作第四代主战坦克。高科技设备的应用缩减了坦克的体积、重量，但同时也增加了坦克的制造和维护成本，使得"勒克莱尔"成为世界上最昂贵的主战坦克之一。

▷ 尽管被称作主战坦克，但AMX 30 显然难以胜任常规主战坦克被赋予的作战职责，这也是催生"勒克莱尔"的一大重要原因。

◁ 以色列"梅卡瓦"1 型主战坦克。"梅卡瓦"系列相当强调防护（尤其是对乘员），在现代主战坦克中少有地将发动机布置在了车体前部。

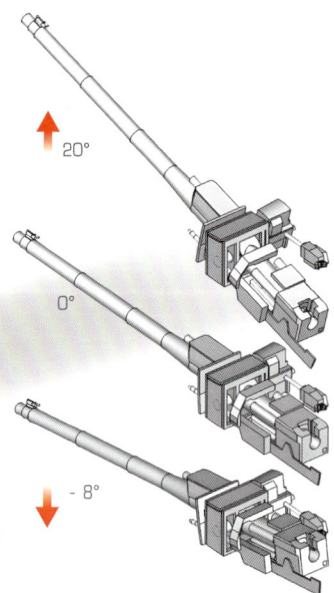

△ "勒克莱尔"火炮最大俯仰角度。

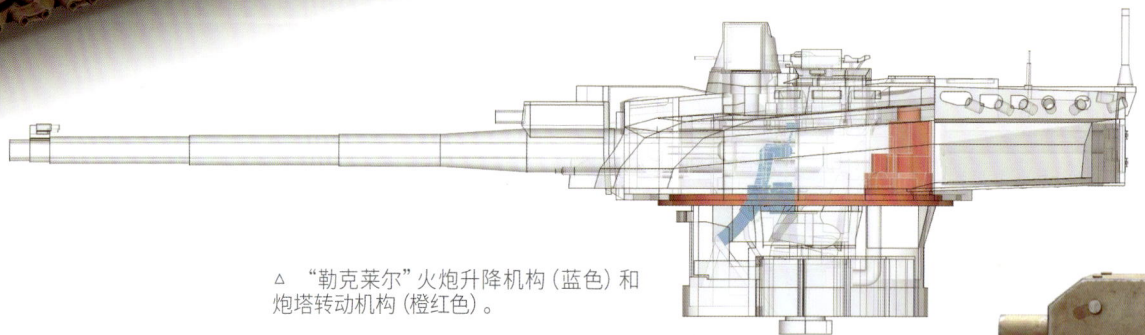

△ "勒克莱尔"火炮升降机构（蓝色）和炮塔转动机构（橙红色）。

CN120-26 型 120 毫米滑膛炮

火力

　　"勒克莱尔"装备一门 CN120-26型120毫米滑膛炮，并配有尾舱式自动装弹机。值得注意的是，该滑膛炮为52倍径，相比同时代装备44倍径主炮的坦克（如"豹"2A4），"勒克莱尔"所发射的炮弹能获得更高的炮口初速和穿透力。

　　"勒克莱尔"的副武器包括一挺 M2型12.7毫米重机枪，和一挺位于炮塔顶部的 NF-1型7.62毫米高射机枪（即法制 AA-52型7.5毫米机枪的一个变体）。

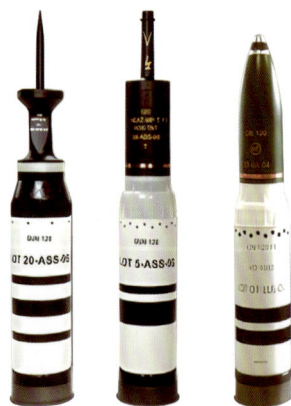

"勒克莱尔"主炮发射的部分炮弹
从左到右分别为穿甲弹、破甲弹、榴弹。

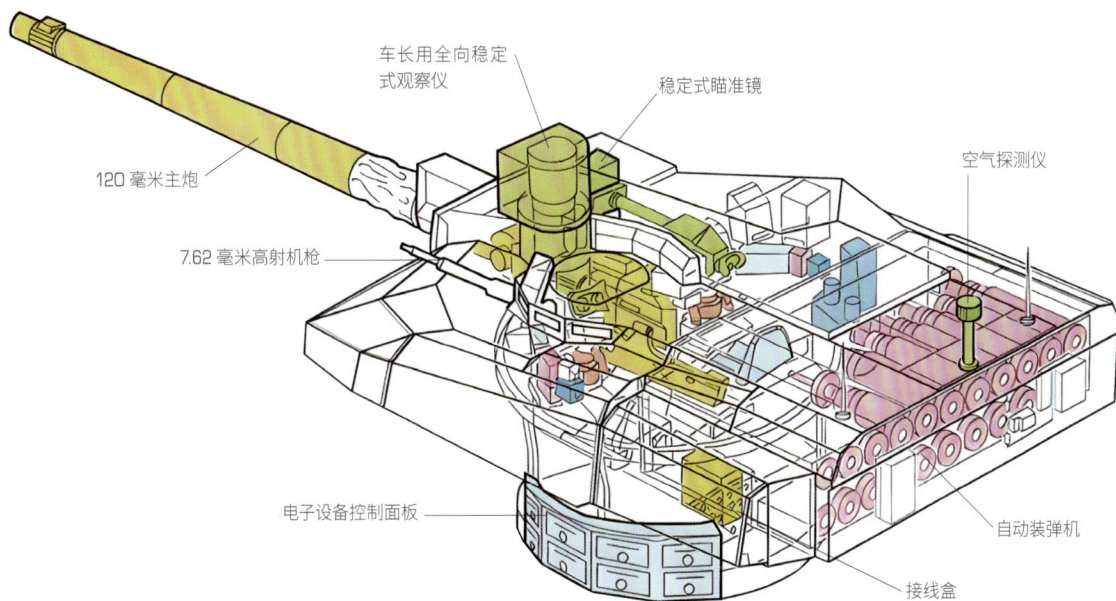

车长用全向稳定
式观察仪

稳定式瞄准镜

空气探测仪

120 毫米主炮

7.62 毫米高射机枪

电子设备控制面板

自动装弹机

接线盒

CN120-26型120毫米滑膛炮

CN120-26型120毫米滑膛炮具有良好的通用性，可发射德制"豹"2或美制 M1（安装120毫米主炮的型号）的炮弹。这种法制坦克炮可发射穿甲弹、破甲弹、榴弹等，通常配有40发炮弹，其中22发位于自动装弹机内，另外18发位于驾驶员右侧。

"勒克莱尔"的主炮炮管与 T-14 的炮管一样，没有安装炮膛抽气装置，但原因完全不同——"勒克莱尔"可通过坦克内部舱室的高压（法国陆军自用版本），或压缩空气装置（阿联酋陆军使用版本）将炮弹发射时产生的有毒废气排出，以免影响乘员身体健康。

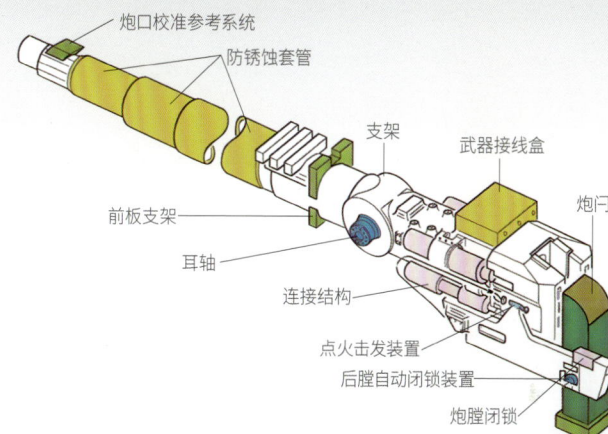

炮口校准参考系统

防锈蚀套管

支架

武器接线盒

前板支架

耳轴

炮闩

连接结构

点火击发装置

后膛自动闭锁装置

炮膛闭锁

并列机枪

和同时代大多数主战坦克不同，"勒克莱尔"的并列机枪选用了口径为12.7毫米的美制 M2 HB，备弹1100发，有效射程和最大射程分别为1800米和7400米。

高射机枪

NF-1 源自 AA-52，后者是一种诞生于 20 世纪 50 年代初的通用机枪，用以取代当时法军装备的英制、德制及美制机枪。"勒克莱尔"所装备的 NF-1 型高射机枪备弹 3000 发，最大射程为 3200 米。

为了更好应对城市战区的敌情，"勒克莱尔"的炮塔顶部还可另外安装一挺遥控操作的机枪。

机动

由于自身重量较轻且动力充足，"勒克莱尔"拥有相当出色的机动性能，有观点认为，其公路最大速度可达80千米/小时，但以这样的极速行驶会对坦克的动力系统造成损害。

另外，"勒克莱尔"采用液压气动式悬挂，配有扭杆和减震器。其辅助动力系统是一台小型燃气轮机；柴油发动机关闭时，这台燃气轮机会为相应电子设备提供动力。

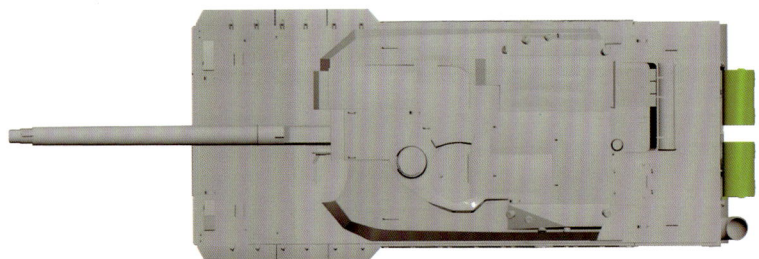

△ "勒克莱尔"的车体后部可安装两个罐状附加油箱，以提升坦克行程。但在战斗之前需要抛掉附加油箱，以免影响炮塔（及主炮）向后旋转。

防护

作为欧美国家主战坦克中的"轻量级选手"，"勒克莱尔"的防护性能并不单纯依靠装甲，还采用了其他多种手段：

1. 为车体和炮塔布置复合装甲、爆炸反应装甲、格栅装甲（当然，随着装甲种类、重量增加，坦克的吨位也会提升）；

2. 坦克的发动机在运作过程中不会发出可见烟雾，从而减少红外信号；

3. 坦克的外观设计相对光滑、平整，比如榴弹发射器被半埋在炮塔里，在一定程度上可减少雷达反射信号；

4. 车身低矮、紧凑，以降低被发现和击中的概率；

5. 可选择以遥控方式操作炮塔顶部的机枪（或直接安装遥控武器站），以免乘员探出身去操作时受到敌火力伤害；

6. 为适应城市作战安装相应套件，比如针对简易爆炸装置的干扰器。

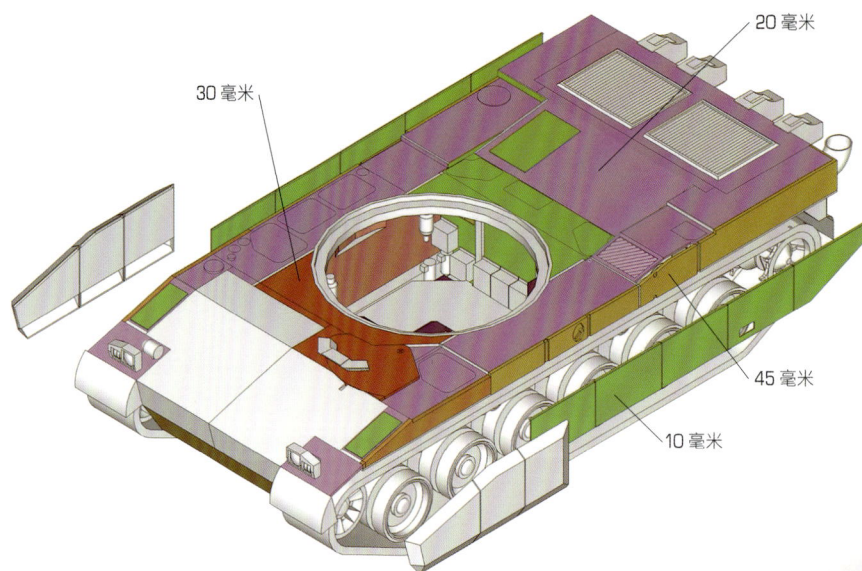

△ "勒克莱尔"车体常规装甲板厚度分布。

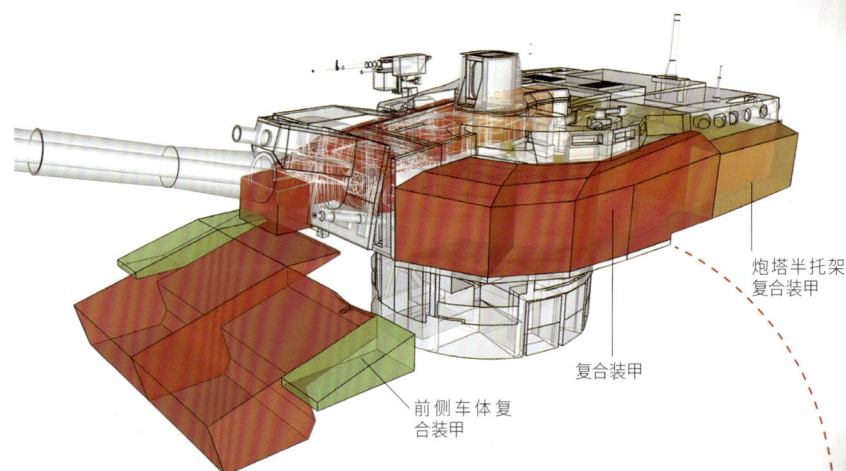

△ "勒克莱尔"采用先进的模块化装甲系统，为车体内部和乘员提供保护，另可根据威胁情况进行调整。坦克的装甲由钢、陶瓷和凯芙拉纤维组合而成。损坏的装甲模块很方便更换。此外，这些模块化装甲可以很容易地升级为更先进的型号。炮塔和车体顶部可抵御攻顶式弹药。坦克车体两侧设有宽大的侧裙。主要电气系统设有备份，以提高生存能力。

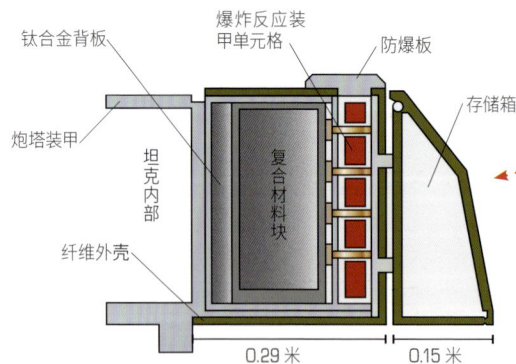

△ "勒克莱尔"复合装甲构成示意图。

悬挂系统

"勒克莱尔"选择了 TRW 航天系统公司研制的 SAMM 液气压悬挂系统，每个负重轮各配有一支 SHB-3 双缸液压避震器，采用氮气填充，具备极佳的避震与吸震效果。

榴弹发射器

该装置被半埋在炮塔里, 在一定程度上可减少雷达反射信号。

发动机

"勒克莱尔"配备了新型 SCAM V8X-1500 8 气缸水冷涡轮增压柴油发动机, 并搭配采用微处理器控制与静液压转向机构的先进 ESM-500 自动变速箱, 在每分钟 2500 转时可达到 1500 马力的最大输出功率。得益于该发动机, 坦克的公路速度可超过 70 千米 / 小时, 越野速度亦超过 50 千米 / 小时。在加速过程中不会散发出可见烟雾, 从而减少坦克的红外特征。无论发动机转速如何, TM-307B 燃气轮机的排气温度都不会超过 370°。

不同系列与版本的"勒克莱尔"

为方便描述，本书将"勒克莱尔"的三大系列分别称为 S1、S2 及 S3，且每个系列包含多个批次（以"T+数字"表示）：

S1 系列包括 T1 到 T5 批次（该系列的最终版本被称为 RT5）。该系列逐渐改良了炮塔的设计，并增设装甲，安装新的电子设备等。值得注意的是，最早的 T1 批次车辆将榴弹发射器置于炮塔前部，非常容易识别，但在后来有所调整。

S2 系列包括 T6 到 T9 批次。该系列优化了车载空调，使乘员能够更好地适应极端气候环境；坦克的电子设备、火控系统也有所升级。

S3 系列包括 T10 和 T11 批次。该系列在装甲模块、观瞄设备、作战管理系统等方面均有升级。

△ **"勒克莱尔"S1 系列 T1 批次**

"勒克莱尔"S1 系列 T1 批次共有 5 辆车，被命名为"Ares"（阿瑞斯）。注意其榴弹发射器的位置。

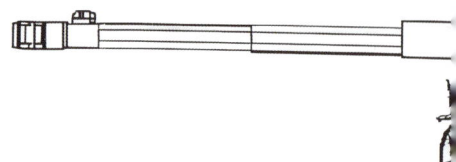

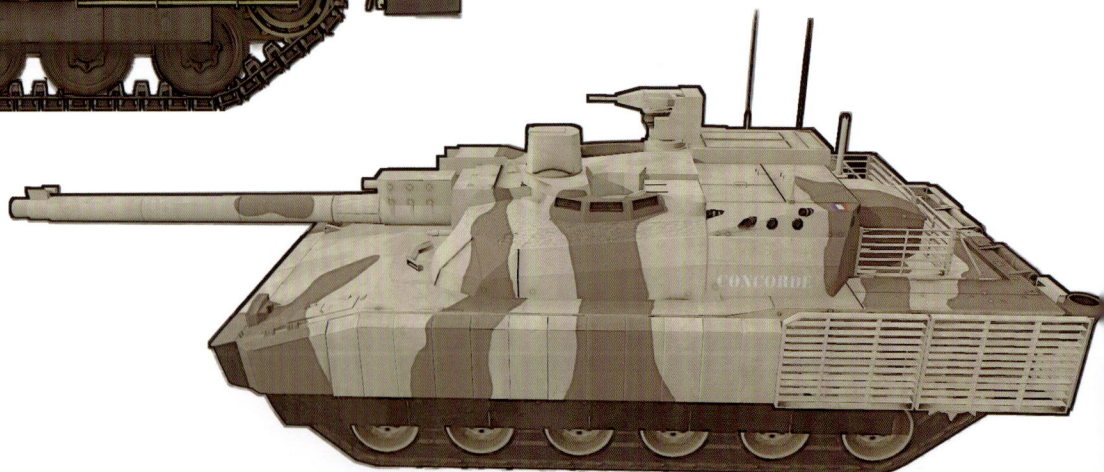

▷ **阿联酋陆军装备的"勒克莱尔"**

法国为阿联酋陆军开发的海外版"勒克莱尔"，包括更换德制 MT883 柴油发动机、重新设计动力系统、延长车体、更换部分设备等。除此之外，这一版"勒克莱尔"特意针对阿联酋当地的沙漠环境进行了一系列修改，比如取消涉水相关设计、重点调整空气过滤和空调等设备。

△ **"勒克莱尔"AZUR**

为适应城市地区作战，法国人为"勒克莱尔"开发了城市战套件，即"勒克莱尔"AZUR（Action en Zone URban，意为"在城市地区的行动"），包括额外的装甲、针对简易爆炸装置的干扰器、炮塔顶部增加的遥控机枪（或遥控武器站）。

▽ "勒克莱尔" S2系列

本图展示了一辆采用联合国部队风格涂装的 S2 系列"勒克莱尔",但具体批次不详。相较 S1 系列 T1 批次,该坦克的炮塔已发生明显变化,且车体后部挂有附加油箱。

▽ "勒克莱尔" T4

法国曾开发过一个带有加长型炮塔和140毫米滑膛炮的新型号,即"勒克莱尔" T4,但只生产了一辆原型车。

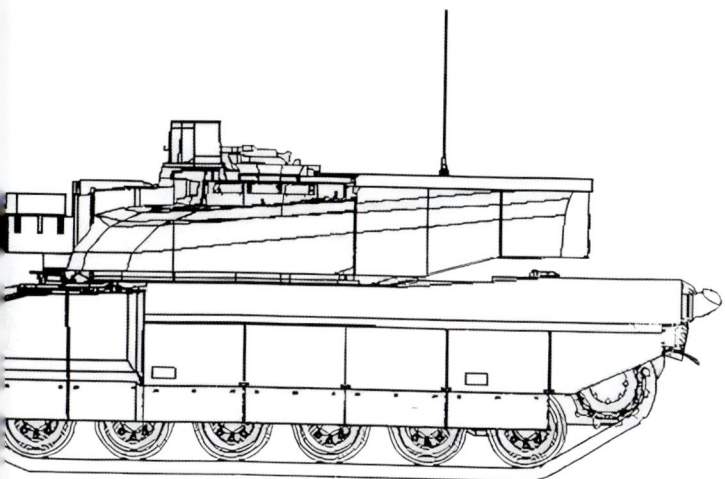

◁ "勒克莱尔" XLR

针对"勒克莱尔" S2 及 S3 系列,法国提出了名为"勒克莱尔" XLR 的现代化改进项目。该项目将在防护(包括车底防雷系统、车身复合装甲及格栅装甲等)、火控、信息显示等方面获得升级,被法国官方称作第四代主战坦克。

各式"勒克莱尔"变形车

1. 以"勒克莱尔"主战坦克为基础开发出的变形车,有一些已经制造了实车,甚至进入军队服役。

▷ "勒克莱尔" DNG 装甲维修车

该装甲维修车装备有绞车、起重机、挖掘铲等设备,可维修"勒克莱尔",或是更重的"挑战者"2、"豹"2等北约坦克。

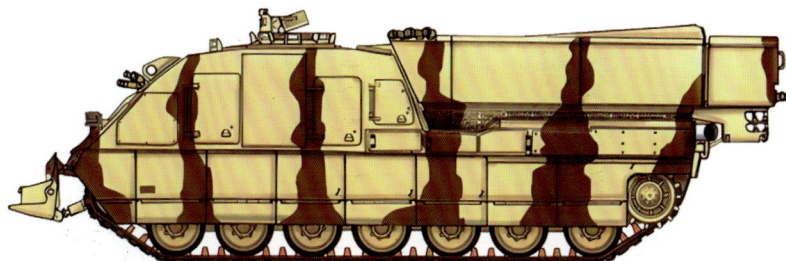

▷ "勒克莱尔" EPG 装甲工程车

严格来说,该装甲工程车是采用"勒克莱尔" DNG 的车体研制。这是一种体现了模块化概念的车辆,可安装推土铲、吊钩、绞车、扫雷／布雷设备等,从而执行不同任务。

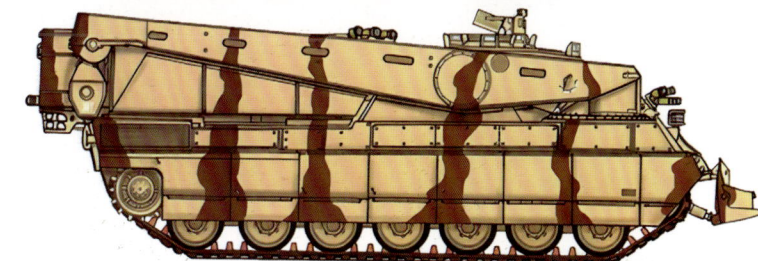

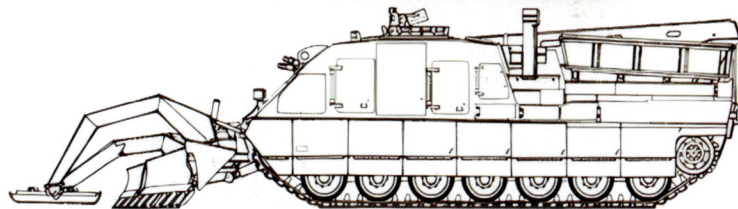

2. 所开发的变形车有一部分尚未服役,甚至仅处于概念状态,比如:

(1)"勒克莱尔" PTG 装甲架桥车;

(2)"勒克莱尔"自行高炮,采用德国"猎豹"自行高炮的炮塔,装备2门35毫米高射炮(单联装×2)和4发(双联装×2)防空导弹;

(3)"勒克莱尔"重型侦察车,被设想专门用于城市战区,装备40毫米火炮、反坦克导弹、榴弹发射器等。

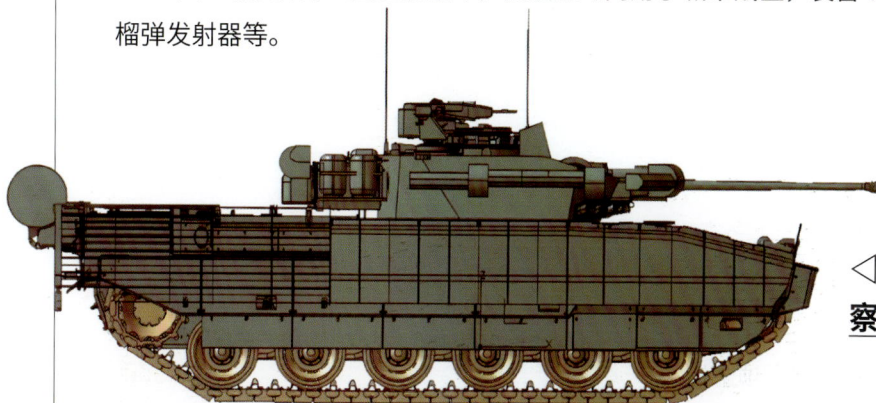

◁ "勒克莱尔"重型侦察车(设想图)

LEOPARD 2

MAIN BATTLE TANK

"豹" 2 主战坦克

"豹" 2是德国（最早为西德）研制出的一个先进主战坦克车族，目前服役于该国和另外二十多个国家的陆军。由于欧洲多国都采购了它，所以"豹"2也被戏称为"欧洲豹"；近年来随着更多来自其他洲的国家也陆续引进，它甚至有成为"全球豹"的趋势。

SPECIFICATIONS

"豹" 2A4 主战坦克数据简表

服役时间（"豹" 2初始型号）	1979 年	功重比	27.3 马力 / 吨
乘员数量	4 人	油箱容积	1160 升
战斗全重	55 吨	最大前进速度（公路）	68 千米 / 小时
车体尺寸	9.67 米（炮径向前）×3.65 米 ×2.48 米（至炮塔顶部）	最大后退速度（第二倒挡）	31 千米 / 小时
主武器	120 毫米滑膛炮	最大行程	550 千米
副武器	1 挺 7.62 毫米并列机枪，1 挺 7.62 毫米高射机枪	车底离地间隙	0.54 米
火炮俯仰角	-9°到 20°	最大涉水深度（无准备）	1.2 米
炮塔水平旋转速度	45° / 秒	最大涉水深度（有准备）	4 米
发动机型号	MTU MB 873 Ka-501 柴油发动机	最大垂直越障高度	1.1 米
发动机功率	1500 马力	最大越壕宽度	3 米

炮手　车长

3.65 米

驾驶员　装填手

9.67 米

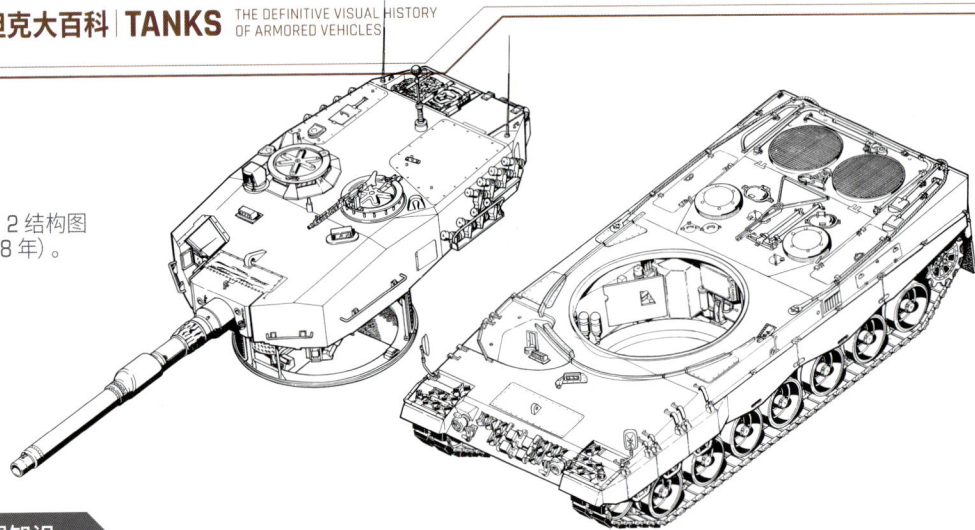

▷ "豹" 2 结构图纸 (1978 年)。

在一次国际维和任务中，一支配备了"豹"2主战坦克的德国装甲部队参与了行动。其中一辆"豹"2遭遇多枚反坦克导弹袭击，但凭借其先进的装甲防护系统和机动性，它不仅成功躲避了所有导弹的攻击，还迅速施展反击。最终，这支部队摧毁了敌方反坦克导弹阵地，此事件成为"豹"2主战坦克在实战中展现强大战斗能力的一个生动案例。

扩展知识

从欧洲走向全球的"豹"2主战坦克

很大程度上，西德"豹"2与"豹"1的关系，类似于法国"勒克莱尔"与 AMX 30 的关系：前者不只是取代后者，更是本国坦克设计思路的质变。

尽管性能优良，"勒克莱尔"却因造价高昂而难以打开国际市场。但"豹"2凭借高性价比的优势，一跃成为"欧洲标准坦克""欧洲豹"，甚至有发展为"全球豹"之势。

为何"豹"2如此大受欢迎呢？原因有许多：

二战期间，德制坦克给世界各国留下了深刻印象。这种印象在很大程度上会转化为对德国坦克设计思路、制造水平的认可。

当然，"豹"2本身确实采用了诸多先进技术，比如120毫米大口径滑膛炮、大功率柴油发动机、液压传动系统、先进火控系统等。该坦克在 KPZ-70 (美国称其为 MBT-70) 的基础上有所舍弃，以降低设计难度和成本；但整体仍然达到先进水平。

另外，"豹"2是北约方面最早进入现役的 (第三代) 主战坦克，拥有先发优势，可以在诸多方面制定"先进坦克"的标准，比如大口径主炮、大功率发动机等 (尽管当时的苏制坦克已经拥有部分前述特征)。

还有一点不可忽视。很多国家无法独立开发性能优良的主战坦克，同时不希望因为一桩军购而过多影响外交立场。如果选择"豹"2，作为卖方的西德 (以及今德国) 不会向买方提出过多军事以外的条件。

如此一来，"豹"2畅销也就是顺理成章的事情了。更何况良好的市场环境还会营造更加理想的研发氛围——随着收益增多，研发团队有了更充裕的经费来改良现有型号，或设计新型号。因此，"豹"2系列在很长时间里都能保持先进性，并在巩固已有市场份额的同时，以更先进的型号吸引新客户。

1979 年		"豹" 2 主战坦克广大的用户群		现今
欧洲用户 (国家)			**非欧洲用户 (国家)**	**潜在用户 (不分地区)**
西德 (及今德国)	匈牙利	波兰	加拿大　卡塔尔	意大利
奥地利	希腊	斯洛伐克	智利　　新加坡	立陶宛
捷克	挪威	西班牙	印度尼西亚　阿联酋	
芬兰	荷兰	瑞典	土耳其	
丹麦	葡萄牙	瑞士		

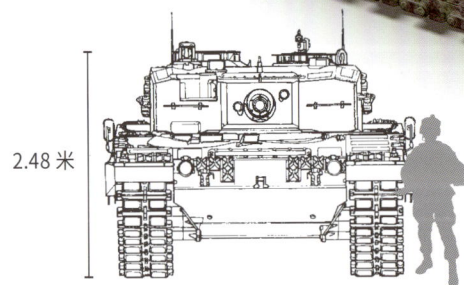

2.48 米

"豹" 2A4结构解析

01. 环形散热器
02. 冷却系统中的风扇
03. 位于车体右侧的电池舱室
04. 冷却系统进气格栅
05. 发动机检修舱口和变速箱油（润滑油）注入口
06. 炮塔尾部的储弹区
07. 助燃空气进气口
08. 装填手舱盖
09. 车长舱盖
10. 高射机枪
11. 灭火器
12. 车长位
13. 主炮后膛
14. 车长用操控手柄
15. 车长用全景主瞄准镜
16. 并列机枪
17. 炮手位
18. 炮手用操作装置
19. 炮手用主瞄准镜
20. 火炮射击模拟器
21. 火控系统外壳
22. 主炮炮管
23. 炮口校准参考系统
24. 驾驶员位
25. 车体存放弹药处
26. 驾驶员用转向装置
27. 驾驶员用仪表盘
28. 左后视镜
29. 左指示灯 / 位置灯
30. 左车头灯
31. 拖缆卸扣
32. 诱导轮
33. 重型装甲侧裙
34. 托带轮
35. 连接负重轮的悬挂臂
36. 车体右前侧的油箱
37. （油箱）注入口
38. 烟幕弹发射器
39. 负重轮（路轮）
40. 发动机
41. 车体右后侧的工具箱
42. 主动轮
43. 冷却空气排出格栅

LEOPARD 2
MAIN BATTLE TANK

并列机枪

发展中的"豹"2坦克主炮

为提升火炮威力，莱茵金属公司还开发了L55型120毫米滑膛炮（上），由"豹"2A6/A7及多种外贸坦克型号使用。该型火炮可以兼容L44型使用的全部炮弹，亦可发射更新的DM63等炮弹。

莱茵金属公司甚至专门开发过140毫米滑膛炮（下），并将其用于"豹"2主战坦克的一个改进型号，但后来该计划被取消。值得注意的是，因火炮使用的炮弹更重，无法继续采用人工装填机制，这种坦克准备取消装填手，安装自动装弹机。

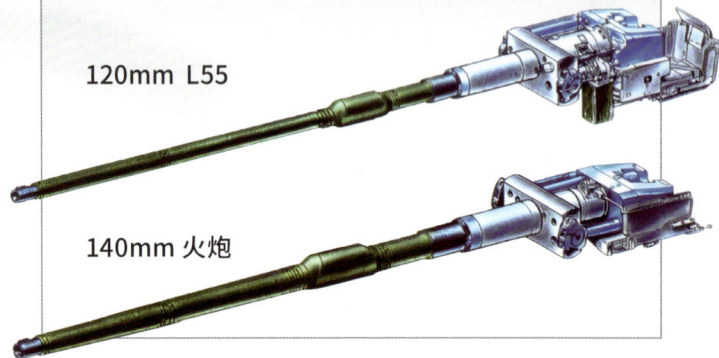

120mm L55

140mm 火炮

L44 型 120 毫米滑膛炮

该主炮由"豹"2A5及之前的主战坦克型号使用，总共配有42发炮弹（27发位于车体前部左侧，15发位于炮塔尾部），可发射穿甲弹、破甲弹、榴弹等。

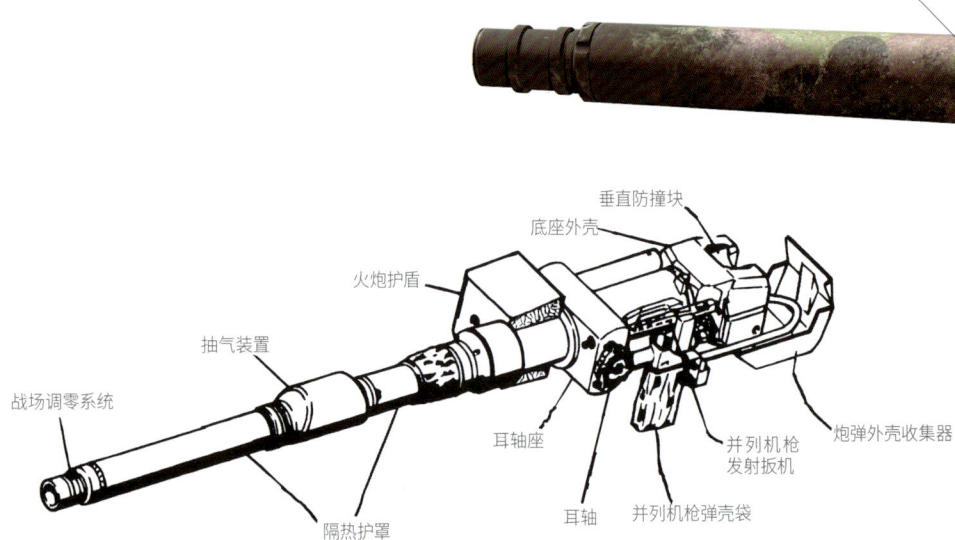

垂直防撞块

底座外壳

火炮护盾

抽气装置

战场调零系统

耳轴座

并列机枪
发射扳机

炮弹外壳收集器

隔热护罩

耳轴

并列机枪弹壳袋

△ L44 型 120 毫米滑膛炮结构。

火力

"豹"2所安装的主炮为 Rh-120型44倍径滑膛炮（或简称 L44型滑膛炮）。就"制定先进坦克标准"而言，Rh-120或许比 "豹"2更有发言权：一方面，该火炮因为军火贸易，跟随着坦克来到世界多个国家；另一方面，美国、意大利等国虽然没有购买"豹"2，其国产主战坦克安装的火炮却或多或少借鉴了 Rh-120。

"豹"2的高射机枪和并列机枪口径均为7.62毫米，但因为用户不同，具体型号存在区别：如德国版本为 MG 3型，瑞士版本为 MG 87型，等等。除此之外，近年来也有一些"豹"2根据需要，将炮塔顶部的高射机枪更换为遥控武器站，尤其是 "豹"2A5 PSO（"城市豹"）这种特殊型号。

Rh-120型火炮可发射的几种炮弹

"拉哈特"反坦克导弹

有消息称"豹"2车族使用的 Rh-120型滑膛炮会引入以色列方面的"拉哈特"（Lahat）反坦克导弹。这种反坦克导弹采用半主动激光制导机制，可选择攻顶模式对付敌方主战坦克；也可以攻击敌方的低空目标（如直升机）。

尾翼稳定脱壳穿甲弹

120 毫米 DM33

120 毫米 DM63

多用途破甲弹

120 毫米 DM12

榴弹

120 毫米 DM11

并列机枪和高射机枪

在德军自用的"豹"2主战坦克当中，并列机枪和高射机枪均为 MG 3型（或该枪后续型号），备弹4750发，有效射程达1200米。

炮塔部位的复合装甲

从外观上看，"豹"2炮塔前部的装甲几乎与水平面垂直，似乎是一种设计上的退步。但这样的垂直装甲可以在内部布置更多复合材料，（相较倾斜装甲）对聚能装药炮弹和破甲弹有更好的防御效果。

"豹"2发动机和冷却系统

MTU MT 883 Ka-500/501 发动机体积小、功率大。而 HSWL354 液力传动／变速系统也是一个发热大户，因此为其配置了一套冷却系统。

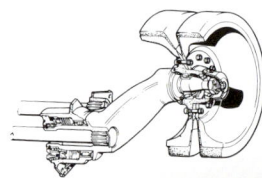

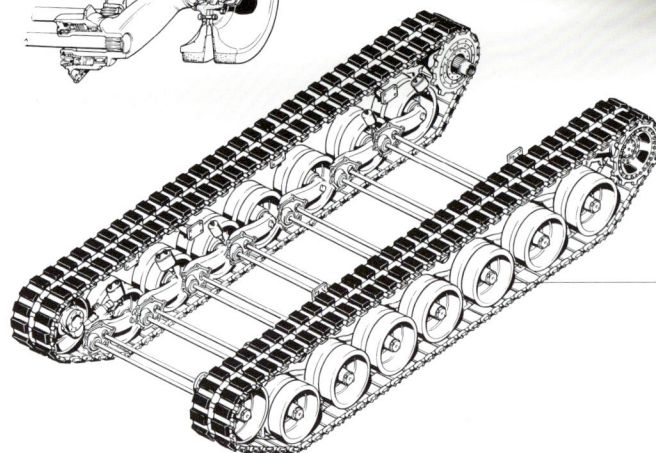

"豹"2行走结构

机动

在"豹"2的动力系统中，MTU MT 883 Ka-500/501柴油发动机和 Renk HSWL 295TM 十速自动变速箱（下文简称 MTU 发动机和 Renk 变速箱）是一对极佳的组合：前者是一种大功率发动机，具体性能和可靠性皆令人满意；后者适用于重型履带式车辆，可提供前进、后退各五个挡位。

和主炮一样，由 MTU 发动机和 Renk 变速箱组成的"欧洲动力包"不仅被应用于"豹"2车族，还同时被世界范围内多种主战坦克采用，如法国为阿联酋开发的外销版"勒克莱尔"（热带"勒克莱尔"）、以色列"梅卡瓦"Mk.4、韩国 K2"黑豹"（部分批次）。

▷ 韩国 K2"黑豹"坦克有部分批次安装了"欧洲动力包"，并展现出了优良的机动性能：不到 7.5 秒的时间里从静止加速到 32 千米／小时，也能在越野条件下保持 50 千米／小时的速度。

炮弹存储

炮塔外轮廓低矮, 防弹性好, 设计时考虑了中弹后的防二次效应问题, 将待发弹存于炮塔尾舱, 并用气密隔板将弹药与战斗舱隔离。

防护

可以确定的是, "豹" 2在有关防护的设计中采用了多层间隔 (复合) 装甲, 包括装甲钢、非金属材料、弹性材料等。部分观点甚至认为, 德国人借鉴了英国人的"乔巴姆"装甲。

在炮塔内部, 可能发生火灾或爆炸的炮弹存放处位于独立的隔间中, 且顶部设有排气板。即使出现意外, 乘员的安全也能得到较大保障。此外, 坦克内部设有消防系统、核生化防护系统, 外部则装有烟幕弹发射器。

炮塔形状的变化也值得关注——"豹"2A5的炮塔形状与之前型号存在明显区别, 这是因为它安装了楔形装甲, 以提升对动能穿甲弹和锥形装药炮弹的防护能力。

"豹"2A7车体底部装有新型装甲, 对地雷和简易爆炸装置的防护效果也有所增强。

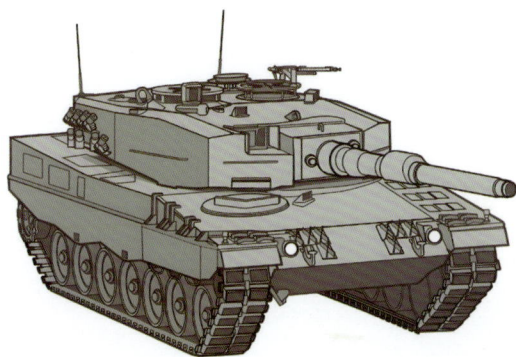

"豹" 2A4

相较之前型号, 车体和炮塔部位的复合装甲有所优化。

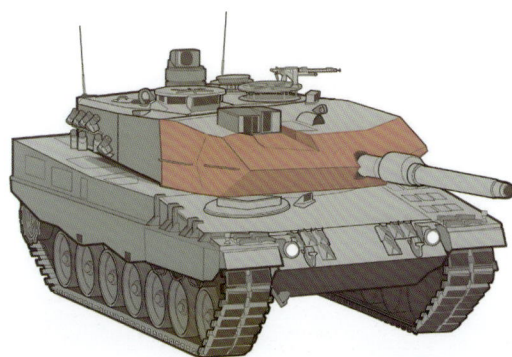

"豹" 2A5

炮塔前部增设楔形装甲。

"豹" 2A7

针对车体前方底部布置防护装甲; 车体侧面设置附加装甲安装点。

部分"豹"2车族一览

◁ KPZ-70（或 MBT-70）

严格来说，由西德和美国合作开发的 KPZ-70（或 MBT-70）并不属于"豹"2或 M1 车族，但它（最前者）确实为这两个车族的诞生提供了诸多技术支持，也避免了很多弯路。

▷ "豹"2A4

"豹"2A4 是整个"豹"2车族里规模最大的型号，相较之前型号接受了很多重要修改，比如自动灭火系统、数字火控系统、有所优化的复合装甲等。

值得注意的是，德国方面曾拥有多达 2100 余辆"豹"2A4（1994年），但仅有不到 700 辆为新建坦克，其余均由老旧型号升级所得。

▽ 最早期的"豹"2（"豹"2A0）

为方便识别，最早的批量生产型"豹"2也被非正式地称为"豹"2A0。注意坦克炮盾上方安装的设备，这也是该生产批次与后续批次在外观上的重要区分标志。

◁ **"豹" 2A5**

除了形状的变化，"豹" 2A5炮塔的运行可靠性及安全性也有所提升；另外针对火控系统进行了改良。

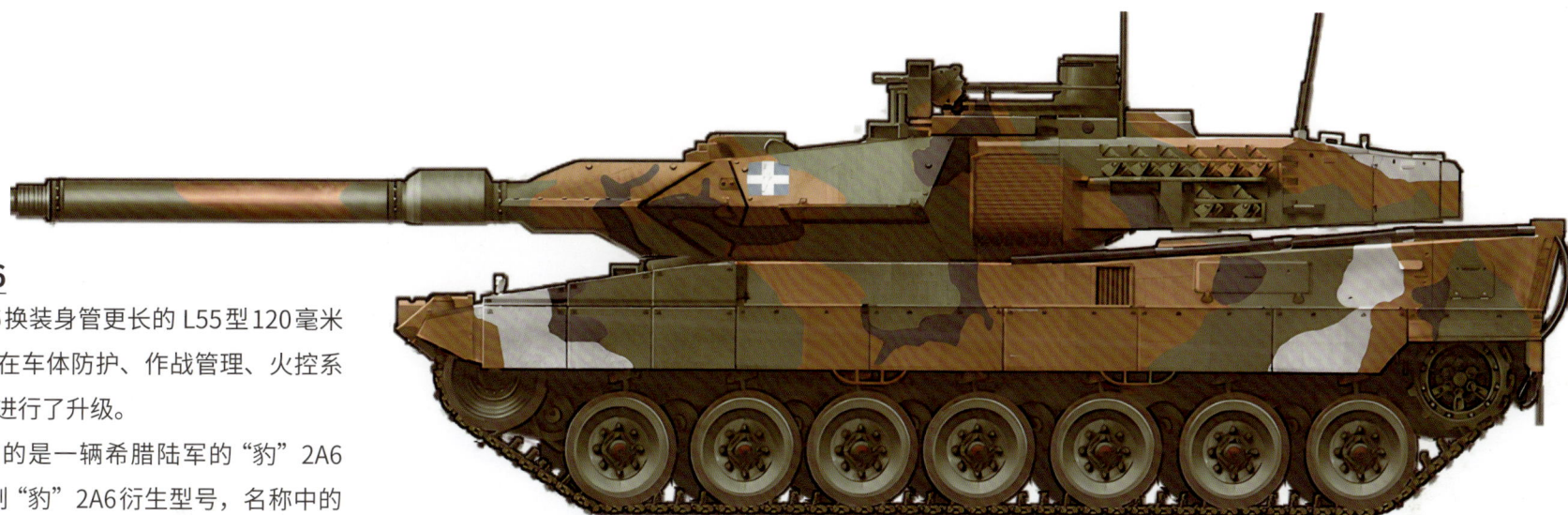

▷ **"豹" 2A6**

"豹" 2A6换装身管更长的 L55型120毫米滑膛炮，另外在车体防护、作战管理、火控系统等多个方面进行了升级。

本图展示的是一辆希腊陆军的"豹" 2A6 Hel，属于德制"豹" 2A6衍生型号，名称中的"Hel"即"Hellenic"（希腊人的）缩写。

◁ **"豹" 2A5 PSO**

"豹" 2A5 PSO（PSO 即 Peace Support Operations 缩写，意为"和平支援行动"）也被称为"城市豹"，是一个专门用于城市作战的型号。

为适应城区环境，"城市豹"基于火炮身管更短的"豹" 2A5改造而成，针对性地提升了坦克全方位的观察及防护能力，并装有遥控武器站、推土铲等设备。

ZTZ-99

MAIN BATTLE TANK
ZTZ-99 式主战坦克

　　ZTZ-99 式（简称 99 式）是中国研制的第三代主战坦克，工程代号为 WZ-123。该坦克具有强大的火力性能和优异的防弹外形，是中国陆军装甲师和机步师的主要突击力量，被誉为"陆战王牌"。

　　ZTZ-99A 式（简称 99A 式）则是 99 式的进一步改良型号，换装了第二代激光压制器，其他各方面性能也有所提升。

驾驶员 车长

3.5 米

ZTZ-99
MAIN BATTLE TANK

ZTZ-99 式诞生小传

对越自卫还击作战时，中国人民解放军仍大量装备 59 式坦克。该坦克在作战中暴露出大量问题，中国坦克发展迫切需要追上世界各国。1998 年，第三代主战坦克初步研制成功，并开始小规模列装部队。1999 年，新型主战坦克参加了国庆大阅兵。同年，（该坦克）定型后正式被称为 ZTZ-99 式主战坦克。

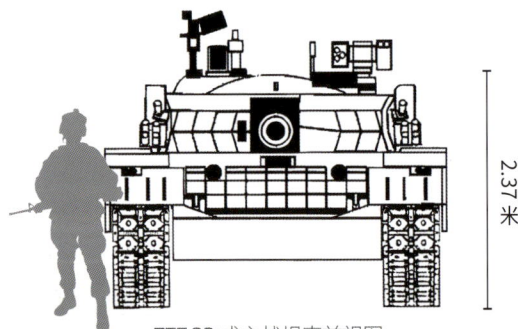

2.37 米

△ ZTZ-99 式主战坦克前视图。

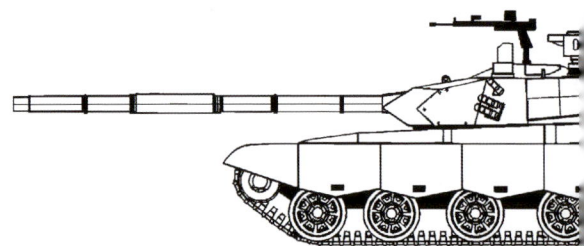

△ ZTZ-99 式主战坦克侧视图。

火力

99式装备的主武器为 ZPT-98型125毫米高膛压滑膛坦克炮，可发射激光制导导弹、钨／铀合金脱壳穿甲弹、破甲弹和多功能杀伤爆破榴弹。该火炮采用全膛镀铬工艺，身管的耐烧蚀磨损寿命大大延长，能够发射700发穿甲弹。

就穿甲性能而言，ZPT-98型主炮使用钨合金尾翼稳定脱壳穿甲弹，可在2000米距离上击穿850毫米厚的均质装甲；如果使用特种合金穿甲弹，在相同距离上的穿甲能力可达960毫米以上。

在火控系统方面，99式采用了双指挥仪式（即猎—歼式）火控系统，车长可以越过炮手，直接控制火控系统，对目标进行射击、跟踪、指示。

激光眩目压制干扰装置

99式是世界上第一种配备置顶激光眩目压制干扰装置（即激光压制器）的主战坦克。该装置可干扰和破坏敌方的观瞄设备。其中，主动式激光警告／对抗系统包括一具激光预警系统（LWR）和一具致盲激光发射器（LSDW）；另外还装有一具激光通信／敌我识别系统。当激光预警系统接收到敌方激光信号后，系统可自动标定信号来源的方位。炮手位与车长位都设有致盲激光发射器的操控界面，相关人员按下按钮后，系统可在1秒内自动将致盲激光发射器对准目标，并发射高能致盲激光来干扰、破坏敌方光电感测器，甚至伤害对方观测仪器操作人员的眼睛。

99A式安装的是第二代激光压制器，性能较99式安装的版本有所提升。

扩展知识

99式配备了先进的射控系统，其瞄准器镜头的上反射镜俯仰与回旋轴上加装了陀螺仪来实现稳定，并以电子同步方式维持炮身与瞄准轴线的连动。与德国"豹"2坦克类似，99式坦克炮手瞄准仪采用了新型凝视焦平面红外热影像仪，可直接接收整个视场的热辐射信号并形成凝视图像，以便在更远的距离锁定目标，并且不需要执行光学扫描动作。

△ ZTZ-99A式主战坦克侧视图。

机动

99式采用了1200马力的涡轮增压中冷式大功率柴油机，时速从0到32千米的加速时间为12秒。

后期型号的99式换装了新一代1500马力大功率柴油机，其性能指标与德国先进的 MTU MT883 发动机类似。在传动系统上，99式采用先进的扭杆技术，坦克平均行驶速度可提高约12%，从停车状态加速到42千米/小时只需10秒。此外，99式坦克采用了与美国 M1A2 类似的双重空气滤净装置，可强化发动机在沙尘环境下工作的可靠度，使坦克更加适合在山地地形和沙漠化气候环境下使用。

扩展知识

99式坦克驾驶员的位置设置于车头中央（99A 的驾驶员位则是在主炮左下方），驾驶舱盖为单片式，舱盖上设有三具潜望镜，位于中间的一具可更换为双目星光夜视镜。炮手位则处于炮身左侧。位于炮塔顶部的车长夜视仪，使坦克具备较强的猎-歼能力，炮手可以直接攻击由车长锁定并追踪的目标。

ZTZ-99

ZTZ-99A

△ 99 式与 99A 式的外观区别。

装甲侧裙

全地形履带

两侧履带共有 12 个负重轮，且全车分布 10 余个油箱，
另配置有多功能烟雾装置。

△ ZTZ-99A 式车体后部特写。

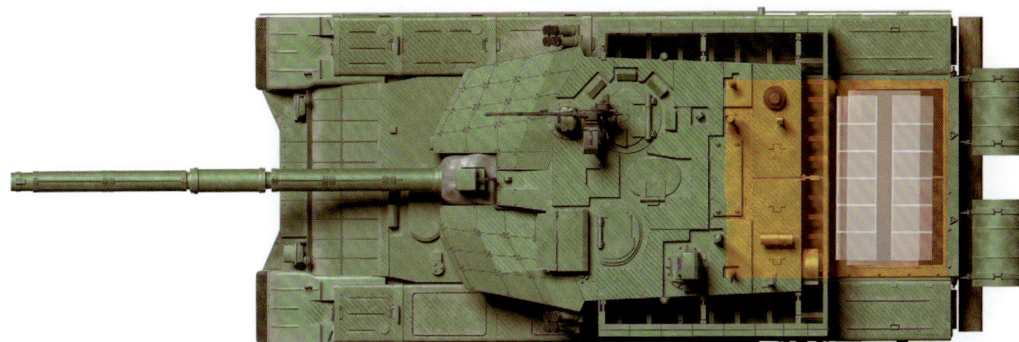

△ ZTZ-99A 式采用了新型传动系统，且 1500 马力发动机改为横置。如此一来，坦克的机
动性能大幅提升，且能够实现中枢转向和快速倒车。

防护

在防护方面，99式的外形相对低矮，在实战中具有较强的生存能力。至于具体的装甲防护，该坦克采用双层装甲结构：坦克炮塔正面为箭簇形装甲套件，包括外部装甲板与内部结构本体两部分，从而形成双层主动反应保护层。尽管单层装甲并不厚，但因为双层保护机制，实际防护层厚度不可小觑（至少可以有效防护810毫米穿透力的炮弹）。

此外，99式车体正面与炮塔两侧加装了一些方形装甲块（即爆炸反应装甲），炮塔尾部则设有一个整体式的大型储物架。这个储物架能够提前引爆敌方穿甲弹，在不增加过多重量的情况下，增强炮塔后部及两侧的防护能力。

△ ZTZ-99A 式主战坦克前视图。

△ ZTZ-99A 式炮塔正面装甲特写。

部分中国制造坦克一览

△ **59式中型坦克**

△ **79式主战坦克**

△ **80式主战坦克**

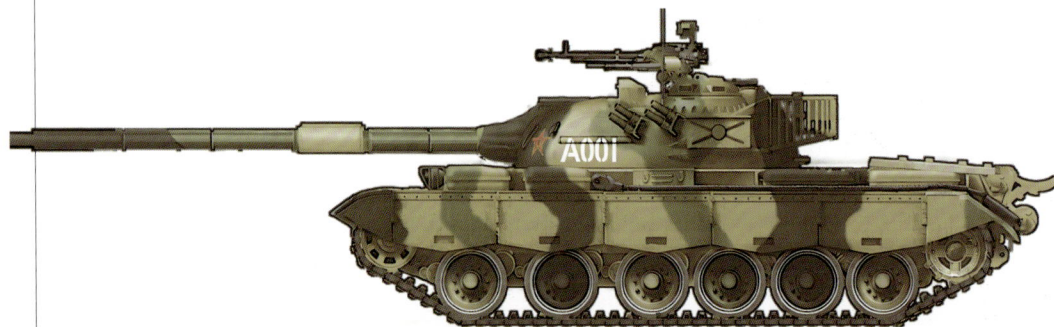

△ **88式主战坦克**

△ **62式轻型坦克**

△ **69式主战坦克**

△ **85式主战坦克**

△ **90式主战坦克**

△ **96式主战坦克**

△ **99式主战坦克**

▷ **15式轻型坦克**

因本节展示的坦克型号涉及保密，本书无法披露
更多细节，文中引用的数据也相对滞后（如坦克
主炮的穿透性能），请读者注意甄别。

载员 (共四人)

3.8米

7米

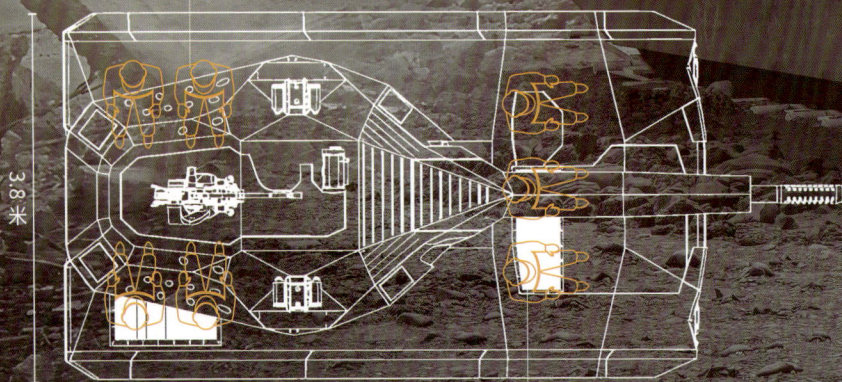

乘员(包括车长、炮手、驾驶员)

294

PL-01

LIGHT TANK
PL-01 轻型坦克

由波兰推出的 PL-01 轻型坦克是一种试验性质的车辆，由波兰国防企业 OBRUM 和英国 BAE 系统公司合作研发，并未批量生产及服役。2013 年首次公开亮相时，这种轻型坦克曾因为具有隐身能力而引起广泛关注，也有消息称该坦克会在 2018 年前后加入波兰军队。但令人遗憾的是，有关开发项目已于 2015 年取消。

SPECIFICATIONS

PL-01 轻型坦克数据简表

乘员数量	3 人	功重比	26.9 马力／吨
载员数量 *	4 人	最大速度（公路）	70 千米／小时
战斗全重	35 吨（含附加装甲）	最大速度（野外）	50 千米／小时
车体尺寸	7 米（不含火炮）×3.8 米 ×2.8 米（含炮塔顶部设备）	最大行程（公路）	500 千米
主武器	105 毫米或 120 毫米主炮	最大行程（野外）	250 千米
副武器	7.62 毫米并列机枪、7.62 毫米或 12.7 毫米高射机枪	最大垂直越障高度	1 米
火炮俯仰角	−10° 到 20°	最大越壕宽度	2.6 米
发动机型号	柴油机（型号不明）	最大涉水深度（无准备）	1.5 米
发动机功率	940 ～ 1000 马力 **	最大涉水深度（有准备）	5 米

*：除 3 名坦克乘员，PL-01 的车体后部还设有隔舱，以容纳额外的载员。
**：此数据仅为推测值。

PL-01
LIGHT TANK

PL-01轻型坦克采用了先进的隐身技术，包括低可探测性材料、热红外屏蔽和雷达吸收涂层等，使其在战场上具有较低的雷达和红外特征，难以被敌方侦察和定位。

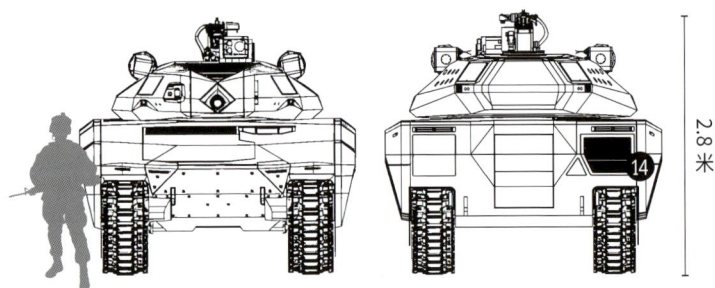

2.8 米

△ PL-01 前后视图。

PL-01进化溯源

设计 PL-01时，工程师们参考的原型乃是CV90120-T 轻型坦克。不过这辆波兰坦克的车体后部设有可额外容纳4人的载员舱，这一点与CV90120-T 明显不同，倒是与以色列的"梅卡瓦"系列主战坦克有异曲同工之处。

CV90120-T 来自 CV90120，而这两种轻型坦克都可以溯源至 CV90 步兵战车。CV90是瑞典研发的一种步兵战车，一般装有 30/35/40 毫米机炮，可搭载3名乘员和7～8名载员。

PL-01虽参考了 CV90120-T，但两者仍然存在诸多不同：

1. 前者为 3 名乘员及 4 名载员，后者为 4 名乘员；

2. 前者设有自动装弹机，而后者依靠装填手装填炮弹（因此多出 1 名乘员）；

3. 前者于设计之初就考虑了隐身性能，而后者没有（不过更新型的 CV90120 "幽灵"采用了隐身设计）。

CV90 步兵战车

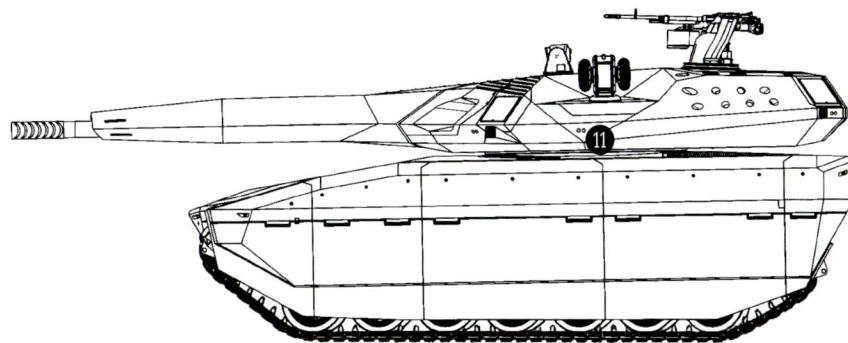

△ PL-01 侧视图。

PL-01轻型坦克结构一览

01. 高射机枪
02. 炮塔内自动装弹装置
03. 模块化无人概念炮塔
04. 车长昼夜全景瞄准镜
05. 烟幕弹发射器
06. 主动防护系统
07. 模块化附加装甲
08. 主动防护系统雷达传感器
09. 炮手瞄准镜
10. 120 毫米（或 105 毫米）滑膛炮
11. 全景式观测系统
12. 舱盖
13. 车头灯
14. 废气冷却系统

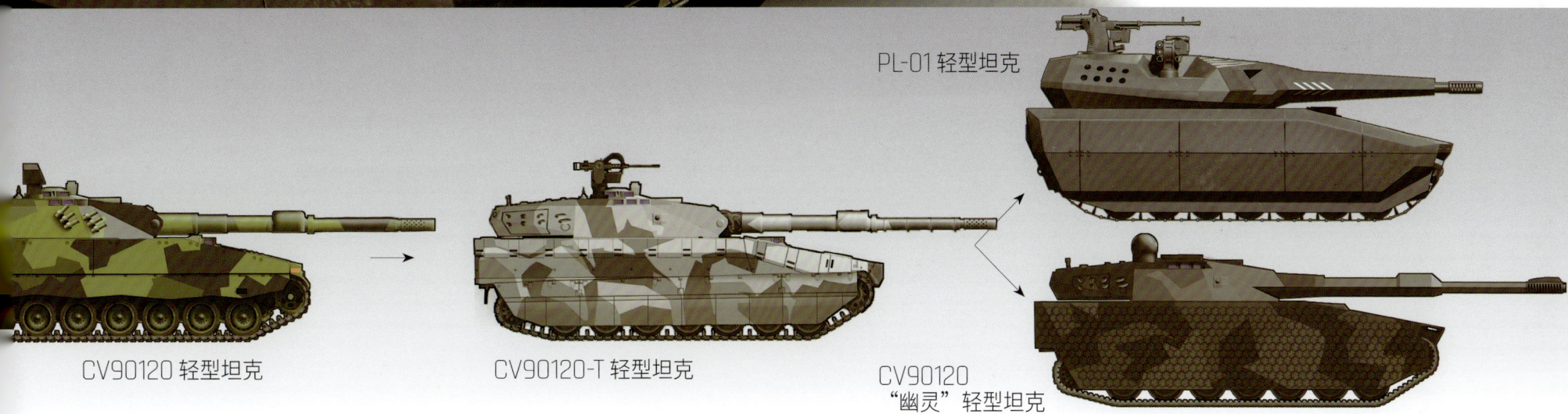

PL-01 轻型坦克

CV90120 轻型坦克

CV90120-T 轻型坦克

CV90120 "幽灵" 轻型坦克

"隐身"新概念

在英国 BAE 系统公司的支持下，波兰人开发出了 PL-01 轻型坦克。该坦克最突出的特点莫过于其隐身性能，此外还兼具步兵战车的功能。

对于一辆坦克来说，其防护性能主要体现在装甲的效能上，也就是以己之甲克敌方之弹，用"甲弹对抗"的形式抵御敌方的各种攻击。因此，现代主战坦克有很大一部分重量来自其安装的各种装甲，车重往往不低于 50 吨。

然而，波兰设计的 PL-01 或许提供了一种新的防护思路，以隐身性能取代传统的厚重装甲，以"坦克不会被敌人发现"取代"坦克能扛住敌人攻击"。从公开展示的样车来看，PL-01 标准型仅重 30 吨，安装附加装甲后则是 35 吨。

也就是说，PL-01 的作战设想更类似于隐身飞机：其机体在现代防空火力面前不堪一击，但只要有效降低被发现的概率甚至不被发现，就能减少伤亡，完成作战任务。

除了降低被发现的概率，PL-01 还装备有一种高科技迷彩模块。值得一提的是，该设计与 CV90120 "幽灵" 所装备的热伪装系统在功效上极其相似：由于 BAE 系统公司曾打造 CV90120 "幽灵"，又为波兰研发 PL-01 提供了技术支持。因此，高科技迷彩模块和热伪装系统很可能是同一种设备；或者说即使不是，两者在技术上也应当存在颇深的渊源。

▷ CV90120 装备的"幽灵"热伪装系统效果示意图（两图均为"敌方"电子设备上显示的图像信号）。上图为热伪装系统关闭时，从"敌方"电子设备上可看出军用车辆原本的样貌；下图为系统开启后看到的效果，一辆军用车辆竟模拟成了民用汽车。

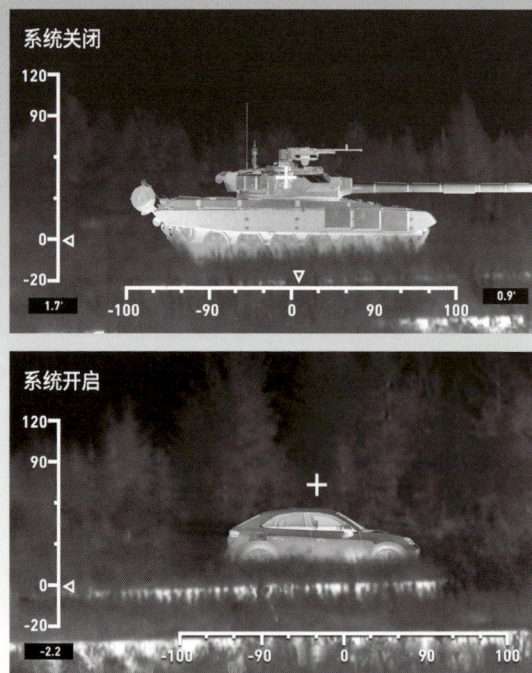

120 毫米或 105 毫米主炮

PL-01 的主炮口径并不固定，但一般认为安装 120 毫米主炮时，坦克携带炮弹数为 45 枚（含炮射导弹；如果安装 105 毫米主炮，因炮弹尺寸更小，可携带数量也会增加）。其中有 16 枚存放于炮塔内备用，剩余 29 枚位于车体隔舱内。坦克主炮配有自动装弹机，平均每分钟射速为 6 发。

UKM-2000C 型并列机枪

UKM-2000 是波兰方面基于 PKM 设计而成的一种通用机枪，可以发射相应的北约制式弹药。PL-01 所安装的并列机枪是 UKM-2000C 型，备弹 1000 发，有效射程达 2200 米。

火力

    PL-01的主武器为一门北约制式105毫米或120毫米坦克炮（具体型号不详，有观点认为其原型车安装的是德制 Rh-120 L/55），可发射常规炮弹或炮射导弹。此外，主炮位于无人炮塔内，由自动装弹机供弹。

    该坦克的副武器为一挺7.62毫米并列机枪，以及一挺同口径或12.7毫米的高射机枪。

△ PL-01 炮塔顶部的高射机枪。

高射机枪

炮塔顶部的高射机枪采用遥控操作模式，可选择的口径为 7.62 毫米或 12.7 毫米（具体型号不详）。

主动防护系统

该系统可以拦截来袭导弹，也可发射烟幕弹或杀伤性榴弹。

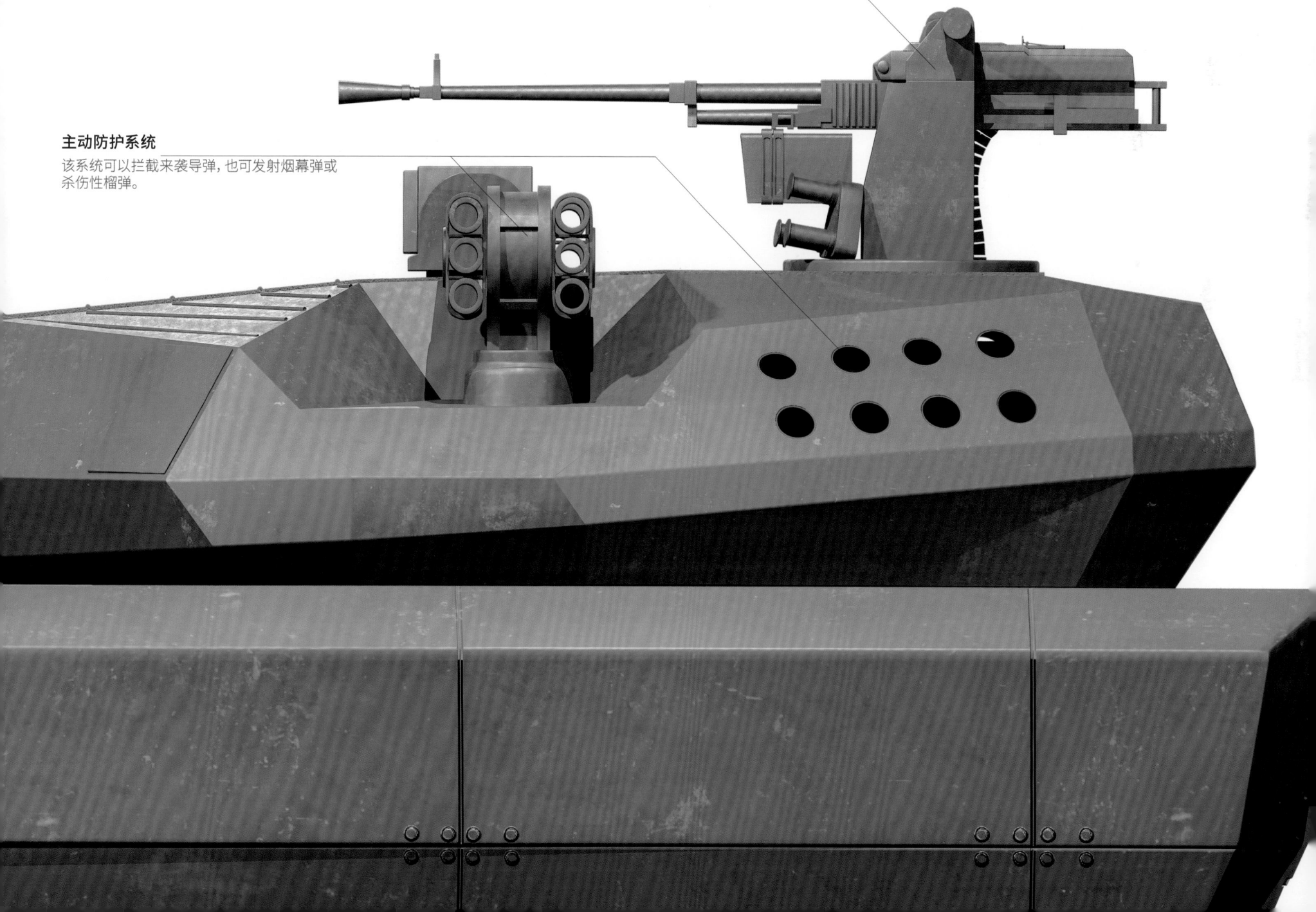

机动

　　以轻型坦克来说，PL-01在机动方面的表现足以令人满意（详见第295页表格）。

　　值得一提的是，为减少自身发出的红外信号、降低被发现的概率，PL-01采用了一套分散排气系统。此外，该坦克还配置了液力变矩器、自动变速箱、卫星导航系统、辅助驾驶设备等。

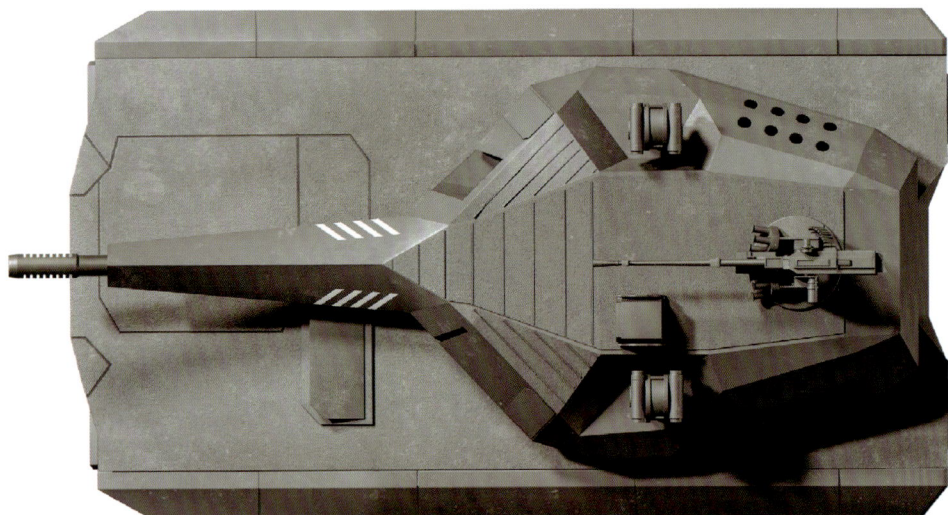

模块化附加装甲

PL-01配置的模块化附加装甲可实现快速安装、拆卸，这样的设计允许坦克在野外环境快速更换损坏的装甲块；或是在未来安装性能更好的新型装甲。

△ 位于 PL-01 车体侧面的高科技迷彩模块分布。

低可探测性

坦克的低可探测性包括内外若干方面：

从外观上看，该坦克棱角分明且相对平整，表面涂有可吸收无线电波的材料，可以明显减少雷达反射信号。

坦克内部设有分散排气系统、热伪装系统等，能够减少向外散出的红外信号（热量）。

伪装功能

PL-01 的伪装功能不是指利用植被、地形等"藏起来"，而是依靠安装在车体侧面的特殊设备，即所谓"高科技迷彩模块"，使本车显示在敌方电子设备上的图像信号从坦克变成民用汽车等非军事目标，从而达到伪装及欺骗目的。

防护

鉴于轻型坦克的定位，PL-01自身装甲的性能并不出色，比如车体前部和炮塔正面仅能抵御30毫米及以下炮弹攻击，不过重点部位可以安装附加装甲。此外，该坦克装有主动防护系统，并针对简易爆炸装置和地雷专门优化了车体防护。

当然，PL-01在防护方面的最大特点并不是装甲材质和厚度，而是隐身性能，包括低可探测性和伪装能力。

CENTAURO
WHEELED TANK
"半人马座"轮式坦克

　　"半人马座"并不是传统意义上的履带式坦克，但它这种轮式底盘与大口径火炮的组合确实能在很多方面履行坦克的职能，比如反坦克、为步兵提供火力支援、充当火力节点等。同时，更轻的轮式底盘为"半人马座"提供了更优良的战略机动性，尽管代价必然是防护性能逊于主战坦克。

SPECIFICATIONS

"半人马座"B1 轮式坦克数据简表

国别	意大利	火炮俯仰角	- 6°到 16°
投产时间	1991 年	发动机型号	依维柯 MTCA 8262 V6 型柴油发动机
建造数量	约 500 辆	发动机功率	520 马力
重量	27 吨	功重比	21.7 马力 / 吨
车体尺寸	8.48 米 ×3.05 米 ×2.73 米	最大速度	110 千米 / 小时
乘员数量	4 人	最大行程	800 千米
装甲材质	均质装甲钢	最大垂直越障高度	0.55 米
主武器	105 毫米或 120 毫米火炮	最大越壕宽度	1.5 米
副武器	通常为 2 挺 7.62 毫米机枪	最大涉水深度	1.5 米

炮手 装填手

3.05 米

驾驶员 车长

8.48 米

CENTAURO
WHEELED TANK

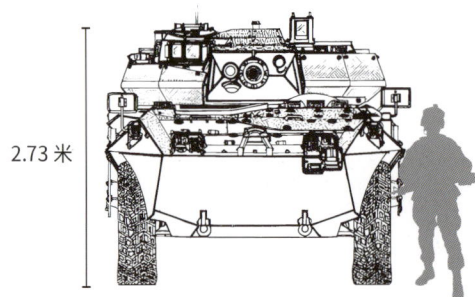

01

02

03

08

04

05

06

07

2.73 米

在轮式底盘上配备了一门105毫米（甚至120毫米）口径的主炮，这一设计突破了传统轮式装甲车辆主要使用较小口径火炮的限制，"半人马座" 轮式坦克从而获得了更强大的火力打击能力。

"半人马座" 轮式坦克结构一览

01. 乘员用工具
02. 充气车轮
03. 105 毫米主炮
04. 发动机
05. 车头灯
06. 驾驶员潜望镜
07. 驾驶员舱盖
08. 炮手及驾驶员舱盖
09. 车长独立观察仪
10. 车长潜望镜
11. 车长舱盖
12. 烟幕弹发射器
13. 储物栏
14. 油箱

"半人马座" 的类别及型号

在设计阶段，"半人马座" 的定位是一种高机动坦克歼击车，因此采用了轮式底盘与大口径火炮的组合。但就实际应用而言，称其为 "轮式火力支援车" "轮式突击炮" 亦可。

而本书将 "半人马座" 称为 "轮式坦克"，一部分原因是该车被用于取代当时意大利陆军装备的老旧坦克，另一部分原因则是它实际应用时，确实履行了诸多属于主战坦克的职能。

"半人马座" 轮式坦克的型号并不多，但容易混淆火炮口径和车体，具体情况如下：

1. "半人马座" B1（B1 Centauro）首批生产型，安装105 毫米主炮。

2. "半人马座" B1 第二批生产型，主炮口径不变，车体侧面和炮塔部位增设可拆卸的附加装甲。

3. "半人马座" B1 第三批生产型，主炮口径不变，车体后部加长22 厘米，以便在拆除 2 处弹药架后，额外搭载4 名步兵。

4. "半人马座" B1 改良型，安装新炮塔和120 毫米主炮。

5. "半人马座" B2，采用新的车体及炮塔，安装120 毫米主炮（但也可根据用户需要更换105 毫米主炮）。

加长车体版本

未加长版本

△ 两者均为安装105 毫米主炮的 "半人马座" B1，但上图为加长车体后部的版本，即第三批生产型。

"半人马座"火力性能测试

2001年，"半人马座"曾远赴巴西接受测试。该车不仅在复杂地形环境中展现出了良好的越野性能，其火力性能同样让巴西陆军印象深刻：

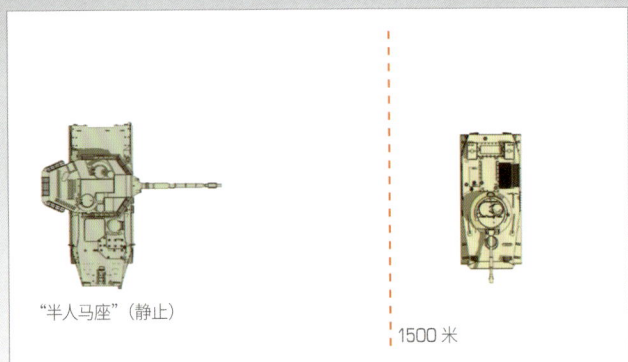

"半人马座"（静止）　　　　　　　1500 米

1. 静止射击

"半人马座"静止时，多发命中 1500 米距离以外的目标（命中率不详；目标是否为移动靶不详，下同）。

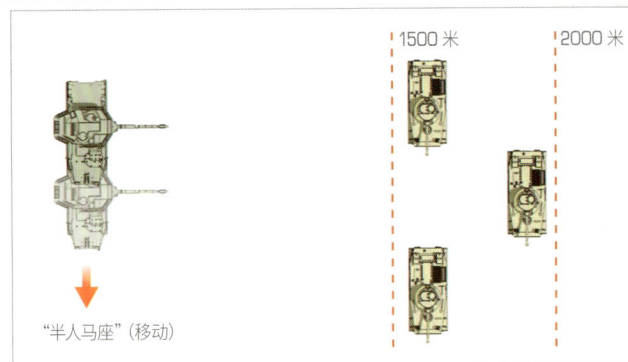

　　　　　　　　　1500 米　　　2000 米

"半人马座"（移动）

2. 移动射击

"半人马座"移动时，多发命中 1000 米到 2000 米距离之间的目标。

炮塔驱动方式

主炮在高低俯仰和炮塔转动时保持稳定，炮塔采用全电驱动方式。

主炮

以 105 毫米主炮为例：其是一门 52 倍径高压线膛炮，可发射意大利国产及北约制式炮弹，包括曳光尾翼稳定脱壳穿甲弹、尾翼稳定破甲弹、碎甲弹等。另外，"半人马座"可换装 120 毫米滑膛炮。

105 毫米主炮备弹 40 发，其中 14 发位于炮塔内部，另外 26 发位于车体内。

火力

"半人马座"先后安装过105毫米（线膛）和120毫米（滑膛）两种口径火炮，整体看来与同时代主战坦克的火力水平相近。

该车的副武器包括一挺7.62毫米并列机枪。另外也可以安装高射机枪，一般将其置于装填手舱口附近；或是安装两挺高射机枪，分别由车长和装填手使用；还可以选择安装遥控武器站。

△ "半人马座"炮塔顶部可装备高射机枪。

并列机枪

并列机枪的口径为 7.62 毫米，型号是伯莱塔 MG 42/59 或莱茵金属 MG 3。前者是德制 MG 42（原口径为 7.92 毫米）的意大利版本（7.62 毫米），由伯莱塔公司生产，于 1959 年投入使用。

一般认为，并列机枪和高射机枪的总备弹量为 4000 发左右。

主炮装填机制

一般认为，"半人马座" B1 设有装填手，为人工装填。而"半人马座" B2 可以选择配置装填手进行人工装填，也可安装自动装弹机进行自动装填。

机动

就机动性能而言，"半人马座"作为轮式车辆，呈现出了诸多不同于履带式车辆（尤其是主战坦克）的特点：它尤其适合进行公路机动，油耗小，后勤维护相对简单，但在复杂地形环境中的通过性弱于履带式车辆（参见第302页表格中的最大垂直越障高度、最大越壕宽度等参数）。

不过，"半人马座"极力提升了自身的越野能力，所采取措施包括：车轮采用中央轮胎充气系统（CTIS），该系统可以控制轮胎内部的气压，使车轮适应不同地形；同时每个车轮都配有独立悬挂；使用缺气保用型充气轮胎，即便全部轮胎漏气，车辆仍能行驶一段距离；发动机可使用两种燃料，分别为柴油和 JP-8 型燃料；等等。

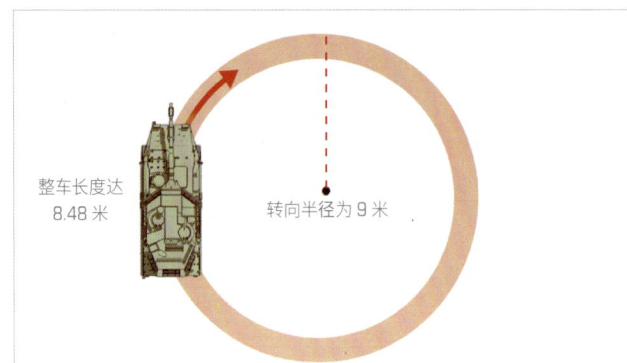

整车长度达 8.48 米

转向半径为 9 米

△ "半人马座"优秀的转向能力。

轮式底盘

"半人马座"采用 8×8 轮式底盘设计，其传动系统设有五个前进挡和两个倒挡，另采用了自动变速箱、盘式制动器等设计。整车具有良好的战略机动性能，但越野性能不如同时代履带式主战坦克。

第四对车轮（低速
状态下生效）

第二对车轮

第一对车轮

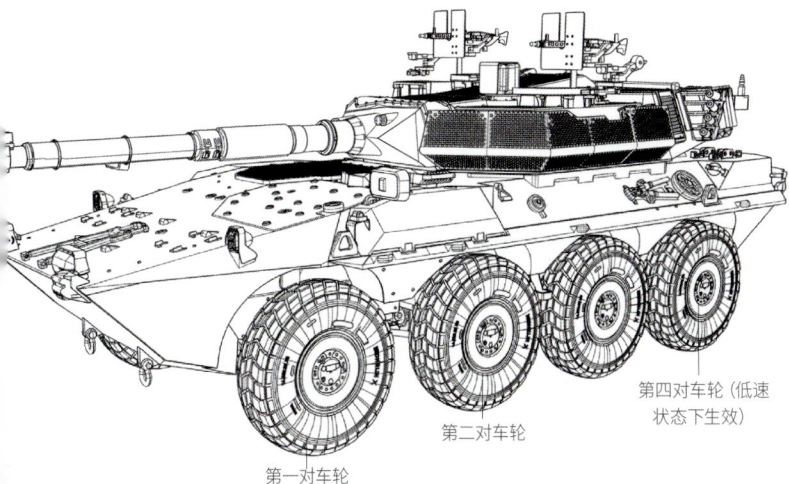

△ "半人马座"转向轮分布情况。

扩展知识

"半人马座"为何选择轮式底盘

意大利陆军最初提出的需求是一种高机动坦克歼击车，而为该"高机动"车辆选择轮式底盘，很可能是出于以下两点重要考量：

1. 快速反应。冷战时期，在意大利陆军的作战设想中，新型坦克歼击车主要用于本土防御：依靠国内发达的公路网，轮式车辆可以快速机动，以应对在亚得里亚海沿岸发起登陆的假想敌，或是在后方投放空降部队的敌人。就快速反应能力而言，轮式车辆优于履带式车辆。

2. 远程运输。轮式车辆较轻，相较普遍50吨以上的主战坦克，它更方便通过运输机进行远距离部署。以"半人马座"（27吨）、"公羊"主战坦克（54吨）为例：欧洲多国联合开发的A-400M运输机有效载荷37吨，无法运送"公羊"，但能运送1辆"半人马座"；美制C-17A运输机有效载荷达77.5吨，一次仅能运送1辆"公羊"，但能运送2辆"半人马座"。

除此之外，成本问题也很关键：尽管轻型履带式火力支援车辆也能同主战坦克配合作战，但其开发所需的资金远高于轮式车辆。

意大利陆军希望用新型坦克歼击车取代老旧坦克，M47"巴顿"就是老旧型号之一。从这个角度出发，所谓的"坦克歼击车"实际上已经多少具备了"主战坦克"的特征，或者在部分作战任务中被要求扮演类似角色。

开发新型坦克歼击车的过程中，曾出现一种6×6底盘与90毫米火炮的组合，即AVH 6636，但军方认为该车火力不足，同时表示更看好105毫米火炮。

由于6×6底盘的承载能力有限，设计人员延长了AVH 6636的车体并增加一对车轮，以便安装105毫米主炮，而这就是后来"半人马座"的首辆原型车。

△ M47"巴顿"中型坦克。

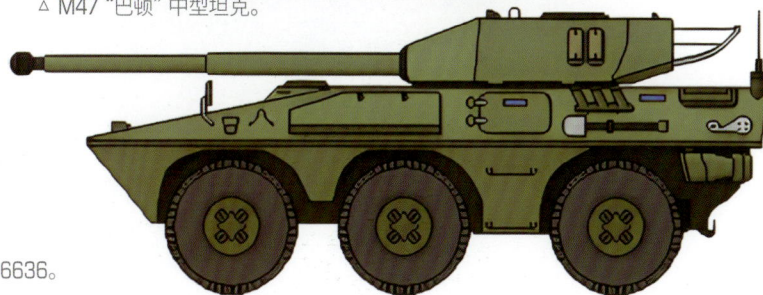

▷ AVH 6636。

防护

毫无疑问，防护是"半人马座"相较履带式主战坦克的一大短板：整车仅能防御14.5毫米子弹或大口径炮弹碎片，车体正面可防御25毫米炮弹。当然，"半人马座"在后续改良中配置了可拆卸的附加装甲，以防御30毫米炮弹的攻击。

"半人马座"B2重新设计了车体，将乘员与油料、弹药隔开，从而提升人员的安全性。值得一提的是，大多数主战坦克的乘员往往只能通过舱盖逃生，而"半人马座"B2将发动机置于车体前部，又在车体后部设有装甲舱门，以便乘员在紧急情况下从舱门撤离。

装填手舱盖

装甲舱门

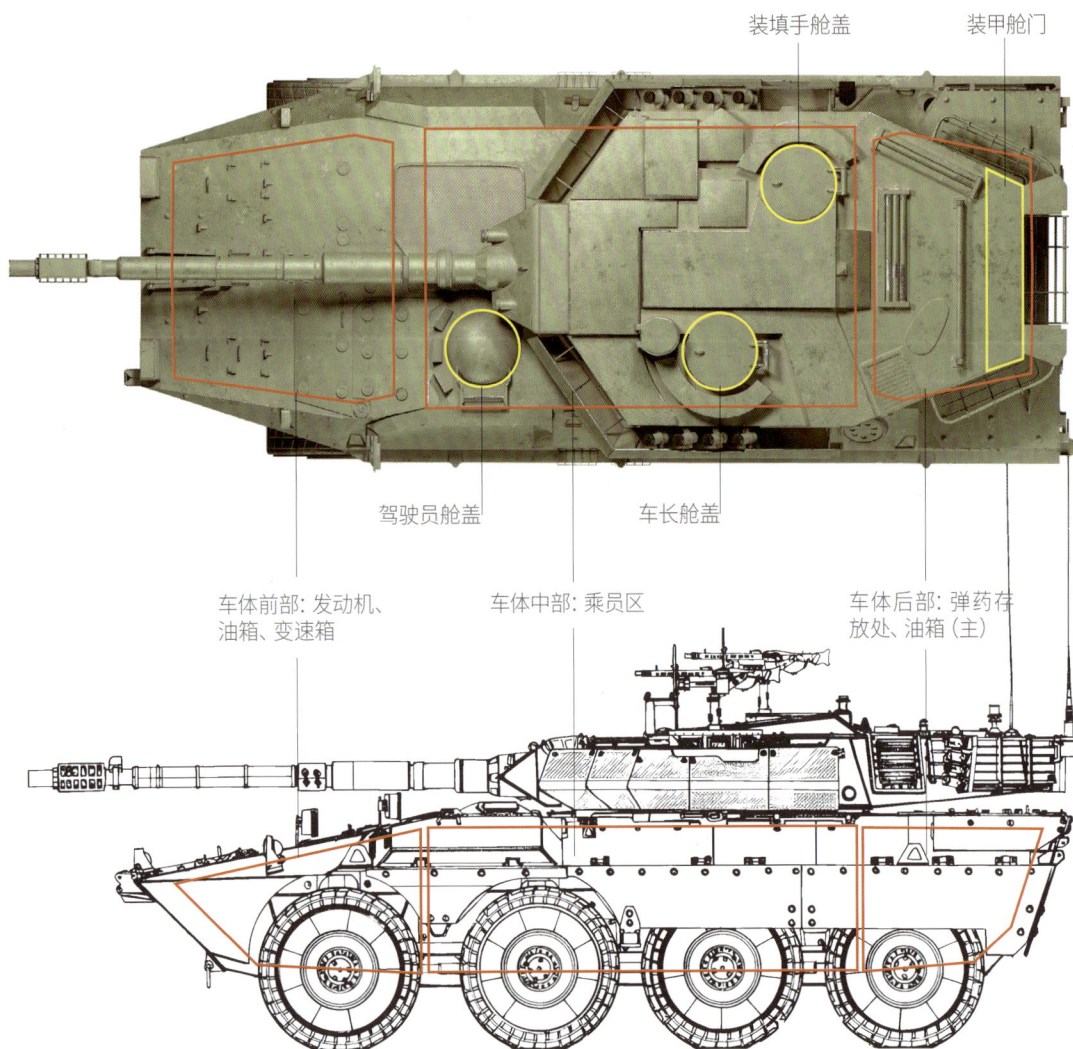

驾驶员舱盖

车长舱盖

车体前部: 发动机、
油箱、变速箱

车体中部: 乘员区

车体后部: 弹药存
放处、油箱（主）

"半人马座"轮式坦克车族一览

△"半人马座"B1原型车

该车使用105毫米主炮取代了90毫米主炮。注意炮塔顶部设有两挺机枪，分别由装填手和车长使用。

△"半人马座"B1改良型

安装120毫米主炮的"半人马座"B1，炮塔顶部设有一挺高射机枪。

▷"半人马座"B2

"半人马座"B2安装120毫米主炮，注意该车的炮塔和车体都进行了重新设计。

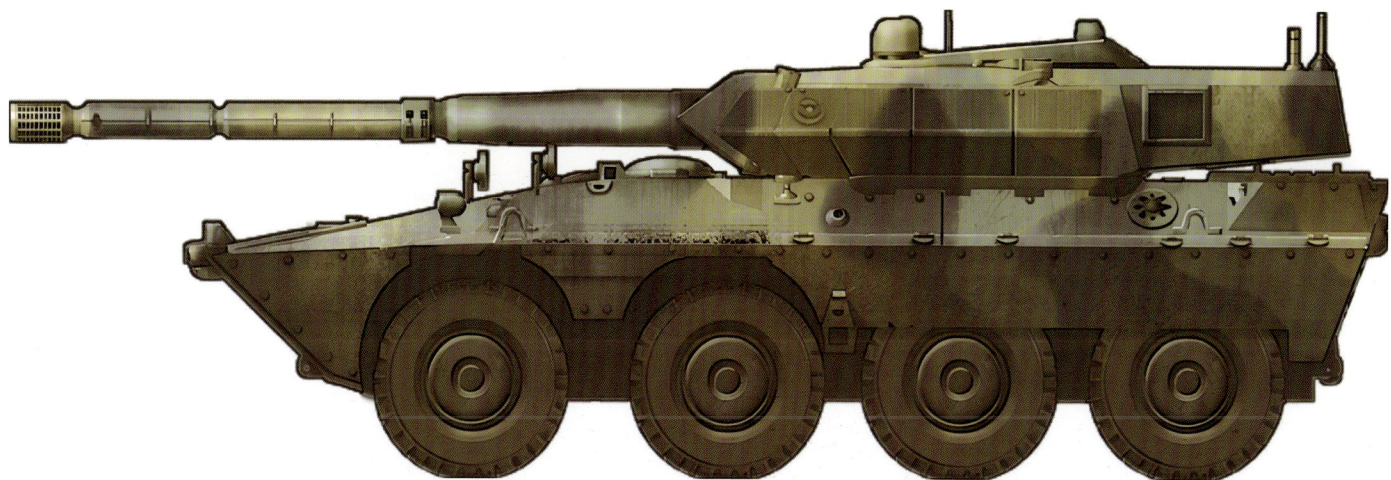

△ **"半人马座" B1**

安装105毫米主炮的"半人马座"B1第二批生产型，炮塔侧面安装有附加装甲，且顶部的机枪已被拆卸。

△ **"弗雷西亚"轮式步兵战车**

"弗雷西亚"（Freccia）是一种基于"半人马座"轮式坦克改造而来的轮式步兵战车，装有25毫米机炮、两挺7.62毫米机枪（并列机枪和高射机枪），炮塔侧面经过改装后可携带反坦克导弹。

其他

除了步兵战车，"半人马座"的变形车还包括自行榴弹炮、装甲维修车、自行高炮等。

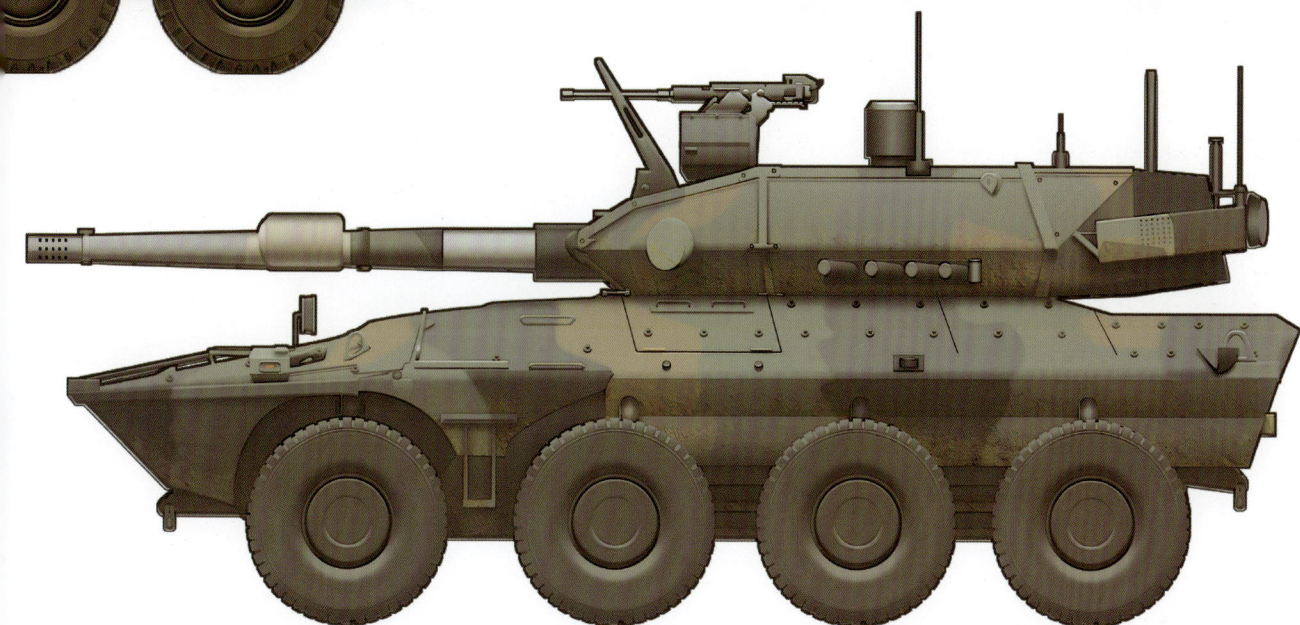

REFERENCE
附录

炮塔

炮塔能为坦克主炮提供大角度（最大可达360°）的横向射界。作为对比，无炮塔坦克歼击车除非转动车身，否则它的主炮所能获得的横向射界会小很多。

纵观世界坦克发展史，既出现过不安装炮塔（如 Strv 103 主战坦克）的型号，也出现过安装多座炮塔（如 T-35 重型坦克）的例子，这些车辆虽然各有用处，但或多或少存在缺陷：

不安装炮塔的，火炮的横向射界很小，不便于行进间射击；安装多座炮塔的，虽然在理论上配置有更强大的火力，但其实麻烦也很多：各处炮塔配置的火炮口径往往不同，这会增加补充弹药的难度；负责不同炮塔的乘员之间，沟通是个大问题；多座炮塔被布置在一辆车上，就整体布局而言是比较紧凑的，这就导致部分炮塔的横向射界受到限制。

相较而言，单座炮塔加上单门主炮就成了最优解：既能保证足够的横向射界，可以实施行进间射击，又能确保乘员之间的沟通顺畅，还能减少弹药补给的难度。此外，只布置一座炮塔，也方便对车体尺寸进行有效控制，同时为车内乘员提供尽可能大的活动空间。

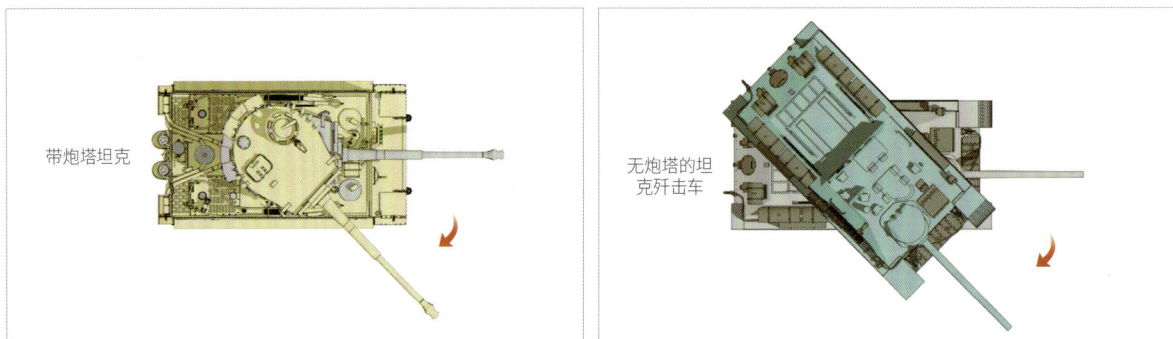

带炮塔坦克

无炮塔的坦克歼击车

△带炮塔坦克与无炮塔的坦克歼击车横向射界对比。

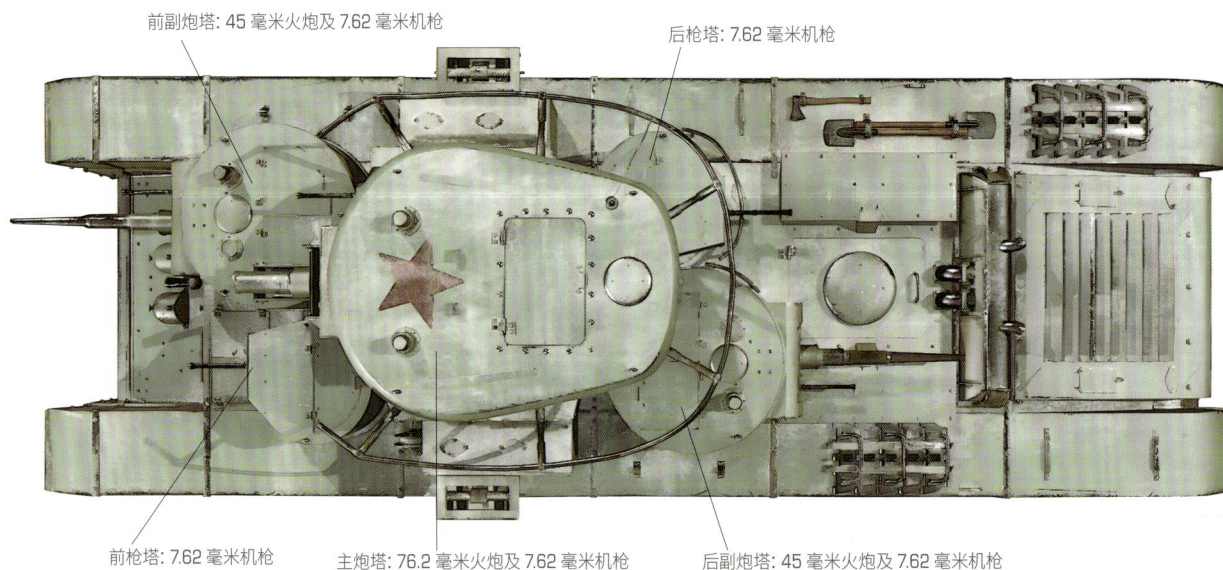

前副炮塔: 45 毫米火炮及 7.62 毫米机枪

后枪塔: 7.62 毫米机枪

前枪塔: 7.62 毫米机枪

主炮塔: 76.2 毫米火炮及 7.62 毫米机枪

后副炮塔: 45 毫米火炮及 7.62 毫米机枪

△ T-35 多炮塔重型坦克各炮塔 / 枪塔位置及火力配置示意图。

机枪

坦克通常将机枪配置在三处位置：车体（主要是前部，少数型号也会安装在侧面和后部）、炮塔前部（并列机枪）、炮塔顶部（高射机枪）。

一战时期的坦克大多没有炮塔，因此将机枪布置在车体的前、后、左、右四处位置；雷诺 FT（机枪型）安装了炮塔，有且仅有 1 挺机枪堪当"主炮"。至于机枪的数量，Mk. IV 重型坦克（雌性）可装备多达 6 挺。

二战时期的坦克通常会设置 3 挺机枪，即 1 挺车体（前部）机枪、1 挺并列机枪和 1 挺高射机枪。但也有一些情况特殊的，譬如 M3 轻型坦克，它曾设置多达 5 挺机枪，即在前文所述配置的基础上，又增设 2 挺位于车体侧面的机枪（详见 M3 "斯图亚特"轻型坦克相关介绍）。另有一些坦克型号上没有高射机枪，或设有相应的安装基座，但实际使用时并未安装高射机枪。

冷战期间，出于增强车体防护的考虑，大部分坦克取消了位于车体前部的机枪，仅保留并列机枪和高射机枪。另外出现的新变化包括：

1. 少数坦克型号在主炮附近安装了 1 挺测距机枪，但该设备逐渐被激光测距仪取代；

2. 部分坦克会设置 2 挺高射机枪，分别由车长和装填手使用；还有些坦克会为机枪操作者设置护盾，或者干脆将机枪改为遥控操作。

车体右侧：2 挺
车体左侧：2 挺
车体前部：1 挺
车体后部：1 挺

△ Mk. V 重型坦克（雌性）机枪分布示意图。

高射机枪
并列机枪
车体(前部)机枪

△ 二战时期坦克机枪常规分布示意图。

高射机枪
高射机枪

△ 本图展示了现代主战坦克中一种少见的机枪搭配形式：1 挺反狙击手 / 反器材机枪（位于主炮炮盾上方），以及 2 挺高射机枪。

△ M1A2 主战坦克安装了 2 挺高射机枪，图中左侧这挺为遥控操作，右侧这挺则为枪手设置了护盾。

主炮

坦克主炮的口径是不是越大越好？当然不是。

一般来讲，火炮的口径越大，其发射的炮弹确实具有更好的破坏效果，比如二战时期的 SU-152 自行火炮，哪怕只发射榴弹，也能对"虎"式、"虎王"重型坦克产生威胁。但榴弹的飞行速度慢，且必须达到一定口径，才能产生足够的破坏力。除此之外，大口径炮弹（或者说主炮）还存在装填速度慢的缺点。

现代主战坦克应对敌方重型装甲目标时，主要使用穿甲弹等强调穿透性能的弹种。想要提升穿透性，除了增大火炮（及炮弹）口径这个方法之外，还可以通过增加火炮倍径、改善炮管制造工艺、优化炮弹自身性能等手段实现。比如现代步兵战车安装的小口径机炮（口径通常是25～40毫米），就穿透性能而言，明显优于二战时期同口径的反坦克炮。

需要指出的是，增大坦克主炮的口径的同时，必须考虑是否有合适的材料用于制造火炮、制造工艺是否达标。这两点要求若不能满足，火炮就容易发生炸膛等安全事故，或者很难达到理想的使用寿命。另外，主炮口径越大，炮弹尺寸越大，相对来说坦克可携带的炮弹数量就越少。还有一点很容易被忽略，即部分主战坦克依然通过人力装填炮弹，如果炮弹太大太重，势必会影响装填手的工作效率，导致主炮的射速明显下降。

▷ 权衡之下，各国现役的主战坦克一般安装 120 毫米（欧美国家）或 125 毫米主炮（中、俄等国），从而在综合性能上达到比较理想的水平。图为使用 125 毫米主炮的 T-80BV。

▷ 大口径的 SU-152 自行火炮。

△ 现代 M2"布雷德利"步兵战车（上）安装的 M242"大毒蛇"机炮口径为 25 毫米，二战时期 Pak 36 型反坦克炮（下）的口径为 37 毫米。但同样面对二战时期的中型坦克，前者可以轻松应对，后者却无能为力（甚至被当时的德军调侃为"敲门砖"）。

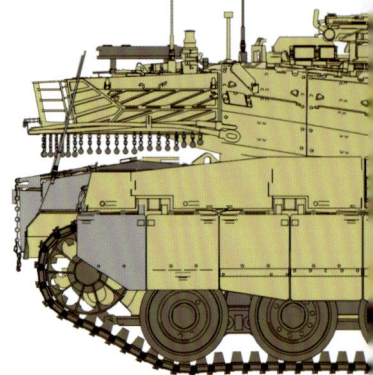

△ 发动机前置的"梅卡瓦"系列主战坦克被戏称为"步兵战车"。据图可以观察到，"梅卡瓦"3 型主战坦克的车体前部向上隆起（01），侧面设有发动机进气口（02）；此外，车体后部设有人员进出的舱门（03）。

坦克乘员

通常一辆主战坦克的车组乘员为四人制，即车长、炮手、装填手、驾驶员。

其中，车长负责指挥整车作战，并协调其他乘员，在一些坦克上还可以越过炮手开炮射击；炮手、装填手、驾驶员的职责分别为开炮射击、装填炮弹、驾驶车辆。

车上安装的机枪，并列机枪由炮手使用，高射机枪由装填手或车长使用（一些坦克甚至设置了两挺机枪，由两人分别使用）；二战时期的坦克往往在车体前部设有航向机枪，一般由机电员（无线电操作员）使用。

自动装弹机的出现，使一些主战坦克取消了装填手，车组仅为三人制。

不过在更早的坦克上，乘员往往不止四人，比如二战时期的美制"谢尔曼"中型坦克、"斯图亚特"轻型坦克，都额外设置了一名副驾驶员；苏制 T-34 中型坦克多出了一名机电员；德制"虎"式重型坦克增设了一名无线电操作员。

除此之外，一些坦克还可能设置职责重复的乘员，比如苏制 KV-2 重型坦克就配有两名装填手。

一战时期，不同坦克的乘员配置存在明显差别，比如英制 Mk.Ⅰ重型坦克共有八名乘员，包括车长（一人）、驾驶员（一人）、装填手（两人）、炮手（两人）、机械师（两人）；而雷诺 FT 轻型坦克仅有两名乘员，即车长和驾驶员。

发动机

发动机在坦克和装甲车辆中的安装位置，主要分为前置和后置两种。

其中，步兵战车、装甲运兵车等一般采用前置的设计，理由是：

1. 发动机在前，车门在后，人员进出更加安全。

2. 前置的发动机可以看作防护体系的一部分，对人员和其他设备起到保护作用。当然，安装发动机需要开凿一些孔洞（如发动机进气口），这些孔洞难免削弱车体正面装甲的防护效果；另外，发动机前置不利于增加车体正面装甲的厚度，因为这会增大车体尺寸和重量。

3. 发动机前置后，车辆内部能腾出较大的活动空间，可以为设备（尤其弹药）采取额外的防护措施，减少弹药发生殉爆的概率。

4. 发动机前置的坦克（基于第3点）更方便补充弹药，也更方便改装成其他车辆，如救护车、运兵车。

其缺点则是：驾驶员更容易被发动机发出的噪声影响，视野也会受到限制。

而主战坦克普遍采用发动机后置的设计，理由是：

1. 坦克正面通常是最主要的受威胁方向，发动机后置允许坦克最大限度加强车体正面装甲，从而提升防护效果。

2. 允许炮塔前移，使主炮获得更大俯角。

3. 便于维修或更换坦克的动力系统。

4. 驾驶员的驾驶环境和视野更佳。

5. 从散热的角度讲，发动机后置能减少被敌方热瞄准具发现的概率，提升车辆的安全性。不过，发动机前置的车辆可以通过风扇等设备散热，达到类似效果。

其缺点则是：人员进出必须依靠车体前部和炮塔顶部的舱盖，受到伤害的风险提高。

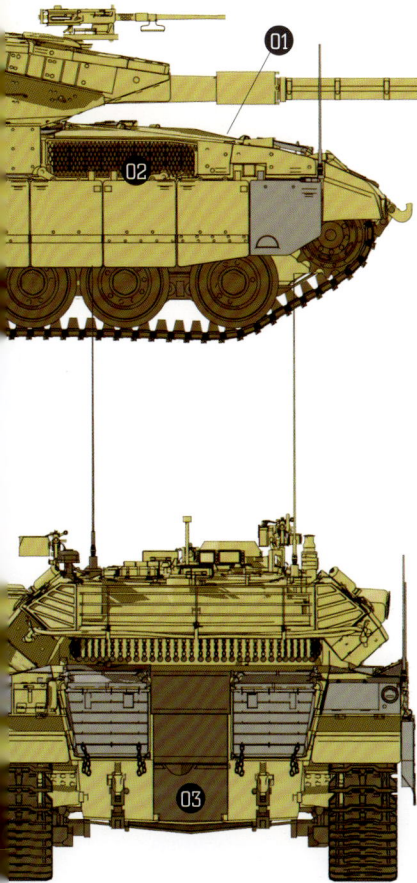

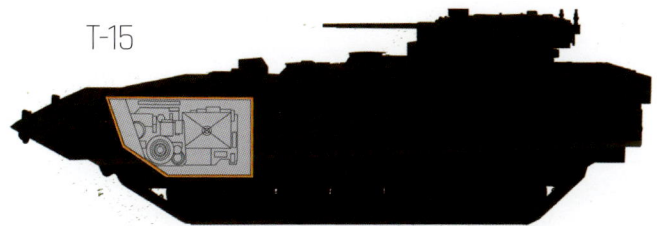

T-14

T-15

△ 车辆类型不同，发动机的安装位置也有所变化。比如 T-14 主战坦克和同系列的 T-15 步兵战车，前者为发动机后置，后者为发动机前置。

△ T-64 乘员配置：三人制。

驾驶员 车长 炮手

△ "谢尔曼" 中型坦克乘员配置。

驾驶员 副驾驶员

车长 炮手 装填手

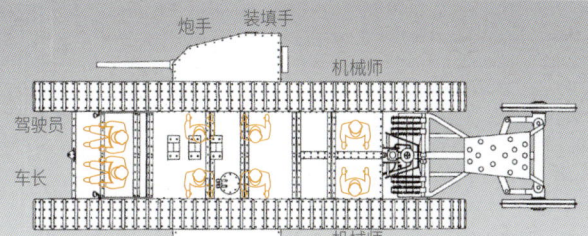

炮手　装填手

机械师

驾驶员

车长

机械师

炮手

装填手

△ 菱形坦克 Mk. I 乘员配置

△ "豹 2" A4 乘员配置：四人制。

驾驶员 车长 炮手 装填手

△ KV-2 重型坦克乘员配置。

驾驶员 装填手 无线电操作员

车长 炮手 装填手

△ 雷诺 FT 轻型坦克乘员配置。

驾驶员 车长

坦克、装甲车辆"兼职"

1. 坦克实施间接打击

如果需要,坦克也可以像自行火炮那样,以加大主炮仰角的方式,对远距离目标实施间接打击。此时坦克乘员(尤其是炮手)无法直接观察到目标,而是通过专门的计算方式或其他单位传输数据,以确定目标位置;主炮发射的炮弹以明显的曲线轨迹飞行,最终命中目标。

△ 坦克主炮实施间接打击。

△ 坦克可以适当创造地形条件,加大主炮的射击仰角,比如挖土堆坡,再驶上小坡开火。

2. 自行火炮实施直接打击

自行火炮可以将主炮放至水平位置,进行直接打击。比如二战时期的 SU-152 自行火炮,它放平炮管时即可扮演坦克歼击车的角色,有效应对德制重型坦克,被称为"动物园杀手"。

与它同一时期的"牧师"自行火炮也可以进行直瞄射击,不过发射的不是杀伤用炮弹,而是烟幕弹,用以掩护己方装甲部队推进。

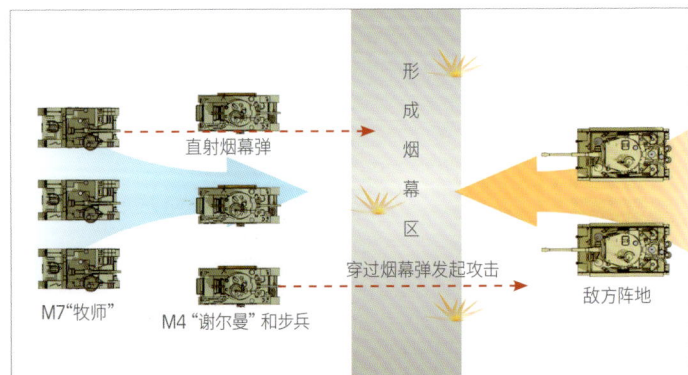

反坦克作战

自坦克诞生以来,如何击毁坦克一直是备受关注的话题。一战期间,德国陆军使用过好几种反坦克武器,包括集束手榴弹、反坦克枪、反坦克炮;就连步兵部队装备的野战炮,也开始配发穿甲弹。

值得注意的是,在反坦克作战中,某些手段并不是以摧毁坦克为目的,而是限制后者的机动能力——比如投掷手榴弹或使用野战炮发射榴弹,目的是损毁坦克履带,使其无法移动——之后再对坦克采取攻击手段。

所谓集束手榴弹,就是将多枚手榴弹绑到一起,以增加手榴弹爆炸时的威力。但由于体积大大增加,集束手榴弹的投掷距离相较单枚手榴弹有明显缩短,这对投手(及其附近步兵)来说无疑是危险的。另外,就生效机制而言,手榴弹是一种依靠破片杀伤人员的武器,对于装甲则不容易产生较好的穿透效果。

在持续约20年的战间期中,反坦克作战的发展相对低迷,并且呈现出一种以防守

△集束手榴弹。

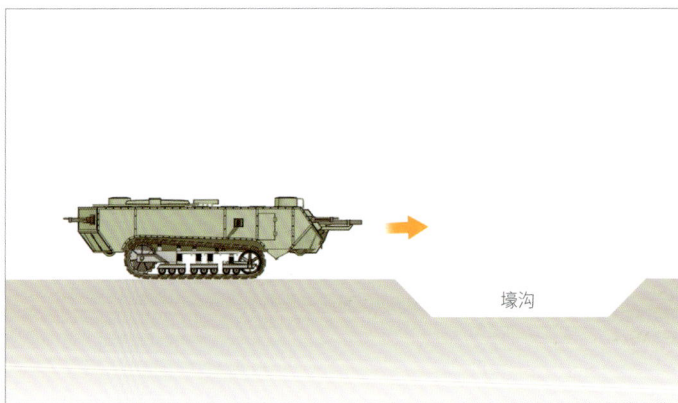

◁反坦克壕沟是一种阻滞敌方坦克推进的手段。挖掘本身并没有什么技术难度,只要挖得足够宽且深,使敌方坦克陷入其中即可。

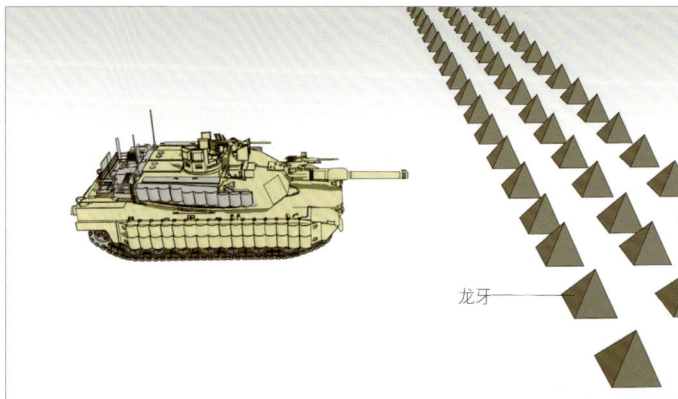

◁龙牙是一种反坦克障碍物,呈金字塔形,高度在 0.9 ~ 1.2 米之间,由钢筋和混凝土制成,能阻碍坦克和装甲车辆的移动,以便己方反坦克火力实施攻击。龙牙之间还可以布置铁丝网、地雷等,从而增强对不同敌人类型的拦截效果。

△图为步兵使用版本的FGM-148"标枪"反坦克导弹（包括发射器和导弹本身）。

为主的趋势：比如以河流等自然障碍，或反坦克壕沟、雷区、龙牙等人工障碍阻滞敌方坦克推进；再使用反坦克炮（口径普遍较小，如25毫米、37毫米）将其摧毁。

二战爆发后，一个完整的、立体的超视距反坦克作战体系应运而生。

在这个体系中，如果敌方一支装甲部队由远及近地向己方阵地发起攻击，它首先会遭到轰炸机和远程火炮攻击；其次是攻击机、野战炮、火箭炮；接着是反坦克炮、坦克、迫击炮；在相当接近己方阵地时，它还会遭遇步兵反坦克武器的阻击。此外，在接近阵地的过程中，招待它的还有地雷、龙牙、反坦克壕沟等人造障碍物。

二战结束后，一些反坦克武器渐渐被淘汰，比如火炮式

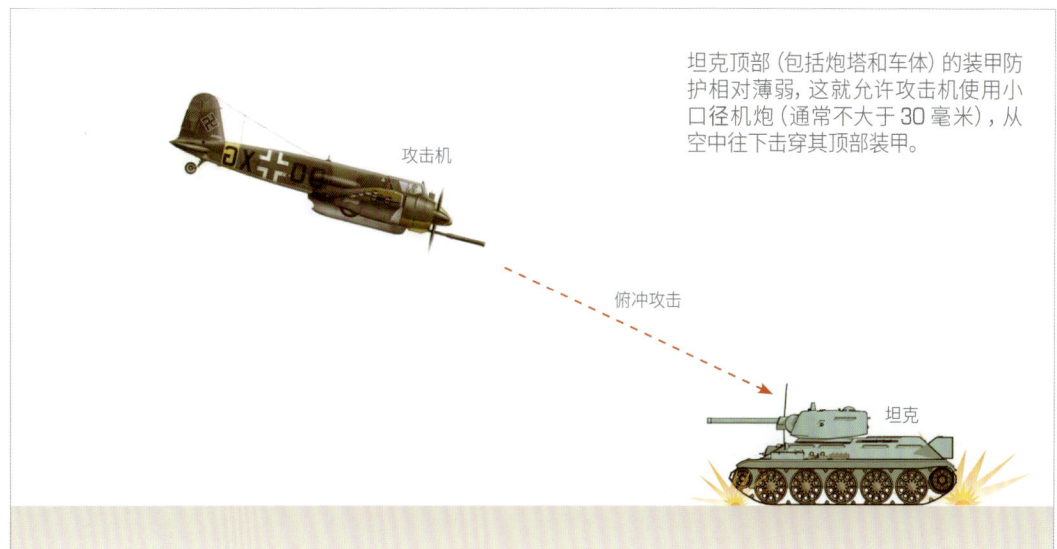

坦克顶部（包括炮塔和车体）的装甲防护相对薄弱，这就允许攻击机使用小口径机炮（通常不大于30毫米），从空中往下击穿其顶部装甲。

攻击机

俯冲攻击

坦克

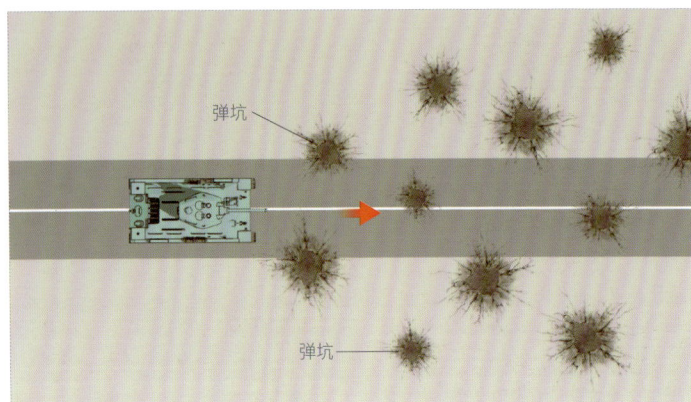

△ 大口径火炮发射的炮弹和轰炸机投掷的炸弹虽然不一定能直接命中坦克，但也能在地面上制造弹坑，迟滞坦克的推进；或者损毁履带，使其无法行进。

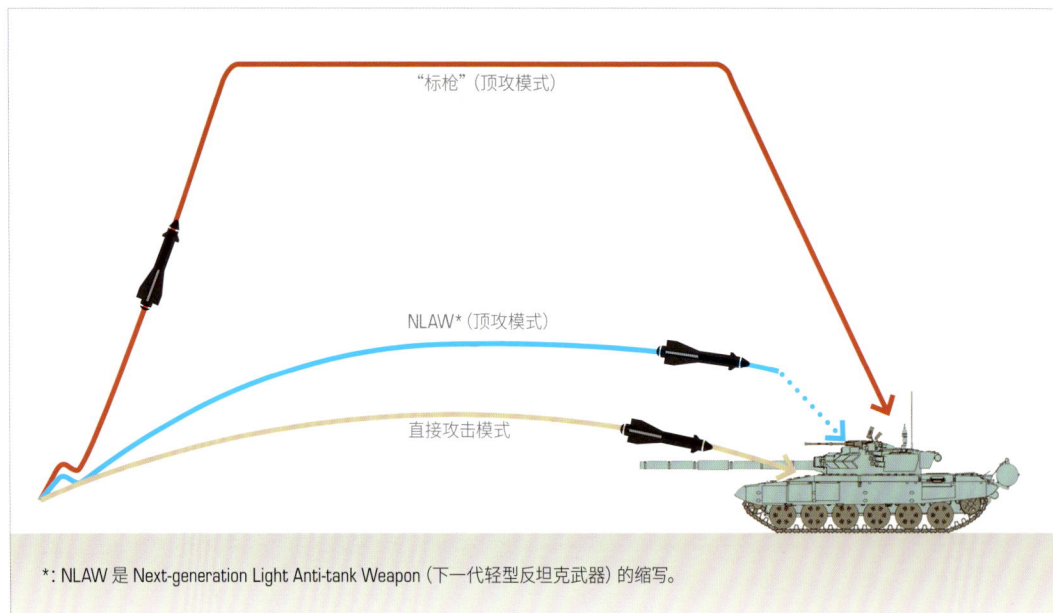

*: NLAW 是 Next-generation Light Anti-tank Weapon（下一代轻型反坦克武器）的缩写。

坦克歼击车、反坦克枪等。武装直升机、无人机的出现，意味着坦克需要面对更多来自空中的威胁；而反坦克导弹、单兵火箭筒之类的武器，赋予了轻型装甲车辆、步兵等作战单位对抗现代主战坦克的能力。

反坦克导弹具有极强的适应性，既可由步兵携带操作，也可安装在武装直升机、轮式 / 履带式车辆等平台上发射。

另外，早期的反坦克导弹多采用直接攻击模式，后来的很多型号则是可以根据情况选择该模式或攻顶模式。

△ 其中 "NLAW" 和 "标枪" 都可以采用攻顶模式，但前者在整个飞行过程中一直保持较低的高度，最终在坦克上方约 1 米处爆炸；而后者的最大飞行高度超过了 150 米，并且会与目标发生撞击。

坦克在城市作战

进入城市后，坦克常常遇到两个方面的问题：一是自身弱点更容易被攻击，比如车体顶部或后部；二是坦克装备的武器难以有效应对突然出现的威胁。

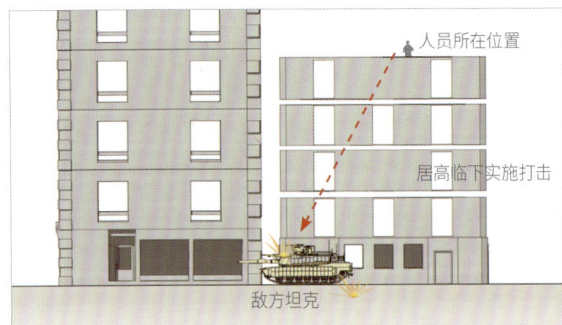

△城市中，步兵相对坦克拥有的一大优势就是可以躲藏在建筑较高楼层中，伺机使用单兵火箭筒等武器攻向坦克顶部。

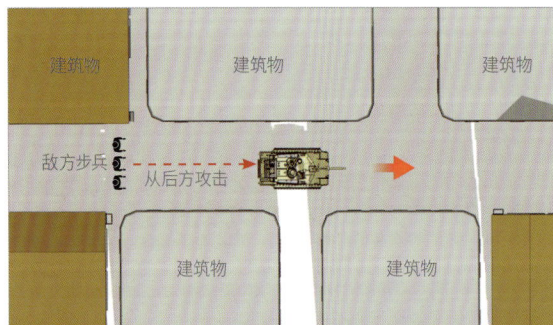

△受限于车体尺寸和主炮炮管长度，坦克在城市里调整行驶方向和炮管（水平）指向比较吃力，这意味着它不便应对出现在车体后方和侧方的敌人。

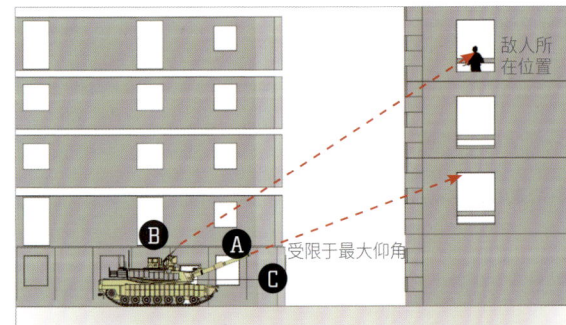

△就坦克装备的武器而言，主炮和并列机枪(A)受限于最大仰角，无法攻击较高楼层的敌人；车体机枪(C)只能朝特定方向射击（通常是正前方），现代坦克基本取消了该设计；高射机枪 (B) 相对最为实用，但乘员在探出身体操作时会面临较大危险。